高职高专电子信息类课改系列教材

电子电路与电气安全

主　编　施钱宝
副主编　石　炯　夏　青　檀生霞
　　　　王子武　潘基翔

西安电子科技大学出版社

内 容 简 介

　　本书在内容安排上充分考虑了高职高专学生的知识水平，并结合近年来电子电路技术的发展，全面、系统、深入地介绍了电子电路与电气安全知识。全书分为两大部分。第一部分为电子电路基础，具体内容包括电路分析基础、正弦交流电路、半导体基础及常用器件、基本放大电路、集成运算放大电路、数字逻辑基础、组合逻辑电路、时序逻辑电路；第二部分为电气安全，具体内容包括电气设备安全和供配电系统的电气安全。

　　本书注重基本概念、基本原理和基本分析方法的阐述，注重联系工程实际，既可作为高职高专电子类专业的教材，也可作为广大电学爱好者和相关专业工程技术人员的参考书。

图书在版编目(CIP)数据

电子电路与电气安全/施钱宝主编. —西安：西安电子科技大学出版社，2021.1
(2021.5 重印)
ISBN 978 - 7 - 5606 - 5991 - 6

Ⅰ. ① 电⋯　Ⅱ. ① 施⋯　Ⅲ. ①电子电路—高等职业教育—教材　②电气安全—高等职业教育—教材　Ⅳ. ①TN710　②TM08

中国版本图书馆 CIP 数据核字(2020)第 006556 号

策划编辑　刘玉芳
责任编辑　郑一锋　刘玉芳
出版发行　西安电子科技大学出版社(西安市太白南路 2 号)
电　　话　(029)88202421　88201467　　邮　编　710071
网　　址　www.xduph.com　　　　　　电子邮箱　xdupfxb001@163.com
经　　销　新华书店
印刷单位　陕西天意印务有限责任公司
版　　次　2021 年 1 月第 1 版　2021 年 5 月第 2 次印刷
开　　本　787 毫米×1092 毫米　1/16　印张 16.75
字　　数　392 千字
印　　数　1001～3000 册
定　　价　42.00 元
ISBN 978 - 7 - 5606 - 5991 - 6/TN

XDUP 6293001 - 2

＊＊＊如有印装问题可调换＊＊＊

前　言

2019年国家职业教育改革实施方案指出，专业教材应随信息技术发展和产业升级情况及时动态更新，适应"互联网＋职业教育"的发展需求，运用现代信息技术改进教学方式方法，推进虚拟工厂等网络学习空间建设和普遍应用。近年来，电子技术的发展日新月异，产业的升级推动着技术的发展和产品的更新换代。作为复合型、应用型人才的培养基地，高等职业院校承担着高技能技术人才的培养重任。教材作为人才培养和技术传承的载体之一，应紧跟时代发展和技术进步的步伐。在总结经典方法理论、汲取最新技术技能的基础上，安徽邮电职业技术学院的教师编写了本书，以满足教学和培训需要。

本书内容分为两大部分，第一部分为电子电路基础，第二部分为电气安全。第一部分分为八章，分别从电路分析基础、正弦交流电路、半导体基础及常用器件、基本放大电路、集成运算放大电路、数字逻辑基础、组合逻辑电路、时序逻辑电路八个方面系统、全面地介绍了电子电路的基本原理、基本技术和基本分析方法。第二部分包含电气设备安全和供配电系统的电气安全两个章节。全书参考学时为46～80学时。

本书第1章、第7章由施钱宝编写，第2章、第3章由夏青编写，第4章、第5章由石炯编写，第6章由潘基翔编写，第8章由檀生霞编写，第9章、第10章由王子武编写。全书由施钱宝主编并统稿。

本书的编写得到了安徽邮电职业技术学院的大力支持，同时也得到了合肥综合性国家科学中心人工智能研究院、西安电子科技大学出版社的大力帮助，在此表示衷心的感谢。

由于编者水平和经验有限，书中难免有不妥和疏漏之处，敬请广大读者批评指正。

编　者
2020年10月

目　录

第一部分　电子电路基础

第1章　电路分析基础 ……………………………………………………… 3
  1.1　电路基本知识 ……………………………………………………… 3
    1.1.1　电路的组成 …………………………………………………… 3
    1.1.2　电流、电压、电能和电功率 ……………………………… 5
    1.1.3　电气设备的额定值与电路的工作状态 …………………… 8
  1.2　线性电路元件及其伏安特性 …………………………………… 9
    1.2.1　电阻元件 ……………………………………………………… 9
    1.2.2　电感和电容元件 …………………………………………… 10
    1.2.3　电源元件 …………………………………………………… 12
  1.3　基尔霍夫定律 …………………………………………………… 14
    1.3.1　支路、节点、回路和网孔 ……………………………… 14
    1.3.2　基尔霍夫定律 ……………………………………………… 15
  1.4　叠加定理 ………………………………………………………… 17
  1.5　戴维南定理 ……………………………………………………… 19
  习题 …………………………………………………………………… 20
第2章　正弦交流电路 …………………………………………………… 22
  2.1　正弦量的三要素 ………………………………………………… 22
    2.1.1　频率与周期 ………………………………………………… 22
    2.1.2　振幅与有效值 ……………………………………………… 23
    2.1.3　相位、初相与相位差 ……………………………………… 25
  2.2　正弦交流电的向量表示法 ……………………………………… 27
  2.3　单一参数的正弦交流电路 ……………………………………… 28
    2.3.1　纯电阻电路 ………………………………………………… 28
    2.3.2　纯电感电路 ………………………………………………… 30
    2.3.3　纯电容电路 ………………………………………………… 32
  2.4　三相交流电路 …………………………………………………… 33
    2.4.1　三相电源 …………………………………………………… 34
    2.4.2　三相电源的连接 …………………………………………… 35
    2.4.3　三相负载的连接 …………………………………………… 36
  习题 …………………………………………………………………… 36
第3章　半导体基础及常用器件 ………………………………………… 38

3.1 半导体的基础知识……………………………………………………………… 38

  3.1.1 半导体的特性………………………………………………………………… 38

  3.1.2 本征半导体…………………………………………………………………… 38

  3.1.3 杂质半导体…………………………………………………………………… 39

  3.1.4 PN 结………………………………………………………………………… 40

3.2 半导体二极管……………………………………………………………………… 40

  3.2.1 二极管的基本结构与类型…………………………………………………… 41

  3.2.2 二极管的主要特性…………………………………………………………… 42

  3.2.3 二极管的主要参数…………………………………………………………… 44

  3.2.4 二极管的应用………………………………………………………………… 45

  3.2.5 特殊二极管…………………………………………………………………… 45

3.3 三极管……………………………………………………………………………… 47

  3.3.1 三极管的种类………………………………………………………………… 47

  3.3.2 三极管的结构………………………………………………………………… 48

  3.3.3 三极管的电流放大作用……………………………………………………… 49

  3.3.4 三极管的伏安特性…………………………………………………………… 50

  3.3.5 三极管的主要参数…………………………………………………………… 52

习题………………………………………………………………………………………… 53

第4章 基本放大电路………………………………………………………………… 54

4.1 基本放大电路的组成及工作原理………………………………………………… 54

  4.1.1 放大电路的组成……………………………………………………………… 54

  4.1.2 共射放大电路的组成………………………………………………………… 55

  4.1.3 共射放大电路的工作原理…………………………………………………… 56

4.2 基本放大电路的分析方法………………………………………………………… 56

  4.2.1 基本放大电路的静态分析…………………………………………………… 56

  4.2.2 基本放大电路的动态分析…………………………………………………… 58

4.3 共集电极放大电路………………………………………………………………… 61

  4.3.1 共集电极放大电路的组成…………………………………………………… 61

  4.3.2 共集电极放大电路的静态工作点…………………………………………… 62

  4.3.3 共集电极放大电路的动态分析……………………………………………… 62

4.4 功率放大器………………………………………………………………………… 63

  4.4.1 功率放大器的技术要求……………………………………………………… 63

  4.4.2 功率放大器的分类…………………………………………………………… 64

4.5 放大电路中的负反馈……………………………………………………………… 67

  4.5.1 反馈的基本概念……………………………………………………………… 67

  4.5.2 负反馈的基本类型及判别…………………………………………………… 68

  4.5.3 负反馈对放大电路性能的改善……………………………………………… 71

习题………………………………………………………………………………………… 72

第5章 集成运算放大电路…………………………………………………………… 74

5.1 集成运算放大器 ··· 74
  5.1.1 集成运算放大器的基本组成 ······················· 74
  5.1.2 集成运算放大器的主要技术指标 ················· 75
  5.1.3 集成运算放大器的传输特性 ······················· 76
5.2 集成运算放大器的应用 ····································· 77
  5.2.1 集成运算放大器的线性应用 ······················· 77
  5.2.2 集成运算放大器的非线性应用 ··················· 82
习题 ··· 85

第 6 章 数字逻辑基础 ··· 87
6.1 数字逻辑的基本概念及基本逻辑关系 ············· 87
  6.1.1 数字逻辑的基本概念 ······························· 87
  6.1.2 基本逻辑关系 ··· 88
  6.1.3 逻辑门电路 ··· 92
6.2 数制与码制 ··· 95
  6.2.1 数制 ··· 95
  6.2.2 码制 ··· 101
  6.2.3 数的原码、反码和补码 ························· 102
6.3 逻辑代数及其化简 ··· 104
  6.3.1 布尔代数的逻辑运算规则 ····················· 105
  6.3.2 逻辑函数的代数化简法 ························· 107
  6.3.3 逻辑代数的卡诺图化简法 ····················· 109
习题 ··· 113

第 7 章 组合逻辑电路 ··· 114
7.1 组合逻辑电路概述 ··· 114
  7.1.1 组合逻辑电路的特点 ····························· 114
  7.1.2 组合逻辑电路的分析 ····························· 114
  7.1.3 组合逻辑电路的设计 ····························· 115
7.2 常用的组合逻辑电路器件 ······························· 117
  7.2.1 编码器 ··· 117
  7.2.2 译码器 ··· 119
  7.2.3 数据选择器和分配器 ····························· 124
习题 ··· 126

第 8 章 时序逻辑电路 ··· 128
8.1 触发器 ··· 128
  8.1.1 基本 RS 触发器 ····································· 128
  8.1.2 钟控 RS 触发器 ····································· 131
  8.1.3 钟控 D 触发器 ······································· 133
  8.1.4 钟控 JK 触发器 ····································· 135
  8.1.5 钟控 T 触发器 ······································· 137

8.2　时序逻辑电路的分析和设计思路 ……………………………… 138
　　8.2.1　时序逻辑电路的特点 …………………………………… 139
　　8.2.2　时序逻辑电路的分析方法 ……………………………… 140
　　8.2.3　时序逻辑电路的设计思路 ……………………………… 144
8.3　寄存器 ………………………………………………………… 147
　　8.3.1　基本寄存器 ……………………………………………… 147
　　8.3.2　移位寄存器 ……………………………………………… 148
　　8.3.3　移位寄存器的应用 ……………………………………… 151
8.4　计数器 ………………………………………………………… 153
　　8.4.1　计数器的功能和分类 …………………………………… 153
　　8.4.2　同步二进制计数器 ……………………………………… 154
　　8.4.3　同步十进制计数器 ……………………………………… 155
　　8.4.4　集成计数器及其应用 …………………………………… 158
习题 ……………………………………………………………… 163

第二部分　电　气　安　全

第 9 章　电气设备安全 …………………………………………… 167
9.1　电气设备安全基础知识 ………………………………………… 167
　　9.1.1　电气设备的运行 ………………………………………… 167
　　9.1.2　电气设备的重点技术检查 ……………………………… 182
　　9.1.3　电气设备的定级 ………………………………………… 187
　　9.1.4　电气设备检修与管理 …………………………………… 196
9.2　电气设备安全防护 ……………………………………………… 200
　　9.2.1　外壳与外壳防护 ………………………………………… 201
　　9.2.2　电气设备电击防护方式分类 …………………………… 208
　　9.2.3　安全电压 ………………………………………………… 212
9.3　电气火灾的预防 ………………………………………………… 216
　　9.3.1　电气火灾的起因 ………………………………………… 216
　　9.3.2　电气火灾的危害 ………………………………………… 219
　　9.3.3　电气火灾的预防措施 …………………………………… 220
　　9.3.4　电气火灾的扑救 ………………………………………… 224
9.4　静电防护 ………………………………………………………… 226
　　9.4.1　静电的产生及危害 ……………………………………… 226
　　9.4.2　静电危害的防护 ………………………………………… 228
习题 ……………………………………………………………… 231
第 10 章　供配电系统的电气安全 ………………………………… 236
10.1　电气事故的防护准则及措施 ………………………………… 236
　　10.1.1　电击事故的防护准则及措施 ………………………… 237

10.1.2　防止电击事故的措施 …………………………………………… 243

10.2　电气绝缘 ……………………………………………………………… 245

10.2.1　绝缘材料的电气性能 ……………………………………… 245

10.2.2　按保护功能区分的绝缘形式 ………………………………… 247

10.2.3　绝缘的破坏 ……………………………………………… 248

10.2.4　绝缘检测和绝缘实验 ………………………………………… 248

10.2.5　绝缘安全用具 ……………………………………………… 253

习题 ……………………………………………………………………… 256

参考文献 ………………………………………………………………… 258

第一部分　电子电路基础

第 1 章　电路分析基础

1.1　电路基本知识

1.1.1　电路的组成

1. 导体、绝缘体和半导体

自然界的一切物质都是由分子或原子组成的，原子又由一个带正电的原子核和在它周围高速旋转着的带有负电的电子组成。不同的原子，其原子核内部结构和它周围的电子数量也各不相同。物质原子最外层电子数量的多少，往往决定着该种物质的导电性能，按照物质导电性能的不同，自然界的物质大体可分为以下三大类。

（1）导体：最外层电子数通常是 1～3 个，且距原子核较远，受原子核的束缚较小，由于外界影响，最外层电子获得一定能量后，极易挣脱原子核的束缚而成为自由电子。因此，导体在常温下存在大量的自由电子，具有良好的导电能力。常用的导电材料有银、铜、铝、金等。

（2）绝缘体：最外层电子数往往是 6～8 个，且距原子核较近，受原子核的束缚较强，其外层电子不易挣脱原子核的束缚，因而绝缘体在常温下具有极少的自由电子，导电能力很差或几乎不导电。常见的绝缘材料有橡胶、云母、陶瓷等。

（3）半导体：最外层电子数一般为 4 个，在常温下存在的自由电子数介于导体和绝缘体之间，因而在常温下其导电能力也介于导体和绝缘体之间。虽然半导体的导电性能并没有导体的导电性能好，但在外界条件发生变化时，其导电能力会随之发生很大变化；掺入某些杂质后，半导体的导电能力还会成千上万倍地增大。由于半导体的这种特殊性能，因而其应用越来越广泛。常用的半导体材料有硅、锗、硒等。

从上述各种物质的导电性能可知，导体可使电流顺利通过，因此传输电流的导线芯都采用导电性能良好的铜、铝等材料制成。绝缘体阻碍电流通过，所以导线外面通常包一层塑胶或塑料等绝缘材料，作为导线的保护，这样人们在使用导线时会比较安全。

2. 电路的组成与功能

电流所经过的路径称为电路，广义上把一些电气设备或元器件用导线连成的网络统称为电路。

1）电路的组成

电路通常由电源、负载和中间环节三部分组成。

电源是电路中提供电能的装置，如发电机、电源变压器、蓄电池等。

负载是电路中接收电能的设备，如电动机、电灯等。

中间环节是电源和负载之间不可缺少的连接、控制和保护部件，如连接导线、开关设备、测量设备以及各种继电保护设备等。

　　2）电路的功能

　　电路的实际功能很多，形式和结构也各不相同，通常可分为两种应用电路：一是电力系统的应用电路，一般由发电机、变压器、开关、电动机等元器件用导线连接而成，主要功能是对发电厂发出的电能进行传输、分配和转换等，如图1-1所示；二是电子技术的应用电路，常由电阻、电容、二极管、晶体管、集成芯片等元器件用导线连接而成，主要功能是实现对各种电信号、传输数据的存储和处理等。

图1-1　电力系统的应用电路

3. 电路模型和电路元件

　　为了便于用数学方法分析电路，一般要将实际电路模型化，用足以反映其电磁性质的理想电路元件或其组合来模拟实际电路中的器件，从而构成与实际电路相对应的电路模型。本书分析的都是电路模型，简称电路。电路通常采用电路图来表示，在电路图中，各种电路元件都用规定的图形符号表示。如图1-2所示，手电筒的实体电路由电源、负载、开关和导线组成。图1-3为手电筒的电路模型：电阻 R_L 是小灯泡的电路抽象，理想电压源 U_S 和与其相串联的电阻 R_0 是干电池的电路抽象，导线和开关 S 是中间环节。

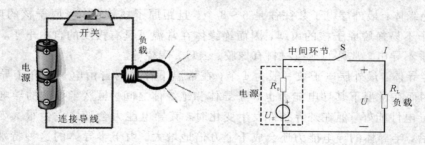

图1-2　手电筒的实体电路　　　　　　图1-3　手电筒的电路模型

　　电路分析中常见的电路元件有电阻元件 R、电感元件 L、电容元件 C、电压源 U_S、电流源 I_S 等，当它们的参数均为常数时，称为线性元件，这些线性元件都有两个外接引出端子，统称为二端元件。理想二端元件分为无源二端元件和有源二端元件两大类，其电路图符号及文字符号分别如图1-4和图1-5所示。

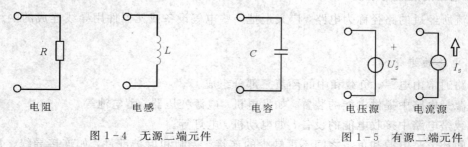

图1-4　无源二端元件　　　　　　　　图1-5　有源二端元件

电阻元件是实际电路中耗能特性的抽象和反映。所谓耗能，指的是元件吸收电能转换为其他形式能量的过程不可逆。由于电阻元件只向电路吸收和消耗能量，而不可能给出能量，因此电阻元件属于无源二端元件。

电感元件是实际电路中建立磁场、储存磁能电特性的抽象和反映。电感元件在电路中只进行能量交换而不耗能，也属于无源二端元件。

电容元件是实际电路中建立电场、储存电能电特性的抽象和反映。电容元件在电路中只进行能量交换而不耗能，同样属于无源二端元件。

电压源是以电压方式对电路供电的实际电源的电路模型和抽象。电压源对外供出的电流由它和与它相连的外电路共同决定，显然电压源属于有源二端元件。

电流源是以电流的方式对外供电的实际电源的电路模型和抽象。电流源两端的电压由它和与它相连的外电路共同决定，与电压源相同，电流源也是有源二端元件。

1.1.2　电流、电压、电能和电功率

1. 电流

电荷的定向移动形成电流。电流的方向通常是指正电荷运动的方向，电流的大小用电流强度来衡量。人们把单位时间内通过导体横截面的电荷量定义为电流强度，简称为电流，用符号 i 表示。

设在极短的时间 dt 内，通过导体横截面的电荷量为 dq，则电流为

$$i = \frac{dq}{dt} \tag{1-1}$$

一般情况下，电流 i 是时间 t 的函数。如果 dq/dt 不随时间变化，即任意时刻，通过导体横截面的电量的大小和方向都不随时间发生变化，则这种电流称为恒定电流，简称直流，常简写为 dc 或 DC。其强度用符号 I 表示。很显然，此时有

$$I = \frac{q}{t} \tag{1-2}$$

在国际单位制中，电流的单位是安培（A），较小的单位还有毫安（mA）、微安（μA）和纳安（nA）等，它们之间的换算关系为

$$1\ A = 10^3\ mA = 10^6\ \mu A = 10^9\ nA \tag{1-3}$$

图 1-6 给出了不同形式的电流。

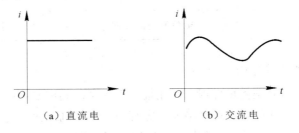

（a）直流电　　　　　　　（b）交流电

图 1-6　直流电与交流电

2. 电压

电路分析中用到的另一个物理量是电压。直流电压用大写 U 表示，交流电压用小写 u

表示。

那么什么是电压呢？我们来看图1-7所示的电路，当开关S闭合时，电阻R中有电流流过，若电阻元件R代表的是白炽灯，则S闭合时灯泡就会发光。

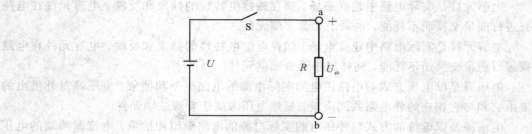

图1-7　电压的含义

电压用公式表示为

$$U_{ab}=\frac{W}{q} \tag{1-4}$$

式中，q为由a点移动到b点的电量，W为电场力所作的功。也就是说，如果在电路中选定一个电位参考点O，人们定义空间某点a的电位在数值上等于将单位正电荷从a点移到O点电场力所做的功。电位用符号V表示，如a、b两点电位表示为V_a和V_b，那么a、b间的电压也可表示为$U_{ab}=V_a-V_b$。

在国际单位制中，电压与电位的单位都是伏〔特〕(volt)，用符号V表示，有时也需要用到千伏(kV)、毫伏(mV)或微伏(μV)作单位。它们之间的关系是

$$1\ V=10^3\ mV=10^6\ \mu V=10^{-3}\ kV \tag{1-5}$$

物理中规定电压正方向由高电位指向低电位，因此电压又称作电压降。电流、电压、电动势的实际方向和单位如表1-1所示。

表1-1　电流、电压、电动势的实际方向和单位

物理量	实际方向	单位
电流 I	正电荷运动的方向	A、mA、μA、nA
电压 U	电位降低的方向	kV、V、mV、μV
电动势 E	电位升高的方向	kV、V、mV、μV

3. 电流、电压的参考方向

在分析和计算较为复杂的电路时，往往难以事先判断某些支路电流或元件端电压的实际方向和真实极性，造成我们在对电路列写方程时，无法判断这些电压、电流在方程式中的正、负号。为解决这一难题，电学中通常采用参考方向的方法：在待分析的电路模型图中预先假定各支路电流或各元件两端电压的方向和极性，称为参考方向。支路电流的参考方向一般用带箭头的线段标示，元件端电压的参考方向一般用"＋""－"号标示。依据这些参考方向，可方便地确定出各支路电流及其元件端电压在方程式中的正、负号，如图1-8、

1-9 所示。

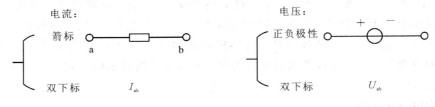

图 1-8　电流的参考方向　　　　　　图 1-9　电压的参考方向

　　参考方向原则上可以任意假定。因此，参考方向不一定与各电流、电压的实际方向相符。但是，这并不影响我们求解电路的结果。依据电路图上标示的电压、电路参考方向，列写出相关电路方程式对电路进行分析、计算，如果计算结果为正值，则表明选定的参考方向与其实际方向相同；若计算结果为负值，则表示电路图上假设的参考方向与其实际方向相反。这是计算电路的一条基本原则。

　　注意，只有在电压、电流参考方向选定之后，方程式中各量的正负取值才有意义。

4. 电能

　　电流所具有的能量称为电能。电能可以用电度表来测量，其国际单位是焦耳(J)，常用的单位是(kW·h)，单位换算关系为

$$1 度 = 1 \text{ kW·h} = 1 \text{ kV·A·h} \tag{1-6}$$

　　电能的转换是在电流做功的过程中进行的。因此，电流做功所消耗电能的多少可以用电功来量度。电功的计算公式为

$$W = UIt \tag{1-7}$$

式(1-7)中，当电压 U 的单位是伏特(V)，电流 I 的单位是安培(A)，时间 t 的单位是秒(s)时，电能的单位为焦耳(J)。式(1-7)表明，在用电器两端加上电压，就会有电流通过用电器，通电时间越长，电能转换为其他形式的能量越多，电功就越大；若通电时间短，电能转换少，则电功也小。

5. 电功率

　　单位时间内电流所做的功称为电功率。电功率用 P 表示，计算方式为

$$P = \frac{W}{t} = \frac{UIt}{t} = UI \tag{1-8}$$

式中，当电压 U 的单位是伏特(V)，电流 I 的单位是安培(A)时，电功率 P 用瓦特(W)表示。

　　电功率反映了电路元器件能量转换的本领。如功率为 100 W 的电灯表明在一秒钟内该灯可将 100 J 的电能转换成光能和热能；功率为 1000 W 的电机表明它在一秒钟内可将 1000 J 的电能转换成机械能。

6. 效率

　　电路在转换和输送电能的过程中存在着各种损耗，因此输出的功率 P_2 总是要小于输入的功率 P_1，在工程应用中，常把输出功率与输入功率的比例称为效率，用 η 表示为

$$\eta = \frac{P_2}{P_1} \times 100\% \tag{1-9}$$

提高电能效率能大幅度节约投资。据专家测算，建设 1 kW 的发电能力，平均投资在7000 元左右；而节约 1 kW 的电力，平均投资在 2000 元左右，不到建设投资的 1/3。通过提高电能效率节约下来的电力还不需要增加煤等一次性资源投入，更不会增加环境污染。

【例 1 - 1】　已知 0.3 s 内通过某一导体横截面的电荷是 0.6C，电流做功 1.2 J，那么通过导体的电流是多少？导体两端的电压为多少？当导体两端的电压增加至 6 V 时，导体的电阻是多少？

解　由电流定义可得

$$I = \frac{Q}{t} = \frac{0.6}{0.3} = 2 \text{ A}$$

由 $W = UIt$ 得到导体两端电压为

$$U = \frac{W}{It} = \frac{1.2}{0.3 \times 2} = 2 \text{ V}$$

导体的电阻并不随电压的增加而发生变化，有

$$R = \frac{U}{I} = \frac{2}{2} = 1 \text{ } \Omega$$

1.1.3　电气设备的额定值与电路的工作状态

1. 电气设备的额定值

电气设备的额定值是根据设计、材料及制造工艺等因素，由制造厂家给出的设备各项性能和技术数据。按照额定值使用电气设备时，既安全可靠，又经济合理。

电气设备的额定电功率，是指用电器加额定电压时产生或吸收的电功率。电气设备的实际功率指用电器在实际电压下产生或吸收的电功率。电气设备铭牌上的额定电压和额定电流，均为电气设备长期、安全运行时的最高限值。任何电气设备和元件都有各自的额定电压和额定电流，对电阻性负载而言，其额定电流和额定电压的乘积就等于它的额定功率。例如，额定值为"220 V、40 W"的白炽灯，表示此灯两端加 220 V 电压时，其电功率为40 W；若灯两端实际电压为 110 V，则此灯上消耗的实际功率只有 10 W。

通常情况下，用电器的实际功率并不等于额定功率。当实际功率小于额定功率时，用电器的实际功率达不到额定值，当实际功率大于额定功率时，用电器易损坏。

2. 电路的工作状态

电路的工作状态有三种：通路、开路与短路，如图 1 - 10 所示。

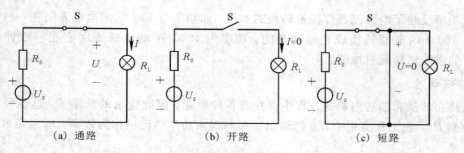

(a) 通路　　　　　　　(b) 开路　　　　　　　(c) 短路

图 1 - 10　电路的三种状态

(1) 通路。如图 1-10(a)所示，电源与负载通过导线连接为闭合通路后，电路中的电流和电压分别为

$$I = \frac{U_s}{R_s + R_L} \tag{1-10}$$

$$U = U_s - IR_s \tag{1-11}$$

式中，R_s 为电源内阻，R_L 为负载电阻。

(2) 开路。图 1-10(b)中，开关 S 断开，电源未与负载接通，则电路处于开路状态。开路状态下，电路中(或元器件中)无电流通过，即 $I = 0$。

(3) 短路。图 1-10(c)中，负载电阻 R_L 的两根引脚被导线接通，称为负载短路。又因为短路导线两端与电源两端也直接相连，也可称为电源短路。电路发生短路时，本来流过负载的电流不再通过负载，而是通过短路导线直接流回电源，电源将由于过热而被烧毁，因此，为避免电源短路现象的发生，通常电路中都有自动切断短路电流的设备，如熔断器和低压断路器等。生活与生产中最简单的短路保护装置是熔断器，俗称保险丝。保险丝是一种熔点很低的合金，当电流超过额定值时，由于温度升高，保险丝会自动熔断，从而保护电路不被损坏。粗细不同的保险丝其额定熔断值存在差异，在实际应用中，必须根据电路中电流的大小，正确选用保险丝。

【例 1-2】 有一电源设备，如图 1-10(a)所示，其额定电压为 110 V，电源内阻 $R_s =$ 1.38 Ω，负载 $R_L = 50$ Ω，求流过的电流 I。当负载被短路时，如图 1-10(c)所示，此时电流又为多少？

解　(1) 当负载为 50 Ω 时：

$$I = \frac{U_s}{R_s + R_L} = \frac{110}{1.38 + 50} \approx 2.14 \text{ A}$$

(2) 当负载被短路时：

$$I_D = \frac{U_s}{R_s} = \frac{110}{1.38} \approx 79.71 \text{ A}$$

可见，短路时的电流比正常负载情况时的电流要大很多，很可能将电源及导线等立即烧毁。

1.2　线性电路元件及其伏安特性

1.2.1　电阻元件

电阻器是电路元件中应用最广泛的一种，在电子设备中约占元件总数的 30% 以上，其质量的好坏对电路工作的稳定性有极大影响。电阻器的主要用途是稳定和调节电路中的电流和电压，同时还作为分流器、分压器和负载使用。几种常用的电阻器实物图如表 1-2 所示。

表 1-2　几种常用电阻器实物图

常用电阻器	金属膜电阻	贴片电阻
实物图		
常用电阻器	直插排阻	贴片排阻
实物图		

导体对电流的阻碍作用叫作导体的电阻(Resistance，通常用"R"表示)，电阻的单位是欧姆(Ω)。欧姆是这样定义的：当在一个电阻器的两端加上 1 V 的电压时，如果在这个电阻器中有 1 A 的电流通过，则这个电阻器的阻值为 1 Ω。

电阻元件是无源二端元件，是实际电阻器的理想化模型。电阻元件按其伏安特性曲线是否为通过原点的直线可分为线性电阻元件和非线性电阻元件，按其特性曲线是否随时间变化又可分为时变电阻和非时变电阻。因此电阻元件共有线性时变电阻元件、线性非时变电阻元件、非线性时变电阻元件和非线性非时变电阻元件等 4 种类型。

通常所说的电阻元件，指的是线性非时变电阻元件，其图形符号如图 1-11 所示。电路端电压与电流的关系称为伏安特性，线性非时变电阻元件的伏安特性曲线如图 1-12 所示。该特性曲线的数学描述为

$$U = RI \tag{1-12}$$

即欧姆定律，也称为线性非时变电阻元件的约束方程。

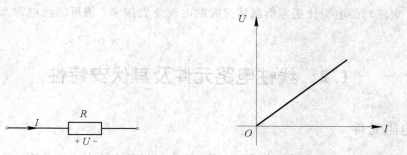

图 1-11　电阻元件图形符号　　　　图 1-12　线性非时变电阻元件的伏安特性

1.2.2　电感和电容元件

1. 电感元件

电感是能够把电能转化为磁能而储存起来的元件。电感只阻碍电流的变化，在电路中

主要起到滤波、振荡、延迟、陷波等作用，还有筛选信号、过滤噪声、稳定电流及抑制电磁波干扰等作用。电感在电路中最常见的作用就是与电容一起，组成 LC 滤波电路。几种常见的电感实物图如表 1-3 所示。

表 1-3　几种常见电感实物图

常见电感	磁环电感	功率电感
实物图		
常见电感	贴片电感	一体电感
实物图		

最原始的电感器是 1831 年英国的迈克尔·法拉第用以发现电磁感应现象的铁芯线圈。1832 年美国的约瑟夫·亨利发表了关于自感应现象的论文，于是人们把电感量的单位称为亨利，简称亨。19 世纪中期，电感器在电报、电话等装置中得到实际应用。1887 年德国的海因里希·鲁道夫·赫兹，1890 年美国的尼古拉·特斯拉在实验中所用的电感器都是非常著名的，分别称为赫兹线圈和特斯拉线圈。

当电感中通过直流电流时，其周围只呈现固定的磁力线，不随时间而变化；可是当在线圈中通过交流电流时，其周围将呈现出随时间变化的磁力线。根据法拉第电磁感应定律来分析，变化的磁力线在线圈两端会产生感应电动势，此感应电动势相当于一个"新电源"。当形成闭合回路时，此感应电动势就要产生感应电流。由楞次定律知道，感应电流所产生的磁力线总量要力图阻止磁力线的变化。磁力线变化来源于外加交变电源的变化，故从客观效果看，电感线圈有阻止交流电路中电流变化的特性。电感线圈有与力学中的惯性相类似的特性，这种特性在电学上取名为"自感应"。通常在拉开闸刀开关或接通闸刀开关的瞬间会产生火花，这就是由于自感现象产生很高的感应电动势所造成的。

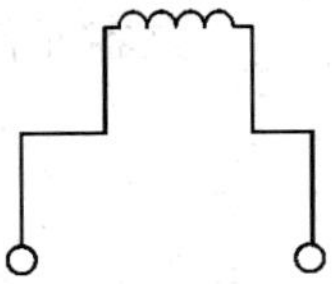

电感元件符号图如图 1-13 所示。

对线性电感元件而言，任一瞬时，其电压和电流的关系为微分（或积分）的动态关系，即

图 1-13　电感元件符号图

$$u_L = L \frac{di}{dt} \qquad (1-13)$$

显然，只有电感元件上的电流发生变化时，电感元件两端才有电压。因此，我们把电感元件称为动态元件。动态元件可以储能，储存的磁能为

$$W_L = \frac{1}{2}Li^2 \qquad\qquad (1-14)$$

2. 电容元件

两个相互靠近的导体，中间夹一层不导电的绝缘介质，就构成了电容器。当电容器的两个极板之间加上电压时，电容器就会储存电荷。电容器既然是一种储存电荷的"容器"，就有"容量"大小的问题。为了衡量电容器储存电荷的能力，确定了电容量这个物理量。电容器必须在外加电压的作用下才能储存电荷。不同的电容器在电压作用下储存的电荷量也可能不相同。国际上统一规定，给电容器外加 1 V 直流电压时，它所能储存的电荷量为该电容器的电容量（即单位电压下的电量），用字母 C 表示。电容量的基本单位为法拉（F）。

电容器在调谐、旁路、耦合、滤波等电路中起着重要的作用。晶体管收音机的调谐电路要用到它，彩色电视机的耦合电路、旁路电路等也要用到它。随着电子信息技术的日新月异，数码电子产品更新换代的速度越来越快，以平板电视（LCD 和 PDP）、笔记本电脑、数码相机等为主的消费类电子产品销量持续增长，同时也带动了电容产业的发展。几种常见电容实物图如表 1-4 所示。

表 1-4　几种常见电容实物图

常见电容	贴片电容	安规电容
实物图		
常见电容	涤纶电容	直插铝电解电容
实物图		

电容元件符号图如图 1-14 所示。

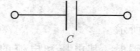

图 1-14　电容元件符号图

1.2.3　电源元件

1. 电压源

电压源，即理想电压源，是从实际电源抽象出来的一种模型，在其两端总能保持一定的电压而不论流过的电流为多少。电压源具有两个基本的性质：第一，它的端电压是定值 U 或者是一定的时间函数 $U(t)$，与流过的电流无关；第二，电压源自身电压是确定的，而流过它的电流是任意的。

　　由于电源内阻等多方面的原因，理想电压源在真实世界中是不存在的，但这样一个模型对于电路分析是十分有价值的。实际上，如果在电流变化时，一个电压源的电压波动不明显，我们通常就假定它是一个理想电压源。

　　电压源是一个理想元件，因为它能为外电路提供一定的能量，所以是有源元件。其符号图如图 1-15 所示。

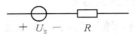

$$+ \quad U_s \quad - \qquad R$$

图 1-15　理想电压源符号图

2. 理想电压源与实际电压源模型的区别

　　如图 1-16 所示为电压源模型。理想电压源内阻为零，因此输出电压恒定，如图 1-17(a)所示。而实际电源总是存在内阻的，因此实际电压源模型电路中的负载电流增大时，内阻上必定增加消耗，从而造成输出电压随负载电流的增大而减小。其外特性稍微向下倾斜，如图 1-17(b)所示。

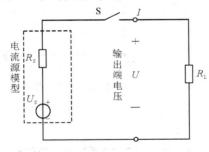

图 1-16　电压源模型

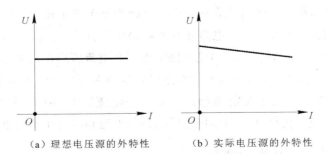

（a）理想电压源的外特性　　　　（b）实际电压源的外特性

图 1-17　电压源的外特性

3. 电流源

　　电流源，即理想电流源，是从实际电源抽象出来的一种模型，其两端总能向外部提供一定的电流而不论其两端的电压为多少。电流源具有两个基本的性质：第一，它提供的电流是定值 I 或是一定的时间函数 $I(t)$，与两端的电压无关。第二，电流源自身电流是确定的，而它两端的电压是任意的。

　　由于内阻等多方面的原因，理想电流源在真实世界是不存在的，但这样一个模型对于电路分析是十分有价值的。实际上，如果在电压变化时，一个电流源的电流波动不明显，我们通常就假定它是一个理想电流源。

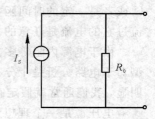

图 1-18　理想电流源符号图

　　电流源是一个理想元件，因为它能为外电路提供一定的能量，所以是有源元件。其符号图如图 1-18 所示。

4. 理想电流源与实际电流源模型的区别

　　如图 1-19 所示为电流源模型。理想电流源的内阻 R 趋于无穷大，相当于开路，因此内部不能分流，输出的电流值恒定，如图 1-20(a)所示。实际电流源的内阻总是有限值，因此当负载增大时，内阻上分配的电流必定增加，从而造成输出电流随负载的增大而减小，即实际电流源的外特性也是一条稍微向下倾斜的直线，如图 1-20(b)所示。

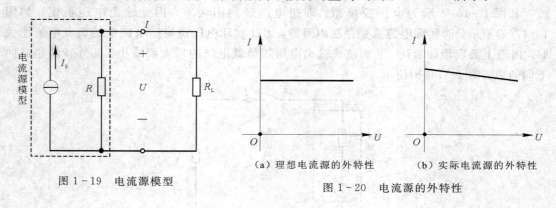

图 1-19　电流源模型

（a）理想电流源的外特性　　　（b）实际电流源的外特性

图 1-20　电流源的外特性

1.3　基尔霍夫定律

　　欧姆定律、基尔霍夫定律以及焦耳定律是电路的三个基本定律，这三个定律揭示了电路中各物理量之间的基本关系，是电路分析的依据和基础。

　　基尔霍夫定律（Kirchhoff's Law）是电路中电压和电流所遵循的基本规律，是分析和计算较为复杂电路的基础，1845 年由德国物理学家基尔霍夫（Gustav Robert Kirchhoff，1824—1887 年）提出。基尔霍夫定律包括基尔霍夫电流定律（KCL）和基尔霍夫电压定律（KVL），它描述了电路元件在互相连接之后电路各电流和各电压的约束关系。

1.3.1　支路、节点、回路和网孔

　　一个或几个二端元件相串联组成的无分支电路称为支路，流过同一支路上的元件电流相同，这些元件为串联。含有电源的支路为有源支路，如图 1-21 中的 acb、adb 两条支路，不含电源元件的支路为无源支路，如图 1-21 中的 ab 支路。

　　3 条或 3 条以上支路的连接点称为节点，如图 1-21 中的 a 和 b。

电路中由支路组成的任意闭合路径称为回路，如图 1-21 中的 abca、abda、acbda。

闭合路径内部不含其他支路的回路称为网孔，如图 1-21 中的 acba 和 adba。显然，网孔都是回路，回路不一定是网孔。

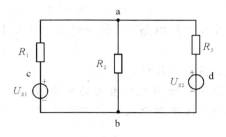

图 1-21　电路举例

【例 1-3】　如图 1-22 所示，该电路共有多少条支路，多少个节点，多少条回路，多少个网孔？

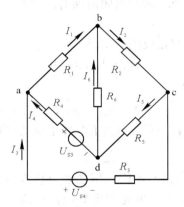

图 1-22　例 1-3 图

解　共有 6 条支路，分别为 ab、ad、ac、bc、bd、dc。

共有 4 个节点，分别为 a、b、c、d。

共有 7 条回路，分别为 abda、abca、abdca、abcda、adca、bcdb、bcadb。

共有 3 个网孔，分别为 abda、bcdb、adca。

1.3.2　基尔霍夫定律

1. 基尔霍夫第一定律(KCL)

基尔霍夫电流定律(Kirchhoff's Current Law，KCL)的内容为：在集中参数电路中，对于任一节点，在任一时刻流进该节点的电流之和等于流出该节点的电流之和，即

$$\sum I_入 = \sum I_出 \tag{1-15}$$

KCL 指出了电路任意一个节点上电流之间遵循的定律，因此又被称为节点电流定律。KCL 提出的依据是电流的连续性原理：电路中的任意一点或节点处，电流都是连续的，即电荷进出始终平衡，任意瞬间都不应发生电荷的积累或减少现象。

根据基尔霍夫第一定律，对图 1-22 所示节点 b，有

$$I_1 + I_6 = I_2 \qquad (1-16)$$

如果遵循流向节点的电流取正号，流出节点的电流取负号，则对于图 1-22 节点 b，有

$$I_1 + I_6 - I_2 = 0 \qquad (1-17)$$

因此 KCL 又可表述为：在集中参数电路中，任一时刻流入节点的支路电流的代数和恒等于 0。

应用 KCL 定律时，应注意以下几点：

（1）列写 KCL 方程之前，必须事先对电流的正负做一个约定，然后依据电路图上标定的电流参考方向正确写出。

（2）基尔霍夫电流定律不仅适用于线性电路，也适用于非线性电路，比欧姆定律的适用范围更广。

（3）KCL 不仅适合于电路中的节点，也可以推广应用于包围电路的任一假想封闭曲面。这种封闭曲面有时也称为广义节点。

如图 1-23 所示，由广义节点应用 KCL 可得

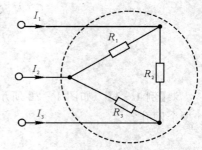

图 1-23　KCL 应用电路举例

$$I_1 + I_2 + I_3 = 0 \qquad (1-18)$$

2. 基尔霍夫第二定律（KVL）

基尔霍夫电压定律（Kirchhoff's Voltage Law，KVL）的内容为：在集中参数电路中，任意时刻，沿任意闭合回路绕行一周，回路上各段电压的代数和恒等于零，即

$$\sum U = 0 \qquad (1-19)$$

KVL 是描述电路中任一回路上各段电压之间应该遵循的规律，因此又被称为回路电压定律。在应用 KVL 定律时，必须事先约定好回路的绕行方向，据此确定各段电压的正负。凡元件或支路电压的参考方向与绕行方向一致时取正，相反时取负。

依据上述约定，对图 1-24 中的三个回路分别列写 KVL 方程如下：

对回路 1，有

$$I_1 R_1 + I_3 R_3 - U_{S1} = 0 \qquad (1-20)$$

对回路 2，有

$$-I_2 R_2 - I_3 R_3 + U_{S2} = 0 \qquad (1-21)$$

对回路 3，有

$$I_1 R_1 - I_2 R_2 + U_{S2} - U_{S1} = 0 \qquad (1-22)$$

应用 KVL 定律时，应注意以下几点：

（1）列写方程式之前，必须事先在电路图上标出各元件端电压的参考方向和回路绕行的参考方向，据此确定各段电压的正负。

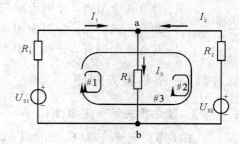

图 1-24　KVL 应用电路举例

（2）跟 KCL 一样，KVL 不仅适用于线性电路，也适用于非线性电路。

（3）KVL 不仅可以用在任一闭合回路上，还可推广到任一不闭合的电路上，但要将开口处的电压列入方程。

　　对于图 1-25，把端口处两点视为连接一个电压源，其数值等于端口电压 U，根据图中参考方向有

$$U_S - IR - U = 0 \tag{1-23}$$

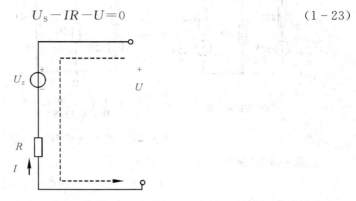

图 1-25　KVL 推广应用电路

1.4　叠 加 定 理

　　叠加定理是线性电路中一条非常重要的定理，不仅可以用于计算电路，更重要的是建立了输入和输出的内在关系。

　　在了解叠加定理之前，首先要明确线性电路的概念：电路中的元件都是线性元件，通过电路元件中的电流与加在元件两端的电压成正比。

　　叠加定理指出：在线性电路中，如果电路中存在多个电源共同作用，则任何一条支路的电压或电流等于每个电源单独作用在该支路上所产生的电压或电流的代数和。电路中的电源依次使用，每次电路中只留有一个电源，其余独立电源应置为零，即电压源短路，电流源断路，同时应保留所有电阻，电阻所在的位置也不变。

　　应用叠加定理的解题步骤如下：

　　(1) 在原电路中标出所求量的参考方向。

　　(2) 画出各电源单独作用时的电路，并标明各分量的参考方向。

　　(3) 分别计算各分量。

　　(4) 将各分量叠加。若分量与总量方向一致，则取正；反之，则取反。

　　【例 1-4】　运用叠加定理求图 1-26 中的电流 I_2。

　　解　12 V 电源单独作用时有

$$I_2' = \frac{12}{2 + (3 /\!/ 6)} \times \frac{3}{3 + 6} = 1 \text{ A} \tag{1-24}$$

　　7.2 V 电源单独作用时有

$$I_2'' = \frac{-7.2}{6 + (3 /\!/ 2)} = -1 \text{ A} \tag{1-25}$$

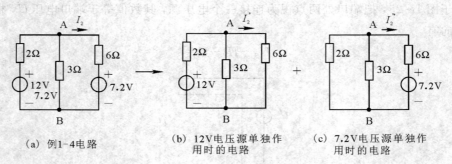

(a) 例1-4电路　　　　(b) 12V电压源单独作　　　(c) 7.2V电压源单独作
　　　　　　　　　　　用时的电路　　　　　　　用时的电路

图1-26　例1-4叠加定理应用电路

根据叠加定理有

$$I_2 = I_2' + I_2'' = 1 + (-1) = 0 \text{ A} \tag{1-26}$$

【例1-5】　运用叠加定理求图1-27所示的电流I。

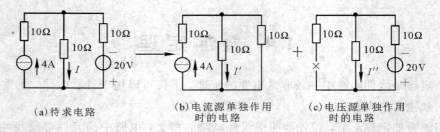

(a) 待求电路　　　　(b) 电流源单独作用　　　(c) 电压源单独作用
　　　　　　　　　　　时的电路　　　　　　　时的电路

图1-27　例1-5叠加定理应用电路

解　电流源单独作用时有

$$I' = 4 \times \frac{1}{2} = 2 \text{ A} \tag{1-27}$$

电压源单独作用时有

$$I'' = -\frac{20}{10+10} = -1 \text{ A} \tag{1-28}$$

根据叠加定理有

$$I = I' + I'' = 2 + (-1) = 1 \text{ A} \tag{1-29}$$

应用叠加定理时应注意以下几点：

(1) 叠加定理只适用于线性电路，对包含非线性元件的二极管电路、晶体管电路等不适用。对线性电路应用叠加定理也只能用来求解电压和电流，不能用它计算功率，因为功率与电压或电流不是一次函数关系。

(2) 运用叠加定理时，一般要注意使各电流、电压分量的参考方向与原电流、电压的参考方向保持一致。若选取不一致时，则在叠加时就要注意各电流、电压的正、负号。

(3) 当某个电源单独作用时，不作用的电压源应短路处理，不作用的电流源应开路处理。

(4) 叠加时，注意电路中所有电阻及受控源的连接方式都不能任意改动。

1.5　戴维南定理

无论电路结构多么复杂，只要它具有两个引出端子，都可称为二端网络；若二端网络内部含电源，则称为有源二端网络，若二端网络内部不含电源，则称为无源二端网络。

在一个复杂的电路计算中，若需计算出来某一支路的电流和电压，可以把电路划分为两部分，一部分为待求支路，另一部分看作一个二端网络。戴维南定理指出，任何一个线性有源二端网络，对外电路而言，均可以用一个理想电压源与一个电阻相串联的有源支路等效代替。等效代替的条件是：有源支路的电压源 U_S 等于原有源二端网络的开路电压 U_OC；有源支路的电阻等于原有源二端网络中所有电源均除去（理想电压源短路，理想电流源开路）后所得到的无源二端网络两端之间的等效电阻 R_0。

戴维南定理的求解步骤可归纳如下：

（1）将待求支路与有源二端网络分离，对断开的两个端钮分别进行标记，如 a、b。

（2）对有源二端网络求解其开路电压 U_OC。

（3）将有源二端网络中所有电源均除去，即电压源用短接线代替，电流源开路处理，然后求其等效电阻 R_0。

（4）让开路电压 U_OC 等于戴维南等效电路的电压源 U_S，等效电阻 R_0 等于戴维南等效电路的内阻 R_0，在戴维南等效电路两端断开处重新把待求支路接上，根据欧姆定律求解待求响应。

【例 1 - 6】　应用戴维南定理求解图 1 - 28 所示电路中电阻 R_3 支路上通过的电流 I，已知 $R_1 = 1\ \Omega$，$R_2 = 4\ \Omega$，$R_3 = 1.2\ \Omega$，$U_\text{S1} = 50\ \text{V}$，$U_\text{S2} = 40\ \text{V}$。

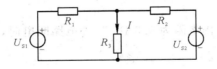

图 1 - 28　例 1 - 6 电路图

解　根据戴维南定理，首先将待求支路从原电路中分离，得到图 1 - 29(a)所示的有源二端网络，求解其开路电压 U_OC，使其等于戴维南等效电路的 U_S。

$$U_\text{S} = U_\text{OC} = \frac{U_\text{S1} - U_\text{S2}}{R_1 + R_2} \times R_2 + U_\text{S2} = \frac{50 - 40}{1 + 4} \times 4 + 40 = 48\ \text{V} \qquad (1 - 30)$$

对有源二端网络进行除源处理，把电路中两个电压源视为短路，用短接线代替，得到如图 1 - 29(b)所示的无源二端网络，对其求解入端等效电阻 R_0，则有

$$R_0 = \frac{R_1 R_2}{R_1 + R_2} = \frac{1 \times 4}{1 + 4} = 0.8\ \Omega \qquad (1 - 31)$$

画出戴维南等效电路，如图 1 - 29(c)所示，在原来断开处把待求支路接上，运用欧姆定律得

$$I = \frac{U_S}{R_0 + R_3} = \frac{48}{0.8 + 1.2} = 24 \text{ V} \qquad (1-32)$$

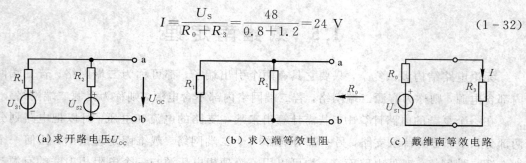

（a）求开路电压U_{OC}　　　　　　（b）求入端等效电阻　　　　　　（c）戴维南等效电路

图 1-29　戴维南等效电路

习　题

一、选择题

1. 下面叙述正确的是(　　)。

A. 电压源与电流源不能等效变换

B. 电压源与电流源变换前后对内电路不等效

C. 电压源与电流源变换前后对外电路不等效

D. 以上三种说法都不正确

2. 下面说法正确的是(　　)。

A. 电压源与电流源在电路中都是供能的

B. 电压源提供能量，电流源吸取能量

C. 电压源与电流源有时是耗能元件，有时是功能元件

D. 以上说法都不正确

3. 电源电动势为 3 V，内电阻为 0.3 Ω，当外电路断电时，电路中的电流和电源端电压分别为(　　)。

A. 0 A，3 V　　　　　　　　　　B. 3 A，1 V

C. 0 A，0 V　　　　　　　　　　D. 1 A，1 V

4. 上题中(电源电动势为 3 V，内电阻为 0.3 Ω)，当外电路短路时，电路中的电流和电源端电压分别为(　　)。

A. 10 A，0 V　　　　　　　　　　B. 3 A，1 V

C. 0 A，0 V　　　　　　　　　　D. 1 A，1 V

5. R_1、R_2 相串联，已知 $R_1 = 3R_2$，若 R_1 上消耗的功率为 3 W，则 R_2 上消耗的功率是(　　)。

A. 9 W　　　　　　B. 1 W　　　　　　C. $\frac{1}{3}$ W　　　　　　D. 3 W

6. 如图 1-30 所示，当开关 S 接通后，灯泡 B 的亮度变化是(　　)。

A. 变量　　　　　　B. 变暗　　　　　　C. 不变　　　　　　D. 不能确定

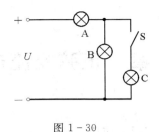

图 1 - 30

7. 有一段电阻为 16 Ω 的导线，若把它对折起来作为一条新导线用，其电阻是（　　）。

A. 8 Ω   B. 16 Ω   C. 4 Ω   D. 32 Ω

二、判断题

1. 电路图中参考点改变，各点电位也随之改变。（　　　）

2. 一个实际的电压源，不论它是否接负载，电压源端电压恒等于该电源电动势。（　　）

3. 当电阻上的电压和电流参考方向相反时，欧姆定律的形式为 $U=IR$。（　　）

4. 电压、电流的实际方向随参考方向的不同而不同。（　　　）

5. 如果选定电流的参考方向为从标有电压"＋"段指向"－"端，则称电流与电压的参考方向为关联参考方向。（　　）

6. 电路图上标出的电压、电流方向是实际方向。（　　　）

7. 电路图中参考点改变，任意两点间的电压也随之改变。（　　　）

8. 由支路组成的闭合路径称为回路。（　　　）

9. 回路就是网孔，网孔就是回路。（　　　）

10. 在一段无分支电路上，不论沿线导体的粗细如何，电流都是处处相等的。（　　）

三、计算题

1. 在图 1 - 31 所示的电路中，已知 $I=10$ mA，$I_1=6$ mA，$R_1=3$ kΩ，$R_2=1$ kΩ，$R_3=2$ kΩ，求电流表 A_4 和 A_5 的读数是多少？

2. 在图 1 - 32 所示的电路中，有几条支路和节点？U_{ab} 和 I 各等于多少？

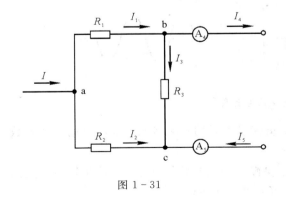

图 1 - 31

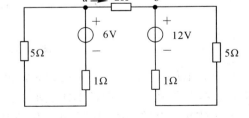

图 1 - 32

第 2 章　正弦交流电路

正弦交流电在工业中得到了广泛的应用，它在生产、输送和应用上比起直流电来有不少优势，而且正弦交流电变化平滑且不易产生高次谐波，这有利于保护电器设备的绝缘性能和减少电器设备运行中的能量损耗。

非正弦交流电可能引起电器（如电动机）的额外功率损耗，可能使电路的某些部分出现有害高电压，并可能对电信线路造成干扰。因此发电厂提供工业和民用的交流电普遍使用正弦交流电。正弦函数规律比较简单，且任一周期函数都可写成许多不同频率的正弦函数之和。

利用正弦交流电的规律可把任何交流电分解为正弦交流电进行讨论，这在电工学和电子学中用处极广。正弦交流电在生活中也有着广泛的应用，最基础的是照明，还有各类小电器，另外汽车的蓄电池也是由它转换的。因此无论从电能生产的角度还是从用户使用的角度，正弦交流电都是最方便的能源，学习正弦交流电的一些基础知识也显得格外重要。

2.1　正弦量的三要素

大小和方向均随时间变化的电压或电流称为交流电，其常见的几种波形如图 2-1 所示。其中大小和方向均随时间按正弦规律变化的电压或电流称为正弦交流电。正弦交流电广泛应用于工农业生产、科学研究及日常生活中，我们需要了解和掌握正弦交流电的基本特点，学会正弦交流电路的基本分析方法。

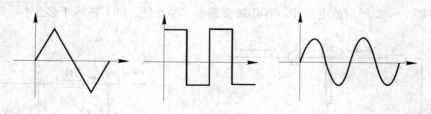

图 2-1　几种交流电的波形

正弦电压、电流等物理量统称为正弦量。正弦量可以用正弦函数，也可以用余弦函数表示。本书采用正弦函数的形式表示正弦量。

正弦交流电的特征表现在其变化的大小、快慢和相位初始值三方面，用于描述上述三方面特征的即是正弦交流电的三要素：振幅、角频率、初相。

2.1.1　频率与周期

交流电随时间变化的快慢程度可以由频率、周期和角频率从不同的角度反映。

1. 频率

单位时间内，正弦交流电重复变化的循环数称为频率，用符号 f 表示，单位是赫兹（Hz）。我国电力工业的交流电频率规定为 50 Hz，简称工频；少数国家采用的工频是 60 Hz。在无线电工程中，常用兆赫来计量，如电视广播的频率是几十到几百兆赫兹，手机与基站间的无线信号频率是几百到几千兆赫兹。

很显然，频率越高，交流电随时间变化得越快。

2. 周期

正弦量完整变化一周所需要的时间称为一个周期，用符号 T 表示，如图 2-2 所示，其单位是秒(s)。

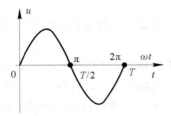

图 2-2 正弦交流电示意图

显然，周期与频率互为倒数关系，即

$$f = \frac{1}{T} \quad \text{或} \quad T = \frac{1}{f} \tag{2-1}$$

可见，周期越短，频率越高。周期的大小同样可以表征正弦量随时间变化的快慢程度。

3. 角频率

正弦量一秒钟内经历的弧度数称为角频率，用 ω 表示，单位为弧度每秒(rad/s)。由于正弦量每变化一周所经历的角弧度是 2π，因此角频率与周期及频率的关系为

$$\omega = 2\pi f = \frac{2\pi}{T} \tag{2-2}$$

可见，正弦量的周期越短，频率或角频率越高，正弦量的变化就越快；反之，正弦量的变化越慢。

2.1.2 振幅与有效值

振幅与有效值是用于描述正弦量数值大小的参数。

1. 瞬时值

正弦交流电随时间按正弦规律变化，正弦量对应各个时刻的数值称为瞬时值，可见瞬时值是随时间变化的量，通常用小写字母表示，如 u、i 分别表示正弦交流电的瞬时电压值与瞬时电流值。瞬时值是用正弦函数式来表示的，即

$$u = U_m \sin(\omega t + \varphi_u) \tag{2-3}$$

$$i = I_m \sin(\omega t + \varphi_i) \tag{2-4}$$

2. 振幅

正弦交流电随时间振荡的最高点称为振幅，如图 2-3 所示。其中正向振幅称为正弦量的最大值，一般用大写字母 U_m（或 I_m）表示。显然，最大值恒为正值。

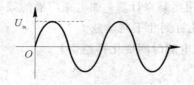

图 2-3　正弦量的振幅与最大值

3. 有效值

在电工技术中，有时并不需要知道交流电的瞬时值，因而规定一个能够表征其大小的特定值，即有效值。

有效值是根据电流热效应来规定的。如图 2-4 所示，让正弦交流电流 i 与直流电流 I 分别通过两个大小相同的电阻，如果在相同的时间 t 内，两种电流在两个电阻上产生的热量相等，那么就把该直流电流定义为交流电流的有效值。由于有效值是根据热效应相同的直流电数值而得的，因此引用直流电的符号，即有效值用 U 或 I 表示。通过有效值可确切地反映正弦交流电的大小。

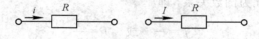

图 2-4　正弦量的有效值

理论和实践都可以证明，正弦交流电的有效值和最大值之间具有特定的数量关系，即

$$U = \frac{U_m}{\sqrt{2}} = 0.707 U_m, \quad I_m = \sqrt{2} I = 1.414 I \qquad (2-5)$$

在交流电路中，如果没有特别说明，一般所说的电流或电压的大小都是指有效值。例如通常所说的 220 V 市电，实际是指该正弦交流电压的有效值 U 为 220 V，其最大值为 310 V，在测量交流电路的电压、电流时，仪表指示的数值通常也都是交流电的有效值。各种交流电器设备铭牌上的额定电压与额定电流一般均指有效值。

总结：正弦交流电的瞬时值可以精确地描述正弦量随时间变化的情况，而振幅表征了正弦交流电随时间振荡的最高点，其有效值则确切地反映出正弦交流电的做功能力。三者从不同的角度说明正弦交流电的大小。

【例 2-1】　写出下列正弦量的有效值。

(1) $i(t) = 10\sin \omega t$ （A）。

(2) $u(t) = 20\sin(\omega t + 30°)$（V）。

解　(1) $I = \dfrac{I_m}{\sqrt{2}} = 0.707 I_m = 7.07$ A

(2) $U = \dfrac{U_m}{\sqrt{2}} = 0.707 U_m = 14.14$ V

【**例 2 - 2**】　通过连接在电路中的万用表测得正弦交流电路的电压为 5 V，求该正弦交流电的振幅。

解　万用表测得的电压值为有效值，故 $U=5$ V。

因此振幅 $U_{\mathrm{m}}=\sqrt{2}U=1.414U=7.07$ V。

2.1.3　相位、初相与相位差

1. 相位与初相

如图 2-5(a)所示的波形图是一种特定波形：当 $t=0$ 时，$i=0$。而实际中，当 $t=0$ 时，i 不一定为零，如图 2-5(b)所示。因此，正弦电压与正弦电流的瞬时表达式表述为

$$u=U_{\mathrm{m}}\sin(\omega t+\varphi_u)$$
$$i=I_{\mathrm{m}}\sin(\omega t+\varphi_i)$$

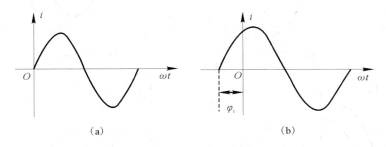

(a)　　　　　　　　　　　(b)

图 2-5　正弦量的相位与初相

上述公式中 $(\omega t+\varphi_u)$ 称为正弦量的相位，它是表示正弦量随时间变化进程的物理量。

例如：当相位 $\omega t+\varphi_u=90°$ 时，$u=U_{\mathrm{m}}$；当 $\omega t+\varphi_u=180°$ 时，$u=0$。

对应 $t=0$ 时的相位 φ_u 称为正弦量的初相角，简称初相。初相确定了正弦量计时起点的状态。初相规定不得超过 $\pm 180°$。

2. 相位差

在正弦交流电中经常要进行同频率正弦量之间相位的比较(比如电压和电流之间)。同频率正弦量的相位之差称为相位差，用 φ 表示。

已知同频率的正弦量：

$$u=U_{\mathrm{m}}\sin(\omega t+\varphi_u),\ i=I_{\mathrm{m}}\sin(\omega t+\varphi_i)$$

则 u 与 i 的相位差为

$$\varphi=(\omega t+\varphi_u)-(\omega t+\varphi_i)=\varphi_u-\varphi_i \tag{2-6}$$

可见相位差即为两正弦量初相之差。虽然相位是时间的函数，但相位差则是不随时间而变化的常数。相位差与初相的规定相同，其大小不得超过 $\pm 180°$。相位差是比较两个同频率正弦量之间关系的重要参数之一。

注意：相位差的概念建立在同频率正弦量的基础之上，不同频率的正弦量不能进行相位比较，因为不同频率的正弦量间，其相位差随时间变化。

根据相位差的正负可以判断两个同频率正弦量的超前、滞后关系。由于相位差的取值范围为 $-180°\leqslant\varphi\leqslant 180°$，因此两同频率的正弦量间相位差有以下几种情况：

（1）$\varphi=0$。如果两同频率正弦量的初相相等，相位差为零，我们称它们同相，即它们同时达到正或负的最大值，同时到达零值，如图 2-6(a)所示。

（2）$\varphi>0$。此时 u 超前 i，如图 2-6(b)所示。

（3）$\varphi<0$。此时 u 滞后 i，如图 2-6(c)所示。

还有两种特例：当 $\varphi=\pm180°$时，称 u 与 i 反向，即在任意瞬间，它们的方向总是相反的，如图 2-6(d)所示；当 $\varphi=\pm90°$时，称 u 与 i 正交。

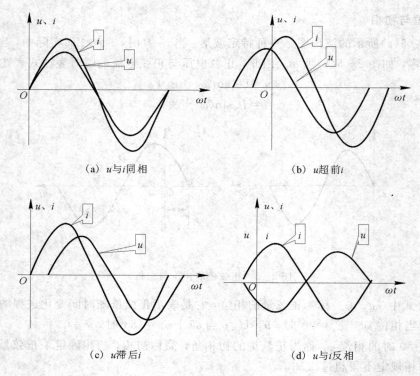

(a) u 与 i 同相　　　　　　　　　　(b) u 超前 i

(c) u 滞后 i　　　　　　　　　　(d) u 与 i 反相

图 2-6　正弦交流电 u 与 i 的相位关系

【例 2-3】　已知正弦电压有效值 $U=220$ V，初相 $\varphi_u=30°$；正弦电流有效值 $I=30$ A，初相 $\varphi_i=45°$。两者的频率都是 50 Hz。求这两个正弦量的瞬时值表达式，并说明二者之间的相位关系。

解　由题可得，正弦量的角频率为

$$\omega=2\pi f=2\times3.14\times50=314 \text{ rad/s}$$

电压的瞬时值表达式为

$$u=220\sqrt{2}\sin(314t+30°)\,(\text{V})$$

电流的瞬时值表达式为

$$i=30\sqrt{2}\sin(314t+45°)\,(\text{A})$$

两者之间的相位差为

$$\varphi=\varphi_u-\varphi_i=30°-45°=-15°$$

说明 u 滞后于 i。

显然，一个正弦量的振幅（或有效值、最大值）、角频率（或频率、周期）以及初相确定后，一个正弦交流电的表达式就是唯一确定的了。因此我们又把振幅（或有效值、最大值）、角频率（或频率、周期）以及初相称为正弦量的三要素。振幅反映了正弦量的大小及做功能力；角频率反映了正弦量随时间变化的快慢程度；初相确定了正弦量计时初始的位置。

2.2　正弦交流电的相量表示法

瞬时值表达式和波形图可以完整地表示正弦交流电随时间变化的情况，因此是正弦交流电的基本表示方法。但当遇到正弦量的加、减等运算时，若用这两种表示方法来进行分析、计算，则显得麻烦、费时，为此引入了相量表示法，从而使正弦交流电路的分析和计算大为简化。

相量表示法也具有幅值、频率及初相这 3 个主要特征。

1. 用旋转有向线段表示正弦量

设有一旋转矢量，矢量的长度正比于正弦量的幅值 i_m，矢量的初始角（即 $t=0$ 时矢量的初始位置与横坐标正方向之间的夹角）等于正弦量的初相位 φ，并以正弦量的角频率 ω 作逆时针匀速旋转。这个旋转矢量任何时刻在纵轴上的投影，正好等于正弦量在同一时刻的瞬时值，如图 2-7 所示。

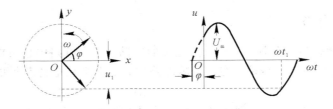

图 2-7　旋转有向线段表示正弦量

考虑到在同一个正弦交流电路中，各电压和电流均为同一频率，因此在任何瞬时各旋转矢量间的夹角都是不变的，这样即可用一个不旋转的矢量来表示正弦交流电，即只需确定正弦量的振幅和初相就能将它表达。矢量的长度与正弦交流电的最大值（或有效值）的大小成正比，矢量与横轴正方向的夹角等于正弦交流电的初相位角，如图 2-8 所示。

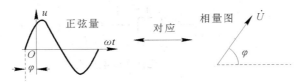

图 2-8　向量图表示正弦量

2. 相量表示法

由于表示随时间变化的正弦量的矢量与空间矢量（例如力、电场强度等）有本质区别，因此我们把表示正弦量的矢量称为相量。相量的写法为大写字母的上方加一个点，如 $\dot{U}$ 是电压的有效值相量。

　　把数个同频率正弦量的相量画在同一图上，这种表示它们之间大小和相位关系的图形称为相量图。在相量图上，可应用平行四边形法则求任意两个相量之和或差。

　　设正弦量 $u = U_m \sin(\omega t + \varphi)$，其相量可表示为

$$\dot{U} = U \angle \varphi \qquad\qquad (2-7)$$

其中相量的模即为正弦量的有效值，相量辐角等于正弦量的初相角。正弦量也可以表示为

$$\dot{U}_m = U_m \angle \varphi \qquad\qquad (2-8)$$

此时相量的模等于正弦量的最大值，相量辐角等于正弦量的初相角。

　　【例 2-4】　　用向量表示法表示以下两个正弦量。

$$u = 220\sqrt{2}\sin(314t + 30°)\,(V)，\ i = 30\sqrt{2}\sin(314t + 45°)\,(A)$$

　　解　$\dot{U} = 220\angle 30°\ V，\dot{I} = 30\angle 45°\ A。$

2.3　单一参数的正弦交流电路

　　在集中参数的正弦交流电路中，实际元器件的电特性往往多元且复杂，但是在一定条件下，当某一电特性为影响电路的主要因素时，我们可以忽略其他次要因素，从而简化电路的分析，这样就构成了单一参数的正弦交流电路模型。

2.3.1　纯电阻电路

　　纯电阻电路就是除电源外，只有电阻元件的电路，这个电路中也可能有电感和电容元件，但它们对电路的影响可忽略。在纯电阻电路中，电阻将从电源获得的能量全部转变成内能。

　　在实际生活中，发动机、电风扇等电气设备在工作时除了发热以外，还对外做功，因此这些是非纯电阻电路。白炽灯把 90% 以上的电能转化为热能，只有很少一部分转化为光能，所以，在中学电学计算中，白炽灯也近似看作纯电阻元件。而节能灯则将大部分能量转换成了光能，所以节能灯属于非纯电阻元件，这也是白炽灯远比节能灯耗电的原因。

1. 电阻元件的电压电流关系

　　电阻元件在正弦交流电路中的电路模型如图 2-9 所示。

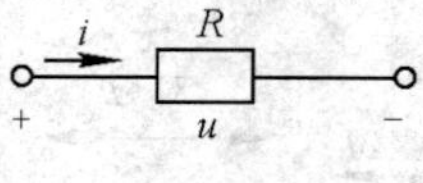

图 2-9　电阻元件交流电路模型

　　设加在电阻元件两端的电压为

$$u = U_m \sin\omega t \qquad\qquad (2-9)$$

　　加在电阻两端的电压与电流取关联参考方向时，任一瞬间通过电阻元件上的电流与端电压成正比，即

$$i = \frac{u}{R} = \frac{U_m \sin\omega t}{R} = \frac{U_m}{R}\sin\omega t = I_m \sin\omega t \qquad\qquad (2-10)$$

可见，电阻元件上的瞬时电压和瞬时电流遵循欧姆定律的即时对应关系，相位上也是同相关系，电阻元件上电压最大值与电流最大值之间的数量关系为

$$I_{\mathrm{m}} = \frac{U_{\mathrm{m}}}{R} \qquad\qquad (2-11)$$

电压的幅值与电流幅值的比值就是电阻 R。同理，有效值之间也满足欧姆定律的关系，即

$$I = \frac{U}{R} \qquad\qquad (2-12)$$

这里的 U 与 I 是指正弦交流电的电压有效值与电流有效值，注意不要与直流电压、电流相混淆。

2. 电阻元件的功率

1）瞬时功率

在正弦交流电路中，任意时刻的瞬时电压与电流是随时间变化的，因此在不同时刻电阻元件上吸收的功率也不同。瞬时功率即是指电路在瞬时吸收的功率，其大小等于瞬时电压与瞬时电流的乘积。瞬时功率的引出是由于电力系统中非线性负荷造成了电压、电流的波形相对于标准正弦波发生了畸变。通常用小写英文字母 p 表示瞬时功率，它的计算公式为

$$\begin{aligned}
p &= ui = U_{\mathrm{m}}\sin\omega t\, I_{\mathrm{m}}\sin\omega t \\
&= U_{\mathrm{m}} I_{\mathrm{m}}\sin^2\omega t \\
&= \sqrt{2}U\sqrt{2}I\,\frac{1-\cos2\omega t}{2} \\
&= UI - UI\cos2\omega t \qquad\qquad (2-13)
\end{aligned}$$

可见瞬时功率由两部分组成，其中 UI 是瞬时功率的恒定分量，$-UI\cos2\omega t$ 是瞬时功率的交变分量。电阻元件瞬时功率波形图如图 2-10 所示。

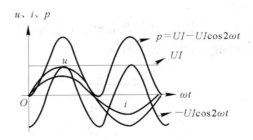

图 2-10　电阻元件瞬时功率波形图

显然，在任何瞬时，恒有 $p\geqslant0$，说明电阻只要有电流就消耗能量，将电能转换为热能，它是一种耗能元件。由于电阻电压与电流同相，所以当电压、电流同时为零时，瞬时功率也为零；当电压、电流到达最大值时，瞬时功率也达最大值。

2）平均功率

交流电的瞬时功率不是一个恒定值，因此无法确切地度量电阻元件上的能量转换规模。功率在一个周期内的平均值即为平均功率，又叫有功功率。平均功率以大写字母 P 表

示,单位是瓦特(W),它的计算公式为

$$P = UI = I^2 R = \frac{U^2}{R} \qquad\qquad (2-14)$$

可见,平均功率是瞬时功率的恒定分量。通常交流用电设备铭牌上标识的额定功率指的就是平均功率。一般情况下,人们只关注平均功率,因为它可以用来衡量实际的耗电量。

【例 2 - 5】 求"220 V、100 W"和"220 V、10 W"两灯泡的电阻。

解 (1) 100 W 灯泡的内阻为

$$R_{100} = \frac{U^2}{P} = \frac{220^2}{100} = 484 \ \Omega$$

(2) 10 W 灯泡的内阻为

$$R_{10} = \frac{U^2}{P} = \frac{220^2}{10} = 4840 \ \Omega$$

可以看到,相同电压下,功率的大小与其阻值成反比,功率大的电灯灯丝电阻小,因此电压一定时,通过的电流越大,灯越亮、耗能越多。

【例 2 - 6】 在图 2 - 9 的电路中,$R = 10 \ \Omega$,$u = 10\sqrt{2} \sin(\omega t + 45°)\text{V}$,求电流 i 的瞬时值表达式以及电阻的平均功率 P。

解 由式(2 - 10)得

$$i = \frac{u}{R} = \frac{10\sqrt{2} \sin(\omega t + 45°)}{10} = \sqrt{2} \sin(\omega t + 45°)\text{A}$$

由式(2 - 14)得

$$P = UI = \frac{U_m}{\sqrt{2}} \frac{I_m}{\sqrt{2}} = 10 \ \text{W}$$

2.3.2　纯电感电路

1. 电感的电压电流关系

若把线圈的电阻略去不计,则线圈就仅含有电感,这种线圈被认为是纯电感线圈,如图 2 - 11 所示。实际应用中线圈总是有些电阻的。

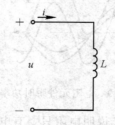

图 2 - 11　纯电感元件交流电路

当线圈中通过交流电流 i 时,就产生自感电动势 e_L 来反抗电流的变化。根据电感元件上的伏安关系,可得

$$u_L = -e_L = L \frac{\mathrm{d}i}{\mathrm{d}t}$$

设电路正弦电流 $i = I_m \sin\omega t$，在电压、电流参考方向下，可知电感元件两端电压为

$$u_L = L\frac{\mathrm{d}i}{\mathrm{d}t} = \omega L I_m \cos\omega t = \omega L I_m \sin(\omega t + 90°) = U_m \sin(\omega t + 90°) \qquad (2-15)$$

由式(2-15)可见，电感两端电压 u 和电流 i 也是同频率的正弦量，电压的相位超前电流 $90°$，电压与电流在数值上满足关系式

$$U_m = \omega L I_m = 2\pi f L I_m \qquad (2-16)$$

等式两端同除以 $\sqrt{2}$，可得到电压与电流有效值之间的数量关系，即

$$I = \frac{U_L}{2\pi f L} = \frac{U_L}{\omega L} \qquad (2-17)$$

2. 感抗的概念

式(2-17)中电感电压有效值(或最大值)与电流有效值(或最大值)的比值为 ωL，它的单位是欧姆(Ω)。当电压 U_L 一定时，ωL 越大，则电流 I 越小。可见电感具有对交流电流起阻碍作用的物理性质，所以称为感抗，用 X_L 表示，即

$$X_L = \omega L = 2\pi f L \qquad (2-18)$$

感抗是交流电路中的一个重要概念，它表示线圈对交流电流阻碍作用的大小。从式(2-18)可见，感抗的大小与线圈本身的电感量 L 和通过线圈电流的频率有关。f 越高，X_L 越大，意味着线圈对电流的阻碍作用越大；f 越低，X_L 越小，即线圈对电流的阻碍作用也越小。当 $f=0$ 时，$X_L=0$，表明线圈对于直流电流相当于短路。这就是线圈本身所固有的“直流畅通，高频受阻”特性。由于这个特性，电感线圈在电工电子技术中有着广泛的应用。

3. 电感元件的功率

1）瞬时功率

知道了电压 u 和电流 i 的变化规律和相互关系后，便可找出瞬时功率的变化规律，即

$$p = p_L = ui = U_m \sin(\omega t + 90°) I_m \sin\omega t = \frac{1}{2} U_m I_m \sin 2\omega t = U_L I \sin 2\omega t \qquad (2-19)$$

由式(2-19)可见，电感的瞬时功率 p_L 仍是一个按正弦规律变化的正弦量，只是变化频率是电源频率的两倍。正弦交流电路中的理想电感不断地与电源进行能量交换，但却不消耗能量。

2）无功功率

纯电感电路中仅有能量的交换而没有能量的损耗。由式(2-19)可见，电感元件的平均功率为

$$p_L = 0 \qquad (2-20)$$

可见电感元件在电路中不断地进行能量交换，或将吸收的电能转换为磁能，或把磁能以电能的形式还给电路，整个能量转换的过程可逆，因此，电感是储能元件。

纯电感 L 虽不消耗功率，但是它与电源之间有能量交换。工程中为了表示能量交换的规模大小，将电感瞬时功率的最大值定义为电感的无功功率，简称感性无功功率，用 Q_L 表示，它的计算公式为

$$Q_L = U_L I = I^2 X_L = \frac{U_L^2}{X_L} \qquad (2-21)$$

为了区别于有功功率,无功功率 Q_L 的基本单位用乏(var)计量。

无功功率并不是"无用"的功率,它表示的是电源与感性负载之间能量的交换。许多设备在工作中都和电源存在着能量的交换。如异步电动机、变压器等要依靠大磁场的变化来工作,磁场的变化会引起磁场能量的变化,这就说明设备和电源之间存在能量的交换,因此发电机除了发出有功功率以外,还要发出适量的无功功率以满足这些设备的需要。

【例 2-7】　把一个电感量为 0.2 H 的线圈接到电压为 220 V 的工频交流电源上,求线圈中的感抗、电流 I 以及无功功率 Q_L。

解　线圈中的感抗:

$$X_L = \omega L = 2\pi f L \approx 2 \times 3.14 \times 50 \times 2 = 62.8 \ \Omega$$

线圈中通过的电流:

$$I = \frac{U_L}{X_L} = \frac{220}{62.8} \approx 3.5 \ \text{A}$$

无功功率:

$$Q_L = U_L I = 220 \times 3.5 = 770 \ \text{var}$$

2.3.3　纯电容电路

1. 电容的电压电流关系

纯电容的交流电路如图 2-12 所示。

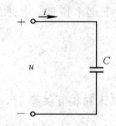

图 2-12　纯电容元件的交流电路

当电压发生变化时,电容极板上的电荷也要随着发生变化,在电路中就会引起电流的变化。如果在电容 C 两端加一正弦电压 $u = U_m \sin\omega t$,则

$$i = C\frac{\mathrm{d}u}{\mathrm{d}t} = CU_m\frac{\mathrm{d}}{\mathrm{d}t}(\sin\omega t) = \omega CU_m\cos\omega t = \omega CU_m\sin(\omega t + 90°) = I_m\sin(\omega t + 90°)$$

$$(2-22)$$

由式(2-22)可见,电容两端电压 u 和电流 i 也是同频率的正弦量,电流的相位超前电压 90°,电压与电流在数值上满足关系式

$$I_m = \omega CU_m \qquad\qquad (2-23)$$

或

$$\frac{U_m}{I_m} = \frac{U}{I} = \frac{1}{\omega C} \qquad\qquad (2-24)$$

2. 容抗的概念

式(2-24)中电容电压有效值(或最大值)与电流有效值(或最大值)的比值为 $\dfrac{1}{\omega C}$,称为

容抗，用 X_C 表示，即

$$X_C = \frac{1}{\omega C} = \frac{1}{2\pi f C} \qquad (2-25)$$

容抗的单位也是欧姆。当电压 U 一定时，容抗越大，电流 I 越小。可见电容具有对交流电流起阻碍作用的物理性质。

容抗的大小与电容 C、频率 f 成反比，这是因为电容越大，在同样的电压下，电容器所容纳的电荷量就越大，因而电流越大，容抗越小；当频率越高时，电容器的充电与放电就进行得越快，在同样的电压下，单位时间内电荷的移动量就越多，因而电流越大，容抗越小。因此电容元件对高频电流所呈现的容抗很小，相当于短路；而当频率 f 很低或 $f=0$（直流）时，电容就相当于开路，这就是电容的"隔直通交"特性，电容的这一特性在电子技术中被广泛应用。

3. 电容元件的功率

1）瞬时功率

电容元件瞬时功率等于电压瞬时值与电流瞬时值的乘积，即

$$p = p_C ui = U_m \sin\omega t\, I_m \sin\left(\omega t + \frac{\pi}{2}\right) = U_m I_m \sin\omega t \cos\omega t$$

$$= \frac{U_m I_m}{2} \sin 2\omega t = U_C I \sin 2\omega t \qquad (2-26)$$

由式（2-26）可见，电容元件的瞬时功率是一个幅值为 UI，以 2ω 角频率随时间变化的交变量，在正弦交流电作用下，纯电容不断地与电源进行能量交换，但却不消耗能量。

2）无功功率

由式（2-26）可见，纯电容元件的平均功率 $P=0$。虽然电容不消耗功率，但是它与电源之间存在能量交换。为了表示能量交换的规模大小，将电容瞬时功率的最大值定义为电容的无功功率，或称为容性无功功率，用 Q_C 表示，即

$$Q_C = UI = I^2 X_C = \frac{U^2}{X_C} \qquad (2-27)$$

Q_C 的单位也是乏（var）。

在计算无功功率时，电感元件的无功功率通常取正值，电容元件的无功功率通常取负值。这是因为当这两种元件串联时，电流相同，而电压反相；当它们并联时，电压相同，两支路电流反相。反相说明电容充电时，电感恰好释放磁场能量，电容放电时，电感恰好储存磁场能量。

2.4　三相交流电路

三相交流电是电能的一种输送形式，简称为三相电。我国电能的生产、配送都是采用三相交流电的形式，这是因为它和单相交流电相比具有许多优点：

（1）制造三相交流发电机和变压器都较制造单相发电机和变压器省材料，而且构造简单、性能优良。

（2）用同样材料制造的三相电机，其容量比单相电机大 50%。

（3）若要输送同样的电能，三相输电线同单相输电线相比，可节省有色金属 25%，且

电能损耗较单相输电时少。

　　三相交流电的用途很多,工业中大部分的交流用电设备都采用三相交流电。而在日常生活中,多使用单相电源,也称为照明电。当采用照明电供电时,使用三相电其中的一相给用电设备供电,例如各种家用电器。

2.4.1　三相电源

　　三相交流电源是由三个频率相同、振幅相等、相位依次互差120°的正弦电压源按一定方式连接而成的。

　　最常用的三相电源是三相交流发电机。它由电枢和绕组组成。电枢是固定的,称为定子,磁极是转动的,称为转子。在三相交流发电机中有3个相同的绕组,如图2-13所示。其中 A、B、C 表示发电机三相绕组的首端,X、Y、Z 表示三相绕组的尾端。三相绕组分别称为 A 相、B 相和 C 相,它们在空间的位置依次相隔120°,称为对称三相绕组。

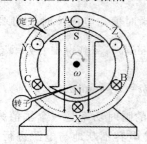

图 2-13　三相交流电的产生

　　我们知道导线切割磁力线就会产生电流,当发电机由原动机拖动匀速转动时,各相绕组均与磁场相切割而产生感应电压,由于三相绕组的匝数相等、切割磁力线的角速度相同,且空间位置互差120°,因此三相绕组感应电压的最大值相等、角频率相同、相位互差120°,由此便得到三相交流电。

　　可见,三相交流电的表达式可以描述为

$$\begin{cases} u_A = U_m \sin\omega t \\ u_B = U_m \sin(\omega t - 120°) \\ u_C = U_m \sin(\omega t - 240°) = U_m \sin(\omega t + 120°) \end{cases} \tag{2-28}$$

三相交流电的波形图可用图2-14表示。

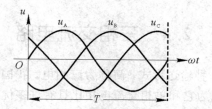

图 2-14　三相交流电的波形图

　　由图2-14可见,在任何瞬间,对称三相电源的电压之和恒为零,即

$$u_A + u_B + u_C = 0 \tag{2-29}$$

　　三相电源中各相电压超前或滞后的排列次序称为相序。若 A 相电压超前 B 相电压，B 相电压又超前 C 相电压，这样的相序是 A—B—C 相序，称为正序；反之，若是 C—B—A 相序，则称为负序（又称逆序）。三相电动机在正序电压供电时正转，改成负序电压供电则反转，因此，使用三相电源时必须注意它的相序。但是，许多需要正反转的生产设备可利用改变相序来实现三相电动机的正反转控制。在电力系统中一般用黄、绿、红三种颜色区分 A、B、C 三相。

2.4.2　三相电源的连接

　　三相电源包括三个电源，它们之间是以一定的方式连接后向用户供电的。三相电源的连接方式有两种：星形连接和三角形连接。

1. 星形连接

　　把三相电源绕组的尾端 X、Y、Z 连在一起，分别从三相电源的首端 A、B、C 引出三根输电线，这种连接方式即为星形连接。三根输电线称为相线或端线，就是俗称的火线，分别用 L_1、L_2、L_3 表示。而 X、Y、Z 的连接点称为中性点或零点，从中性点引出的导线称为中性线或零线，用 N 表示。这种有中性线的供电方式称为三相四线制，如图 2-15 所示。

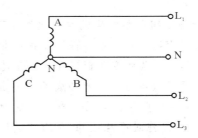

图 2-15　三相电源的星形连接

　　三相四线制中，加在负载上的电压可以取自两根相线之间，也可以取自相线与零线之间。相线与相线之间的电压称为线电压，而相线与零线之间的电压称为相电压。

　　由于三相电压对称，因此线电压也是对称的，线电压的大小是相应相电压的 $\sqrt{3}$ 倍。我国日常电路中，相电压是 220 V，线电压是 380 V。工程上，讨论三相电源电压大小时，通常指的是电源的线电压。如三相四线制电源电压 380 V，指的即是线电压 380 V。

2. 三角形连接

　　如果把电源的三相绕组中一相的始端与另一相的末端依次相连成三角形，并由三角形的三个顶点引出三条相线给用户供电，如图 2-16 所示，则称为三角形连接方式。这种连接方式只能向负载提供一种电压，由于电压均取自两根火线之间，因此称为线电压。

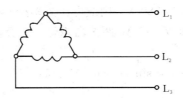

图 2-16　三相电源的三角形连接

2.4.3　三相负载的连接

在日常生活中，我们接触的负载，如电灯、电视机、电冰箱、电风扇等家用电器及单相电动机等，只需要接在三相电源中的任意一相就能正常工作，我们称为单相用电设备；而另一类负载（如三相电动机）只有接到三相电源才能正常工作。接到三相电源上的三相用电设备，或分别接在各相电源上的单相用电设备，统称为三相负载。

三相负载连接电源的方式与三相电源的连接方式对应，也有两种，即星形连接和三角形连接。这里不再赘述。

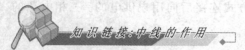

知识链接：中线的作用

在三相四线制供电时，多个单相负载应尽量均衡地分别接到三相电路中去，而不应把它们集中在三相电路中的一相电路里。如果三相电路中的每一相所接的负载的阻抗和性质都相同，则三相电路中的负载是对称的。在负载对称的条件下，因为各相电流间的相位彼此相差120°，所以在每一时刻流过中线的电流之和为零，把中线去掉，用三相三线制供电是可以的。

但实际上多个单相负载接到三相电路中构成的三相负载不可能完全对称。在这种情况下中线显得特别重要，而不是可有可无的。中线保证了每一相负载两端的电压总等于电源的相电压，不会因负载的不对称和负载的变化而变化，各负载都能正常工作。

若是在负载不对称的情况下又没有中线，就形成不对称负载的三相三线制供电。由于负载阻抗不对称，相电流也不对称，负载相电压也自然不能对称。有的相电压可能超过负载的额定电压，负载可能被损坏（灯泡过亮烧毁）；有的相电压可能低些，负载不能正常工作（灯泡暗淡无光）。随着开灯、关灯等原因引起各相负载阻抗的变化，相电流和相电压都随之而变化，会造成灯光忽暗忽亮，其他用电器也不能正常工作，甚至被损坏。

可见，在三相四线制供电的线路中，中线起到保证负载相电压对称不变的作用，对于不对称的三相负载，中线不能去掉，不能在中线上安装保险丝或开关，而且要用机械强度较好的钢线作中线。

注意：通常高压输电系统采用三相三线制供电，电压供电系统采用三相四线制供电。

习　　题

一、简答题

1. 什么是正弦量的三要素？三要素分别反映了正弦量的哪些方面？

2. 若三相供电线路的电压是 380 V，则线电压是多少？相电压又是多少？

3. 有 110 V、40 W 和 110 V、10 W 两盏白炽灯，能否将它们串联后接在 220 V 的工频交流电源上使用？为什么？

4. 两个正弦交流电压 $u_1 = U_{1m}\sin(\omega t + 60°)$V，$u_2 = U_{2m}\sin(2\omega t + 30°)$V。请比较哪个超前，哪个滞后。

5. 某用电设备耐压值为 220 V，能否接在有效值为 200 V 的正弦交流电源上？为什么？

二、计算题

1. 已知某交流电路中电流的瞬时值为 $i = 5\sqrt{2}\sin(100t + 30°)$ A，求该正弦量的周期、角频率、有效值、最大值和初相角。

2. 用相量表示法表示以下正弦量：

$$u_1 = 110\sqrt{2}\sin(314t + 30°), \quad u_2 = 50\sqrt{2}\sin(\omega t - 60°)$$

3. 一个阻值为 50 Ω 的电阻元件，连接在 $u = 500\sqrt{2}\sin 314t$ V 的交流电源上。试求通过电阻元件上的电流 i 以及电路消耗的功率，如用电流表测量该电路中的电流，其读数为多少？

第 3 章　半导体基础及常用器件

物质存在的形式多种多样，如固体、液体、气体等。我们通常把导电性差的材料，如煤、琥珀、陶瓷等称为绝缘体；而把导电性比较好的金属，如金、银、铜、铁、锡、铝等称为导体，可以简单地把介于导体和绝缘体之间的材料称为半导体。与导体和绝缘体相比，半导体材料的发现是最晚的，直到 20 世纪 30 年代，当材料的提纯技术改进以后，半导体的存在才真正被学术界认可。

3.1　半导体的基础知识

3.1.1　半导体的特性

导体的最外层电子数通常是 1～3 个，绝缘体的最外层电子数往往是 6～8 个，而半导体的最外层电子数为 4 个，常温下存在的自由电子数介于导体和绝缘体之间，因而在常温下半导体的导电能力也介于导体和绝缘体之间。

常用的半导体材料有硅、锗、硒等。现在市场上更多地使用硅半导体材料制成各种半导体器件。

半导体的导电能力虽然介于导体和绝缘体之间，但半导体的应用却极其广泛，这是由半导体的独特性能决定的。半导体有以下特性：

（1）热敏性：随着环境温度变化，半导体的导电能力变化很大。

（2）光敏性：受到光照时，有的半导体导的电率会迅速增加。

（3）掺杂性：在半导体中掺入微量特定杂质，其导电性可能大大增加。

根据半导体的以上特点，可将半导体做成各种热敏、光敏元件以及二极管、三极管等半导体器件。

3.1.2　本征半导体

天然的硅和锗是不能制作成半导体器件的，它们必须经过拉单晶工艺提炼成纯净的单晶体。单晶体的晶格结构完全对称，其原子排列得非常整齐，故常被称为晶体，同时也被称为本征半导体。

常温下，本征半导体中的束缚价电子很难脱离共价键的束缚成为自由电子，因此本征半导体的自由电子数目很少，导电性能很弱，本征半导体的共价键结构如图 3-1 所示。

但是半导体的共价键并不是非常坚固，在受到温度、光、磁等能量的激发作用时，共价键中的一些价电子获得足够的能量，从而摆脱共价键的束缚，带负电荷的电子便可以移动了，从而形成了电流。这个电子离开原子后，共价键就少了一个电子，留下一个空位置（称为空穴），该原子同时变成了带正电荷的离子。因为这种带正电荷的离子都有一个空穴，我们可以将空穴视为带正电荷的"粒子"(实际上空穴不是粒子，但是原子有空穴，就代表此处有正电荷)。

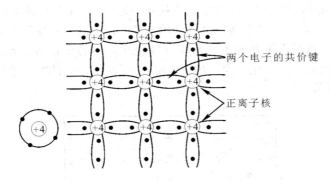

图 3-1　硅晶体共价键结构

这种由于热激发产生了一对"自由电子"和"空穴"的过程，称为本征激发。自由电子带负电荷，空穴带正电荷。自由电子和空穴都是半导体的载流子。同理，自由电子和空穴也可以复合。

本征半导体通常很少见，大多都是杂质半导体。

3.1.3　杂质半导体

前面说过，由于半导体的掺杂性，在本征半导体中掺入微量的某种元素后，半导体的导电能力将极大地增强。通常杂质半导体比本征半导体的导电能力要强几十万倍。

1. P 型半导体

在本征半导体(如纯净的硅片)中掺入少量的三价元素(如硼)后，三价硼原子取代了纯净硅片上的硅原子，由于硼原子最外层只带 3 个电子，在与最外层带 4 个电子的硅原子形成共价键之后，将会产生一个带正电荷的空穴，这种掺入三价杂质元素的半导体称为 P 型半导体，P 型半导体主要靠空穴导电，P 代表正极性 Positive。P 型半导体结构如图 3-2 左侧部分所示。

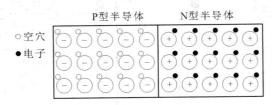

图 3-2　杂质半导体

2. N 型半导体

在本征半导体中掺杂五价元素(如磷)后，磷原子取代了纯净硅片上的硅原子，由于磷原子最外层带 5 个电子，与最外层带 4 个电子的硅原子形成共价键之后，将会剩下 1 个带负电荷的电子，多出的 1 个电子几乎不受束缚，较为容易地成为自由电子。这种掺入五价杂质元素的半导体称为电子型半导体或 N 型半导体，N 型半导体主要靠自由电子导电，N 代表负极性 Negative。N 型半导体结构如图 3-2 右侧部分所示。

3.1.4　PN 结

把一块 P 型半导体和 N 型半导体紧密连接在一起时(实际上只能用化学方法将两个原来独立的锗片合在一起),就会发现一个奇怪的现象:在它们的两端加上适当的电压时,会产生单向导电现象。这是由于在 P 型半导体与 N 型半导体的交界面上形成了一个 PN 结的结构,单向导电现象就发生在这一薄薄的 PN 结中。PN 结是晶体管的基础,它是由扩散形成的,如图 3-3 所示。

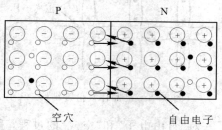

图 3-3　PN 结

PN 结最显著的特点是单向导电性。

(1)PN 结正向导通。把电源电压的正极与 P 区引出端相连,负极与 N 区引出端相连时,称为 PN 结正向偏置。在一定范围内,外电场愈强,正向电流愈大,这种情况称为 PN 结正向导通。

(2)PN 结反向截止。把电源的正负极位置对换,即 P 区接电源负极,N 区接电源正极,称为 PN 结反向偏置,在一定范围内,反向电流极小,通常认为反向偏置的 PN 结不导电,即反向截止。PN 结的单向导电特性如图 3-4 所示。

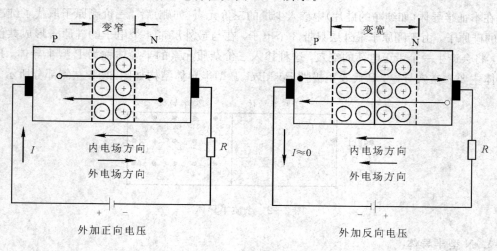

图 3-4　PN 结的单向导电特性

3.2　半导体二极管

将 PN 结两端各加上一根相应的电极引线,再用外壳进行封装,就构成一个二极管。

二极管是最早诞生的半导体器件之一，其应用非常广泛，特别是在各种电子电路中，利用二极管和电阻、电容等元器件进行合理的连接，构成不同功能的电路，可以实现对交流电整流，对调制信号检波、限幅和钳位及对电源电压稳压等多种功能。无论是在常见的收音机电路，还是在其他家用电器产品或工业控制电路中，都可以找到二极管的踪迹。

3.2.1　二极管的基本结构与类型

通常情况下二极管的外形并不复杂，各类二极管在外形上比较相近。

1. 部分二极管实物图

部分二极管实物图见表 3-1。

表 3-1　部分二极管实物图

普通二极管	发光二极管	稳压二极管
	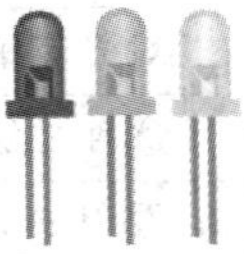	
贴片二极管	激光二极管	光敏二极管

2. 常见二极管电路图符号

图 3-5 所示是常见二极管的电路图符号，在电路图中通常用字母 VD 表示二极管。二极管只有两根引脚，电路图符号中表示出了这两根引脚，同时也表示出了二极管的正负极性，三角形底边这端为正极，另一端为负极。电路图符号形象地表示了二极管工作电流的方向，流过二极管的电流从其正极(P 区)流向负极(N 区)，电路图形符号中三角形的指向是电流流动的方向。

普通二极管　　稳压二极管　　发光二极管　　光电二极管

图 3-5　常见二极管电路图符号

3. 二极管的种类

二极管种类的一般性说明见表 3-2。

表 3 - 2　二极管的种类

划分方法及种类		说　　明
按材料划分	硅二极管	硅材料二极管,常用的二极管
	锗二极管	锗材料二极管,使用量明显少于硅二极管
按外壳封装材料划分	塑料封装二极管	大量使用的二极管采用这种封装材料
	金属封装二极管	大功率整流二极管采用这种封装材料
	玻璃封装二极管	检波二极管等采用这种封装材料
按功能划分	普通二极管	常见的二极管
	整流二极管	专门用于整流的二极管
	发光二极管	专门用于指示信号的二极管,能发出可见光;此外,还有红外发光二极管,能发出不可见光
	稳压二极管	专门用于直流稳压的二极管
	光敏二极管	对光有敏感作用的二极管
	变容二极管	这种二极管的结电容比较大,并可在较大范围内变化
	开关二极管	专用于电子开关电路中
	瞬变电压抑制二极管	用于对电路进行快速过压保护
	恒流二极管	它能在很宽的电压范围内输出恒定的电流,并具有很高的动态阻抗
	其他二极管	还有许多特性不同的二极管

3.2.2　二极管的主要特性

二极管的特性有许多,利用这些特性可以构成各种不同功能的电路。分析不同电路中二极管的工作原理时,要用到二极管的不同特性,下面简要介绍二极管的几个主要特性。

1. 二极管的单向导电性

二极管共有两种工作状态:截止和导通。二极管截止和导通需要有一定的工作条件。

1)二极管正向导通工作状态

如果给二极管正极加的电压高于负极电压,只要正向电压达到一定的值,二极管便导通,导通后二极管相当于一个导体,二极管的两根引脚之间的电阻很小,相当于接通。二极管导通后,所在回路存在电流,电流流动方向从二极管的正极流向负极,如图 3-6 所示,电流不能从负极流向正极,否则说明二极管已经损坏。

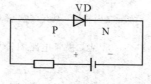

图 3-6　二极管正向导通

二极管导通的条件为正向偏置电压大到一定程度,硅管为 0.6~0.8 V,锗管为 0.2~0.3 V。

2）二极管截止工作状态

如果给二极管正极加的电压低于负极电压，我们称这种情况为二极管反向偏置（PN 结反偏）。给二极管加上反向偏置电压后，二极管两根引脚之间的电阻很大，相当于开路，二极管处于截止状态，如图 3-7 所示。

只要加的是反向偏置电压，二极管中就没有电流流动。如果加的反向偏置电压过大，二极管就会被击穿，此时电流将从负极流向正极，说明二极管已经损坏。

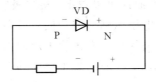

图 3-7　二极管反向截止

3）二极管导通和截止工作状态判断方法

在分析二极管电路时，一般要首先判断二极管的工作状态。二极管工作状态识别方法说明见表 3-3。

表 3-3　二极管工作状态识别方法

电压极性	电压状态	工作状态说明
+　—　 P　N	正向偏置电压足够大	二极管正向导通，两引脚之间内阻很小
	正向偏置电压不够大	二极管不足以正向导通，两引脚之间内阻还比较大
—　+　 P　N	反向偏置电压不太大	二极管截止，两引脚之间内阻很大
	反向偏置电压过大	二极管反向击穿，两引脚之间内阻很小，二极管失去单向导电性，此时二极管已损坏

2. 二极管的伏安特性

加到二极管两端的电压 U 与流过二极管的电流 I 之间的关系，称为二极管的伏安特性。二极管的伏安特性曲线直观地表现了二极管的单向导电性，如图 3-8 所示。

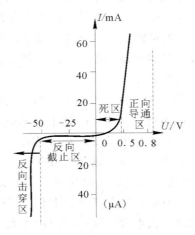

图 3-8　二极管伏安特性曲线

曲线中横轴是电压 U，即加到二极管两极引脚之间的电压，正电压表示正极电压高于负极电压，负电压表示正极电压低于负极电压。纵轴是流过二极管的电流 I，正方向表示电流从正极流向负极，负方向表示电流从负极流向正极。

从图 3-8 二极管的正向特性曲线可以看出，给二极管加的正向电压小于一定值时，正向电流很小，当正向电压达到一定程度后，正向电流迅速增大，并且正向电压稍增大一点，正向电流就增大许多。使二极管正向电流开始迅速增大的正向电压称为正向导通电压。

从图 3-8 二极管的反向特性曲线可以看出，给二极管加的反向电压小于一定值时，反向电流始终很小，当所加的反向电压达到一定值时，反向电流迅速增大，二极管处于电击穿状态。使反向电流开始迅速增大的反向电压称为反向击穿电压。

当二极管处于反向击穿状态时，它便失去了单向导电性。

3. 电击穿

电击穿不是永久性的击穿，将加在二极管上的反向电压去掉后，二极管仍然能够恢复正常特性，不会损坏，只是存在损伤。

利用电击穿时 PN 结两端电压变化很小而电流变化很大的特点，人们制造出了工作在反向击穿区的稳压管。

4. 热击穿

若 PN 结两端加的反向电压过高，则反向电流将急剧增加，从而造成 PN 结上的热量不断积累，引起其结温的持续升高，当这个温度超过 PN 结最大允许结温时，PN 结就会发生热击穿，从而使 PN 结永久损坏。

3.2.3 二极管的主要参数

晶体二极管一般可用到十万小时以上，但是如果使用不合理，就不能充分发挥其作用，甚至很快被损坏。要合理地使用二极管，必须掌握其主要参数，因为参数是反映质量和特性的，下面介绍一些晶体二极管的主要参数。

(1) 最高工作频率 f_M，是指二极管能承受的最高频率。若通过 PN 结的交流电频率高于此值，则二极管就可能失去单向导电性，它主要是由 PN 结的结电容大小决定的。

(2) 最高反向工作电压 U_{RM}，是指二极管长期正常工作时所允许的最高反向电压。若超过此值，则 PN 结就有被击穿的可能。对于交流电来说，最高反向工作电压也就是二极管的最高工作电压，一般为反向击穿电压的 $1/2 \sim 2/3$。锗二极管的最高反向工作电压一般为数十伏以下，而硅二极管可达数百伏。

(3) 最大反向电流 I_R，是指二极管的两端加上最高反向电压时的反向电流值。反向电流越大，则二极管的单向导电性能越差，这样的管子容易烧坏，整流效率也差。硅二极管的反向电流约在 1 mA 以下，大的有几十微安，大功率的管子也有高达几十毫安的。锗二极管的反向电流比硅二极管大得多，一般可达几百微安。

(4) 最大整流电流 I_{FM}，是指二极管能长期正常工作的最大正向电流。因为当电流通过二极管时，二极管就会发热，如果正向电流超过此值，二极管就会有烧坏的危险，所以用二极管整流时，流过二极管的正向电流（既输出直流）不允许超过最大整流电流。锗二极管的最大整流电流一般在几十毫安以下，硅二极管的最大整流电流可达数百安。

3.2.4　二极管的应用

二极管的一个主要特征是单向导电性，利用二极管的单向导电性可以实现整流、钳位保护、检波、限幅等，下面简单列举几种应用。

1. 整流

整流二极管主要用于整流电路，即把交流电变换成脉动直流电。整流二极管都是面结型，因此结电容较大，使得其工作频率较低，一般为 3 kHz 以下。

2. 开关

二极管在正向电压作用下的电阻很小，处于导通状态，相当于一只接通的开关；在反向电压作用下，电阻很大，处于截止状态，如同一只断开的开关。利用二极管的开关特性，可以使其作为数字电路的开关元件。

3. 限幅

二极管正向导通后，它的正向压降基本保持不变（硅管为 0.7 V，锗管为 0.3 V）。利用这一特性，在电路中将其作为限幅元件，可以把信号幅度限制在一定范围内。

4. 检波

检波二极管的主要作用是把高频信号中的低频信号检出，这种二极管的结构为点接触型，其结电容较小，工作频率较高，一般都采用锗材料制成。

5. 阻尼

阻尼二极管多用在高频电压电路中，能承受较高的反向击穿电压和较大的峰值电流，一般用在电视机电路中。常用的阻尼二极管有 2CN1、2CN2、BSBS44 等。

6. 稳压

稳压二极管是利用二极管的反向击穿特性制成的，在电路中其两端的电压保持基本不变，起到稳定电压的作用。常用的稳压管有 2CW55、2CW56 等。

3.2.5　特殊二极管

1. 发光二极管

当半导体中的电子与空穴复合时能辐射出可见光，由此制出了发光二极管（Light Emitting Diode，LED）。发光二极管由含镓（Ga）、砷（As）、磷（P）、氮（N）等元素的半导体材料制成，是一种常用的发光器件。

发光二极管在照明领域应用广泛，在电路及仪表中通常作为指示灯显示文字或数字。发光二极管可以将电能转换为光能，同时也具有普通二极管的单向导电性。当发光二极管外加正向电压时，二极管导通，电能转换成光能，二极管发光。

发光二极管的发光颜色主要由制作管子的材料以及掺入杂质的种类决定。目前常见的发光二极管的发光颜色主要有蓝色、绿色、黄色、红色、橙色、白色等。其中白色发光二极管是新型产品，主要应用在手机背光灯、液晶显示器背光灯以及照明等方面。

发光二极管的工作电流通常为 2 mA～25 mA。工作电压（即正向压降）随着材料的不同而不同。普通绿色、黄色、红色、橙色发光二极管的工作电压约 2 V；白色发光二极管的工作电压通常高于 2.4 V；蓝色发光二极管的工作电压通常高于 3.3 V。发光二极管的工作电流不能超过额定值太高，否则，有烧毁的危险。因此通常在发光二极管回路中串联一个限流电阻。

2. 光电二极管

光电二极管和普通二极管一样，也是由一个 PN 结组成的半导体器件，具有单向导电性。其外观如图 3-9 所示。

光电二极管在制作时采用比较大的 PN 结。在反向电压下，没有光照时光电二极管反向电流极其微弱；有光照时反向电流迅速增加，此时反向电流称为光电流。光电流随着光照强度的增加而增大。利用光电二极管的这一特点，通常把它作为电路中的光电传感器件。

图 3-9　光电二极管

光电二极管还应用于消费电子领域，例如 CD 播放器、烟雾探测器以及家用电器的红外遥控设备。在科学研究与工业领域，光电二极管通常被用来测量光强，因为它比其他光导材料具有更好的线性。

3. 稳压二极管

稳压二极管是一种特殊的面接触型硅二极管，它利用 PN 结反向击穿时的电压基本上不随电流的变化而变化这一特点达到稳压的目的。因为稳压二极管在电路中能起稳压作用，因此将其称为稳压二极管。其电路图符号见图 3-5，伏安特性曲线如图 3-10 所示。

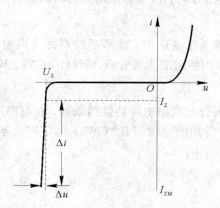

图 3-10　稳压二极管的伏安特性曲线

由图 3-10 可以看出，其正向特性与普通二极管相似，反向击穿特性较普通二极管陡直，说明反向电压达到稳压值时，即使电压有一微小的增加，反向电流也会骤增，此时二极管处于击穿状态。如果在电路中串联一个适当的限流电阻，就能保证稳压二极管工作于可逆的电击穿状态，而不会达到热击穿使管子烧毁。在电击穿状态下，通过稳压二极管的电流在很大范围内变化，而二极管两端的电压几乎不变，利用这一点可以达到稳压的目的。

稳压二极管的主要参数如下：

（1）稳定电压 U_z：稳压二极管反向击穿后稳定工作时的电压值称为稳定电压；稳压二极管的型号不同，U_z 的大小不同，可以根据需要查手册确定。

（2）稳定电流 I_Z：它是指稳压二极管工作电压等于 U_Z 时的稳定工作电流。

（3）动态电阻 R_Z：稳压二极管在反向击穿时，电压变化量 ΔU_Z 与电流变化量 ΔI_Z 之比称为动态电阻，动态电阻越小说明稳压性能越好。

（4）最大稳定电流 I_{ZM}：它是指稳压二极管的最大允许电流，在使用时实际电流不得超过此值，否则可能导致稳压二极管因热击穿而损坏。

（5）耗散功率 P_{ZM}：反向电流通过稳压二极管的 PN 结时，会产生一定的功率耗散使 PN 结的结温升高，P_{ZM} 是稳压二极管正常工作时能够耗散的最大功率，它等于稳压电压 U_Z 与最大稳定电流 I_{ZM} 的乘积。

（6）温度系数 α：稳压管的温度变化会导致稳定电压发生微小变化，因此温度变化 1℃ 所引起管子两端电压的相对变化量即是温度系数。温度系数越小越好，说明稳压管受温度影响很小。

稳压二极管由于具有稳压作用，因此广泛用在稳压电源、电子点火器、直流电平平移、限幅、过压保护等电路中。

3.3　三　极　管

三极管是半导体基本元器件之一，全称为半导体三极管，俗称晶体管。半导体三极管是电子电路的核心元件，三极管的产生使 PN 结的应用发生了质的飞跃。

通过一定的工艺措施，将两个 PN 结背靠背地有机结合起来，就构成了一个三极管。两个 PN 结把整块半导体分成三部分，中间部分是基区，两侧部分是发射区和集电区，按 PN 结的组合方式，三极管可分为 PNP 型和 NPN 型两种。

三极管在中文含义里面只是对三个引脚的放大器件的统称，我们常说的三极管实物如图 3-11 所示。三极管的三根引脚，分别为基极（B）、集电极（C）和发射极（E），各引脚不能相互代用。

图 3-11　三极管实物图

3.3.1　三极管的种类

在电子电路发展的早期，由于锗晶体较易获得，主要研制应用的是锗晶体三极管。硅晶体出现后，由于硅管生产工艺很高效，锗管逐渐被淘汰。经过半个世纪的发展，三极管种类繁多，形貌各异。

三极管额定功率越大，其体积就越大，又由于封装技术的不断更新发展，三极管有多种多样的封装形式。目前用得最多的是塑料封装三极管，其次为金属封装三极管。常见的三极管种类及实物说明见表 3-4。

表 3 - 4　常见三极管种类及实物说明

实物图及名称	说　明
金属封装大功率三极管 	大功率三极管是指它的输出功率比较大，用来对信号进行功率放大。通常情况下，三极管输出的功率越大，其体积越大。 　金属封装大功率三极管体积较大，结构为帽子形状，帽子顶部用来安装散热片，其金属外壳本身就是一个散热部件，两个孔用来固定三极管。这种金属封装的三极管只有基极和发射极两根引脚，集电极就是三极管的金属外壳
塑料封装大功率三极管 	塑料封装大功率三极管有 3 根引脚，顶部有一个开孔的小散热片。因为大功率三极管的功率比较大，三极管容易发热，因此要设置散热片，根据这个特点可以判断一个三极管是不是大功率三极管
塑料封装小功率三极管 	塑料封装小功率三极管是电子电路中用得最多的三极管。它的形状有很多种，3 根引脚的分布也不同。小功率三极管主要用来放大信号电压和作为各种控制电路中的控制器件
金属封装高频三极管 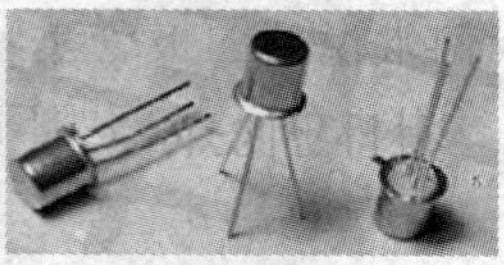	高频三极管的工作频率很高，采用金属封装，其金属外壳可以起到屏蔽的作用
贴片三极管 	贴片三极管与其他贴片元器件一样，它的 3 根引脚非常短，一般安装在电路板的铜箔电路一面

3.3.2　三极管的结构

　　三极管按材料可分为锗管和硅管，这两种三极管分别又有 NPN 和 PNP 两种结构形式，通常使用最多的是硅 NPN 和锗 PNP 两种三极管。

1. NPN 型三极管

　　NPN 型三极管由三块半导体构成，包括两块 N 型和一块 P 型半导体，其中 P 型半导体在中间，两块 N 型半导体在两侧。NPN 型三极管结构和电路图符号如图 3 - 12 所示，在

P 型和 N 型半导体的交界面处形成两个 PN 结，这两个 PN 结与前面介绍的二极管 PN 结具有相似的特性。

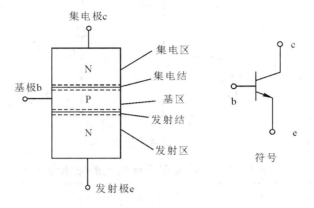

图 3-12　NPN 三极管结构示意图与电路图符号

2．PNP 型三极管

图 3-13 所示是 PNP 型三极管，它与 NPN 型三极管基本相似，只是用了两块 P 型半导体，一块 N 型半导体。PNP 与 NPN 三极管电路图符号的不同之处是发射极箭头方向不同。PNP 型三极管电路图符号中发射极箭头朝内，而 NPN 型三极管相反，以此可以方便地区别电路中这两种极性的三极管。

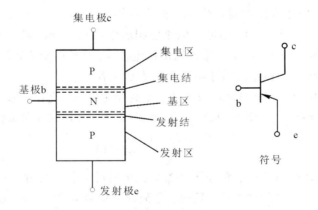

图 3-13　PNP 型三极管结构示意图及电路图符号

3.3.3　三极管的电流放大作用

三极管具有电流放大作用，下面通过实验来分析它的电流放大原理。

1．三极管各电极上的电流分配

将 NPN 型晶体三极管接成如图 3-14 所示的电路。在电路中用三个电流表分别测量三极管的集电极电流 I_C、基极电流 I_B 和发射极电流 I_E。改变电路中基极电压源的数值而使基极电流 I_B 发生变化，便可相应地测出集电极电流 I_C 及发射极电流 I_E 的大小。表 3-5

为三个电流表中读出的 8 组 I_B、I_C、I_E 的数值。

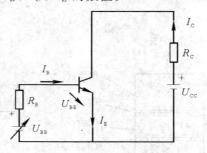

图 3-14　共发射极接法的三极管电路

表 3-5　三极管三个电极上的电流分配

I_B/mA	-0.007	0	0.02	0.04	0.06	0.08	0.1	0.12
I_C/mA	0.007	0.4	0.98	1.96	2.94	3.92	4.92	5.88
I_E/mA	0	0.4	1	2	3	4	5.02	6

根据表 3-5 中的 8 组数值，我们可以得出以下结论：

(1) 发射极电流等于集电极电流与基极电流之和，这就是三极管中三个电极上的电流分配关系，即 $I_E = I_B + I_C$。

(2) 从表 3-5 中还可以看到，当基极电流 I_B 从 0.02 mA 变化到 0.04 mA 时（变化量 $\Delta I_B = 0.04 - 0.02 = 0.02$ mA），集电极电流也相应地从 0.98 mA 变化到 1.96 mA，（变化量 $\Delta I_C = 1.96 - 0.98 = 0.98$ mA），这说明基极电流 I_B 的微小变化，能引起集电极电流 I_C 的较大变化，即三极管基极电流对集电极电流有放大作用。

通常将集电极电流的变化量 ΔI_C 与基极电流的变化量 ΔI_B 之比，称为共射极电流放大系数，或称为电流放大倍数，用符号 β 表示。从表 3-5 中可算出该三极管的电流放大倍数，即

$$\beta = \frac{\Delta I_C}{\Delta I_B} = \frac{0.98}{0.02} = 49$$

电流放大倍数是晶体三极管的重要参数，三极管的 β 值一般在 10～200 之间，有些三极管用顶部颜色来表示 β 的分挡值。黄色：电流放大倍数为 25～50；绿色：50～65；紫色：65～85；白色：85～110；棕色：110～140；黑色：140～180。

2. 三极管放大电流的基本条件

三极管能够放大电流必须具备一定的外部条件：三极管的发射结加正向电压（发射结正偏），集电结加反向电压（集电结反偏）。

3.3.4　三极管的伏安特性

三极管伏安特性曲线是反映三极管各电极电压和电流之间相互关系的曲线，是用来描述晶体三极管工作特性的曲线，常用的特性曲线有输入特性曲线和输出特性曲线。这里以图 3-14 所示的共发射极电路来分析三极管的特性曲线。

1. 输入特性曲线

输入特性曲线表示当发射极与集电极之间的电压 U_{CE} 为常数时，输入电路中基极电流 I_B 与输入电压 U_{BE}（即基极与发射极间电压）之间的关系曲线，如图 3-15 所示。

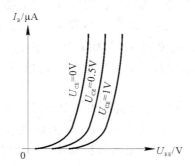

图 3-15　三极管输入特性曲线

从输入曲线图可看出，当 $U_{CE}=0$ 时，晶体三极管的输入特性曲线与二极管的正向伏安特性曲线相似，这是因为此时发射结和集电结都正向偏置，三极管相当于两个二极管并联。

当 U_{CE} 不等于 0 时，保持 U_{BE} 不变，I_B 随 U_{CE} 值的增加而减小，这是因为有了 U_{CE} 的作用，原来的发射极流入基极的电流有一部分流到集电极去了。当 U_{CE} 增加到 1 V 以后再继续增加，由于发射极电流绝大部分已经流进集电极，因此 I_B 基本稳定，通常只画出 $U_{CE} > 1$ V 的一条输入特性曲线即可。

三极管在正常工作时，U_{BE} 是很小的，仅有零点几伏。如果 U_{BE} 太大可能导致由于 I_B 剧烈增加而损坏三极管，一般情况下，硅管发射结电压 U_{BE} 在 0.7 V 左右，锗管发射结电压 U_{BE} 在 0.3 V 左右。

2. 输出特性曲线

输出特性曲线表示基极电流 I_B 一定时，三极管输出电压 U_{CE} 与输出电流 I_C 之间的关系曲线，如图 3-16 所示。图中的每条曲线表示，当固定一个 I_B 值时，调节集电极电阻 R_C 所测得的不同 U_{CE} 下的 I_C 值。根据输出特性曲线，三极管的工作状态分为三个区域。

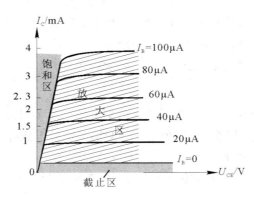

图 3-16　三极管的输出特性曲线

（1）放大区。输出特性曲线近于水平的部分是放大区，此区域中三极管的发射结正向偏置，集电结反向偏置。放大区的特点是 $I_C = \beta I_B$，即集电极电流的大小受基极电流的控制，这就是三极管的电流放大作用。从图 3-16 中可以看出，当 U_{CE} 超过某一数值后曲线基本上是平直的，这是因为当集电结电压增大后，原来流入基极的电流绝大部分被集电极拉走，所以当 U_{CE} 再继续增大时，电流 I_C 变化很小。在放大电路中，必须使三极管工作在放大区。

（2）截止区。截止区是包括 $I_B = 0$ 及 $I_B < 0$（即 I_B 与原方向相反）的一组工作曲线。当 $I_B = 0$ 时，$I_C = I_{CEO}$（称为穿透电流），在常温下此值很小。在此区域中，三极管的两个 PN 结均为反向偏置，即使 U_{CE} 电压较高，三极管中的电流 I_C 却很小，此时的三极管相当于一个开关的开路状态。

（3）饱和区。当 $U_{BE} < U_{CE}$ 时，三极管的发射结和集电结均处于正向偏置，集电结失去了收集基区电子的能力，I_C 不再受 I_B 控制，放大区的 β 值不再适用。U_{CE} 对 I_C 控制作用很大，集电极电流 I_C 随 U_{CE} 的增加而很快地增大，此时三极管相当于一个开关的接通状态。

由三极管的三种状态产生了三极管的两个应用场合：放大电路和开关电路。

3.3.5　三极管的主要参数

三极管的参数是选择和使用三极管的重要依据，主要参数分为三种，即直流参数、交流参数和极限参数。

1. 直流参数

（1）共发射极直流放大倍数 $\beta = I_C / I_B$。

（2）集电极和基极之间的反向饱和电流 I_{CBO} 是指发射极开路时，集电极与基极之间的电流。I_{CBO} 受温度的影响较大，温度升高，I_{CBO} 增加。在一定温度下，I_{CBO} 数值很小。一般小功率锗管的 I_{CBO} 约为几微安至几十微安，而硅管的数值要小得多，可达到纳安级，因此硅管的热稳定性更好。

（3）集电极与发射极之间的反向截止电流 I_{CEO}（穿透电流）是指当基极开路时，集电极流向发射极的电流。I_{CEO} 是衡量三极管质量好坏的重要参数，要求 I_{CEO} 越小越好。

2. 交流参数

（1）共发射极交流放大倍数 $\beta = \Delta I_C / \Delta I_B$，其中 ΔI_B 是 I_B 的变化量，ΔI_C 是对应的 I_C 变化量，三极管 β 值一般以在 20～100 之间为好。

（2）共基极交流放大倍数 $\alpha = \Delta I_C / \Delta I_E$。$\alpha$ 约等于 1。

3. 极限参数

（1）集电极最大允许电流 I_{CM}。当三极管的集电极电流 I_C 超过一定数值后，其 β 值会下降，由于 I_C 的增加使 β 下降到额定值的 2/3 时的集电极电流称为 I_{CM}，正常工作时三极管的集电极电流不允许超过 I_{CM}。

（2）集电极与发射极之间的击穿电压 $U_{(BR)CEO}$ 指基极开路时，集电极和发射极之间的击穿电压。

（3）集电极最大允许耗散功率 P_{CM} 是三极管集电极上允许的最大功率损耗，如果集电极耗散功率大于 P_{CM} 将会烧坏三极管。因此对于较大功率的三极管，应加装散热器。

习　　题

一、简答题

1. 相对于导体与绝缘体，半导体有哪些特性？

2. 什么是本征半导体？什么是 N 型半导体？什么是 P 型半导体？

3. 画出常见二极管的电路图符号，并简要说明二极管有哪些特性。

4. 二极管的伏安特性曲线分为几个区？并说明二极管工作在各个区时的电压、电流情况。

5. 列举常用的三极管种类，并说明三极管在电路中起哪些作用。

6. 画出三极管的电路图符号并标明电极。

二、分析题

1. 有两只稳压二极管，稳定电压分别为 4 V 和 8 V，正向压降均为 0.7 V，试分析若将它们串联，可得到几个电压值，若将它们并联，又可得到几个电压值。

2. 在图 3 - 17 所示的电路中，已知 $u_i = 100\sqrt{2}\sin\omega t$（V），试画出 u_i 与 u_o 的波形。二极管正向导通电压可忽略不计。

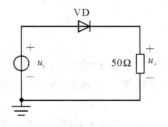

图 3 - 17

第4章　基本放大电路

4.1　基本放大电路的组成及工作原理

放大电路是电子电路中最基本的电路结构，又称为放大器，其基本功能是将微弱的电信号加以放大。放大电路的"放大"是指对信号能量（功率）的放大，并不是单指对电压或电流的放大。放大器输出信号的能量总是比输入的能量大，增大的能量并非来自放大器中的晶体管或其他元件。根据能量守恒原理，能量只能从一种形式转化为另一种形式，不能凭空产生，当然也不会"放大"。电信号被放大后所增加的能量，是从放大器的直流供电能源中的能量转换而来的。放大器的本质是在输入信号的控制下，把直流电源能量部分地转化为输出信号能量，所以放大器实际上是一种由小能量信号控制的电子能量转换器。

4.1.1　放大电路的组成

基本放大电路通常是由一个双极型三极管或场效应管（统称晶体管）组成。本章仅以双极型三极管为例进行说明。根据发射结和集电结所加偏置电压的不同，三极管有四种工作状态，如表4-1所示。

表4-1　三极管的四种工作状态

序号	工作状态	发射结	集电结
1	饱和	正偏	正偏
2	截止	反偏	反偏
3	放大	正偏	反偏
4	倒置	反偏	正偏

放大电路即运用了三极管的放大状态，在发射结加上一个正向直流偏压和交流信号源，在集电结加一个反向直流偏压和负载电阻，则在发射结交流信号源控制下，集电结所接负载电阻上产生的电压变化，比发射结所加的交流电压大，这时我们称信号源所给出的输入信号被放大了。因此基本放大电路就是由工作于放大状态的晶体三极管构成，以小的基极电流按一定比例控制大的集电极电流，实现"放大"的功能。

由于三极管属于非线性器件，它有三个电极，存在三种接法，如图4-1所示。

由于共发射极接法用得最多，因此首先介绍共发射机放大电路（简称共射放大电路）。

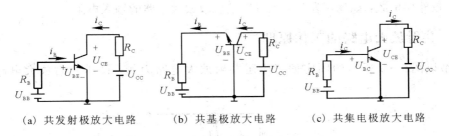

(a) 共发射极放大电路　　　(b) 共基极放大电路　　　(c) 共集电极放大电路

图 4 - 1　三极管的三种连接方式

4.1.2　共射放大电路的组成

图 4 - 1(a)所示是一个双电源单管共射放大电路，由于实际应用中多采用单电源供电方式，所以实际单电源供电的单管共射放大电路如图 4 - 2 所示，其中：u_i 是放大电路的输入信号，u_o 是放大电路的输出信号。信号源、基极、发射极组成输入回路，负载 R_L、集电极、发射极组成输出回路。输入回路和输出回路的公共端是发射极，因此称之为"共发射极放大电路"，简称"共射放大电路"。

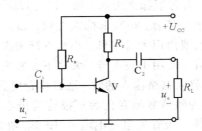

图 4 - 2　基本共射放大电路

图 4 - 2 所示的基本共射放大电路中各元件的作用如下：

三极管 V 是放大电路的核心元件，利用三极管基极的小电流控制集电极的较大电流，使输入的微弱电信号通过直流电源 U_{CC} 提供的能量，在放大电路输出端提供一个幅度增强的电信号。

U_{CC} 是放大电路的直流电源，一方面与 R_B、R_C 相配合，使三极管的发射结正偏、集电结反偏，以满足三极管处于放大工作状态的条件；另一方面为输出信号提供能量。

R_B 是基极偏置电阻，电源 U_{CC} 通过 R_B 为三极管发射结提供正向偏压，改变 R_B 的阻值，即可改变基极电流 I_B 的大小，从而改变三极管的工作状态。R_B 的值一般为几十欧至几千欧。

R_C 是集电极负载电阻，电源 U_{CC} 通过 R_C 为三极管提供集电极反向偏压，并将三极管放大后的电流 I_C 的变化转变为 R_C 上电压的变化反映到输出端，从而实现电压放大。R_C 的值一般为几十欧至几千欧。

C_1 和 C_2 分别是输入和输出耦合电容，具有通交流和隔直流的作用，即隔离放大电路与信号源和负载之间的直流通路，并使交流信号通畅。C_1 和 C_2 的数值一般为几微法至几十微法。

R_L 是外接负载，如扬声器等，也可以是后级放大电路的输入电阻。

4.1.3　共射放大电路的工作原理

本节以图 4 - 3 所示的固定偏置电阻共射放大电路为例，说明共射放大电路的工作原理。

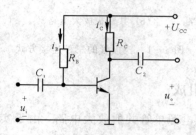

图 4 - 3　固定偏置电阻共射放大电路

三极管实际通过的信号是交直流叠加信号，信号中既有直流分量也有交流分量，为了在分析放大电路时区分不同性质的信号，通常有以下几种规定：

直流信号使用大写字母、大写下标来表示，如：I_{BE}、U_{BE}、I_C、U_{CE}；

交流信号的瞬时值使用小写字母、小写下标来表示，如：i_b、u_{be}、i_c、u_{ce}；

放大电路中交流信号有效值使用大写字母、小写下标来表示，如：I_b、U_{be}、I_c、U_{ce}；

放大电路中交直流叠加信号使用小写字母、大写下标来表示，如：i_B、u_{BE}、i_C、u_{CE}。

交流信号源电压 u_i 加到放大电路输入端时，通过耦合电容 C_1 进入放大电路转换成小信号电流 i_b，叠加在 I_B 上成为随信号源变化的三极管基极小电流 i_B，根据三极管的以小控大作用，交直流叠加量 i_B 使三极管集电极电流 i_C 按 βi_B 增大，通过电阻 R_C 时产生压降 $i_C R_C$。此时，集电极电流与发射极之间交直流叠加量 $u_{CE} = U_{CC} - i_C R_C$。可见，当 i_C 增大时，u_{CE} 就减小；i_C 减小时，u_{CE} 就增大，即 u_{CE} 的变化与 i_C 相反，即 u_{CE} 与 i_C 反相。在放大电路的输出端，交直流叠加量 u_{CE} 中的直流分量被耦合电容 C_2 滤掉，交流分量经 C_2 耦合到输出端成为输出电压 u_o。若电路中各元件参数选取适当，u_o 的幅度将比 u_i 的幅度大很多，即小信号 u_i 被放大了。

4.2　基本放大电路的分析方法

电路在对输入信号的放大过程中，无论是输入信号电流，还是放大后的集电极电流、输出电压，都是交直流叠加量，最后经耦合电容 C_2 才滤掉了直流量，从放大电路输出端提取的是放大后的交流信号电压。因此，在分析放大电路时，可以采用将直流量与交流量分开的办法，对放大电路的直流通道和交流通道分别进行分析讨论。

4.2.1　基本放大电路的静态分析

静态是指放大器无输入信号（即 $u_i = 0$）时，仅在直流电源作用下放大电路中各电压、电流的情况，分析这些直流量就是静态分析。静态时，U_{CC} 保证三极管工作在放大状态，耦合电容 C_1、C_2 相当于开路，三极管工作点指标有 U_{BEQ}、I_{BQ}、I_{CQ} 和 U_{CEQ} 四项，这些数值在描述放大电路特性曲线中对应的点称为静态工作点，用"Q"表示。

1. 固定偏置共射放大电路

图 4 - 4 所示为固定偏置共射放大电路的直流通道，根据基尔霍夫定理可得

$$I_{BQ} = \frac{U_{CC} - U_{BEQ}}{R_B} \qquad (4-1)$$

$$I_{CQ} = \beta I_{BQ} \qquad (4-2)$$

$$U_{CEQ} = U_{CC} - I_{CQ} R_C \qquad (4-3)$$

其中，U_{BEQ} 通常预先估值（一般硅管取 0.7 V，锗管取 0.2 V）。

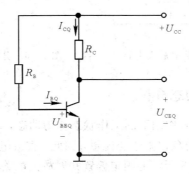

图 4 - 4　固定偏置共射放大电路的直流通道

固定偏置电阻共射放大电路的缺点是工作点稳定性差。电源电压波动，环境温度改变，都会使工作点发生变化。

2. 分压式偏置共射放大电路

由于三极管是半导体器件，所以温度升高会对三极管本身的特性有较大的影响，进而会影响放大电路的正常工作。当温度升高时，三极管内部的载流子运动加剧，会使 U_{BEQ} 减小、β 增大、I_C 增大，使放大电路的静态工作点 Q 沿直流负载线向饱和区移动。这种由于温度升高使 Q 点向饱和区移动的现象称为静态工作点的漂移，也叫温漂。当产生温漂时，电路输出信号的动态范围会减小，容易出现非线性失真。为了稳定静态工作点，需要对固定偏置共射放大电路进行改造。实际应用中一般采用分压式偏置共射放大电路。

图 4 - 5 所示为分压式偏置共射放大电路，通过负反馈环节能够有效抑制温度对静态工作点的影响。分压式偏置共射放大电路与固定偏置共射放大电路相比，其基极由一个固定偏置电阻改为两个分压式偏置电阻 R_{B1}、R_{B2}，该电路要求流过 R_{B2} 的电流远大于基极电流 I_B（工程上通常是 10～20 倍）。这样，I_B 对偏置电阻的分流作用可以忽略，基极电位由 R_{B1} 和 R_{B2} 决定。

根据图 4 - 6，分压式偏置共射放大电路静态工作点指标可通过下式求得

$$I_B \approx 0 \qquad (4-4)$$

$$I_{CQ} \approx \frac{\dfrac{R_{B2} U_{CC}}{R_{B1} + R_{B2}} - U_{BEQ}}{R_E} \qquad (4-5)$$

$$U_{CEQ} \approx U_{CC} - I_{CQ}(R_C + R_E) \qquad (4-6)$$

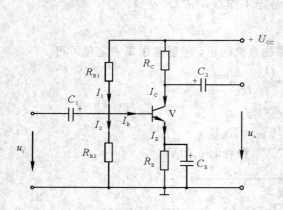

图 4 - 5　分压式偏置共射放大电路

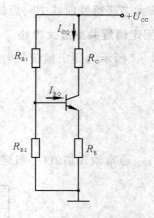

图 4 - 6　分压式偏置共射放大电路直流通路

4.2.2　基本放大电路的动态分析

　　放大电路仅在交流输入信号作用下的工作状态称为动态,动态分析是在静态分析的基础上进行的。动态分析时,研究对象仅限于交流量,因此,直流电源 U_{CC} 可视为"交流接地",耦合电容视为短路。由此,图 4 - 3 所示的固定偏置共射放大电路的交流通路如图 4 - 7 所示。

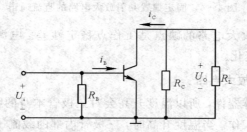

图 4 - 7　固定偏置共射放大电路的交流通路

　　动态分析通常采用微变等效电路分析法。三极管是一个非线性器件,但在选择合适的静态工作点的情况下,如输入为小信号,即只使用输入、输出特性曲线上较小的一段时,可近似当作直线看待。在此条件下,可以把三极管看作一个线性器件,即以线性元件、电流源或电压源组成的电路来替代三极管。在低频电路中常用 h 参数等效电路来替代三极管,其方法是把三极管看作一个四端网络,输入、输出各有电流、电压两个变量,如图 4 - 8 所示。

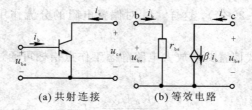

(a) 共射连接　　　　　(b) 等效电路

图 4 - 8　三极管 h 参数等效电路

　　图中 r_{be} 为三极管对交流信号呈现的动态电阻,常用下式来估算:

$$r_{\mathrm{be}} = r_{\mathrm{b}} + (1+\beta)\frac{26\ \mathrm{mV}}{I_{\mathrm{E}}} \tag{4-7}$$

其中，r_{b} 是三极管基区体的等效电阻，对于低频小功率三极管，r_{b} 的阻值大约在 $100\ \Omega \sim$ $300\ \Omega$ 之间，通常取值为 $200\ \Omega$ 或 $300\ \Omega$。$(1+\beta)\dfrac{26\ \mathrm{mV}}{I_{\mathrm{E}}}$ 是三极管静态时的发射极电流，其中 $26\ \mathrm{mV}$ 是 PN 结的温度电压当量。

　　将三极管微变等效为线性器件后，就可以使用欧姆定律和基尔霍夫定律对放大电路的动态参数进行估算分析。下面仍以固定偏置共射放大电路为例，用 h 参数等效电路进行动态分析，其等效电路如图 4-9 所示。

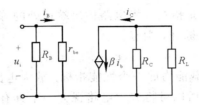

图 4-9　固定偏置共射放大电路的 h 参数等效电路

　　动态分析的对象是放大电路中各电压、电流的交流分量，并求出放大电路对交流信号呈现的交流放大倍数 A_{u}、输入电阻 r_{i} 和输出电阻 r_{o}。

（1）电压放大倍数 A_{u}。

A_{u} 反映了放大电路对电压的放大能力，可表示为

$$A_{\mathrm{u}} = \frac{u_{\mathrm{o}}}{u_{\mathrm{i}}} = \frac{-\beta i_{\mathrm{b}}(R_{\mathrm{C}}//R_{\mathrm{L}})}{i_{\mathrm{b}} r_{\mathrm{be}}} = -\beta\frac{R_{\mathrm{L}}'}{r_{\mathrm{be}}} \tag{4-8}$$

如果放大电路不带负载，则电压放大倍数为

$$A_{\mathrm{u}} = -\beta\frac{R_{\mathrm{C}}}{r_{\mathrm{be}}} \tag{4-9}$$

由于通常 $R_{\mathrm{L}}' \ll R_{\mathrm{C}}$，所以放大电路接入负载后电压放大倍数会下降。

（2）等效输入电阻 r_{i}。

　　放大电路的输入电阻 r_{i} 是指在放大电路输入端口处的等效电阻，由图 4-9 可得

$$r_{\mathrm{i}} = R_{\mathrm{B}}//r_{\mathrm{be}} \tag{4-10}$$

　　在固定偏置共射放大电路中，电路偏置电阻 R_{B} 通常为几百千欧至几兆欧，其数量级远大于 r_{be}，此时放大电路的输入电阻 r_{i} 可以近似为 r_{be}，即

$$r_{\mathrm{i}} \approx r_{\mathrm{be}} \tag{4-11}$$

　　等效输入电阻 r_{i} 反映了放大电路对所接信号源（或前一级放大电路）的影响程度。如图 4-10 所示，如果把一个内阻为 R_{s} 的信号源 u_{s} 加到放大电路的输入端，放大电路的输入电阻就是前一级信号的负载，等效输入电压 u_{i} 与信号源 u_{s} 的关系为

$$u_{\mathrm{i}} = \frac{r_{\mathrm{i}}}{r_{\mathrm{i}} + R_{\mathrm{s}}} u_{\mathrm{s}} \tag{4-12}$$

　　式（4-12）说明，若 $r_{\mathrm{i}} \gg R_{\mathrm{s}}$，则 $u_{\mathrm{i}} \approx u_{\mathrm{s}}$，所以通常要求 r_{i} 尽可能大一点，以使放大电路从信号源取得的电流尽可能小，减小对前一级的影响。

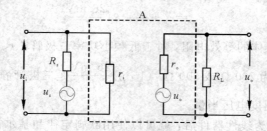

图 4-10 放大电路的输入、输出等效电阻

（3）等效输出电阻 r_o。

放大电路的输出电阻 r_o 是指在放大电路输出端口处的等效电阻。计算等效输出电阻时，应将放大电路的负载 R_L 断开，则有

$$r_\text{o} = R_\text{C} \tag{4-13}$$

r_o 是衡量放大电路带负载能力的一个性能指标。放大电路接上负载后，要向负载（或下一级放大电路）提供能量，所以可将放大电路视为一个具有一定内阻的信号源，这个信号源的内阻就是放大电路的输出电阻。由图 4-10 可知，输出电阻 u_o 可表示为

$$u_\text{o} = \frac{R_\text{L}}{r_\text{o} + R_\text{L}} u_\text{o}' \tag{4-14}$$

式（4-14）说明，若 $r_\text{o} \ll R_\text{L}$，则 $u_\text{o} \approx u_\text{o}'$，说明 r_o 越小，即使负载 R_L 变化大，输出电压也不会产生较大变化，即 r_o 越小放大电路带负载能力越强。

【例 4-1】 如图 4-5 所示，已知 $U_\text{CC} = 12$ V，$R_\text{B1} = 22$ kΩ，$R_\text{B2} = 4.7$ kΩ，$R_\text{E} = 1.5$ kΩ，$R_\text{E} = R_\text{L} = 3.2$ kΩ，$\beta = 50$，设 $U_\text{CE} = 0.6$ V，$r_\text{b} = 200$ Ω。要求：

（1）计算电路的静态工作点；

（2）画出微变等效电路；

（3）计算电压放大倍数和放大电路的输入、输出电阻。

解 （1）静态时，根据电路的直流通路图（图 4-6）可得

$$I_\text{CQ} = \frac{\dfrac{R_\text{B2} + U_\text{CC}}{R_\text{B1} + R_\text{B2}} - U_\text{BEQ}}{R_\text{E}} = \frac{\dfrac{4.7 + 12}{22 + 4.7} - 0.6}{1.5} = 1 \text{ mA}$$

$$U_\text{CEQ} = U_\text{CC} - I_\text{CQ}(R_\text{E} + R_\text{C}) = 12 - 1 \times (3 + 1.5) = 7.5 \text{ V}$$

$$I_\text{BQ} = \frac{I_\text{CQ}}{\beta} = \frac{1 \text{ mA}}{50} = 0.02 \text{ mA}$$

（2）微变等效电路如图 4-11 所示。

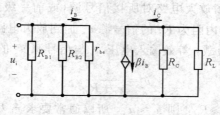

图 4-11 例 4-1 微变等效电路

（3）$I_C=1$ mA，$I_B=0.02$ mA，$I_E=I_B+I_C=1.02$ mA，三极管基区的等效电阻 r_b 根据题意取 $200\ \Omega$。

$$r_{be}=r_b+(1+\beta)\times\frac{26}{I_E}=200+(1+50)\times\frac{26}{1.02}=1500\ \Omega=1.5\ \text{k}\Omega$$

$$R'_L=\frac{1}{\frac{1}{R_L}+\frac{1}{R_C}}=1.5\ \text{k}\Omega$$

$$A_u=-\beta\frac{R'_L}{r_{be}}=-50\times\frac{1.5}{1.5}=-50$$

$$r_o=R_C=3\ \text{k}\Omega$$

$$r_i=\frac{1}{\frac{1}{R_{B1}}+\frac{1}{R_{B2}}+\frac{1}{r_{be}}}=\frac{1}{\frac{1}{22}+\frac{1}{4.7}+\frac{1}{1.5}}=1.1\ \text{k}\Omega$$

4.3　共集电极放大电路

4.3.1　共集电极放大电路的组成

共集电极放大电路如图 4-12 所示，其输入信号连接在三极管的基极，输出信号连接在三极管的发射极，因此又称为射极输出器。

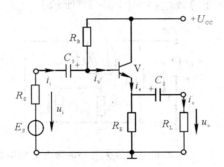

图 4-12　共集电极放大电路

对交流信号而言，直流电源 $U_{CC}=0$，集电极相当于接地。由图 4-13 所示的交流通路可见，集电极是输入回路和输出回路的公共端，因此称为共集电极放大电路。

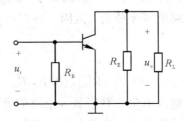

图 4-13　共集电极放大电路的交流通路

4.3.2　共集电极放大电路的静态工作点

共集电极放大电路的直流通路如图 4-14 所示，由图可知

$$U_{CC} = I_{BQ}R_B + U_{BE} + I_{EQ}R_E，I_E = (1+\beta)I_B$$

$$I_{BQ} = \frac{U_{CC} - U_{BE}}{R_B}，R_B = (1+\beta)R_E \tag{4-15}$$

$$I_{EQ} \approx I_{CQ} = \beta I_{BQ} \tag{4-16}$$

$$U_{CEQ} = U_{CC} - I_E R_E \tag{4-17}$$

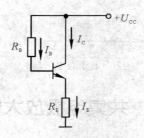

图 4-14　共集电极放大电路的直流通路

4.3.3　共集电极放大电路的动态分析

共集电极放大电路的微变等效电路如图 4-15 所示。

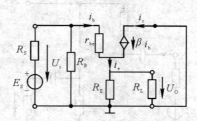

图 4-15　共集电极放大电路的微变等效电路

（1）电压放大倍数 A_u。

$$A_u = \frac{u_o}{u_i} = \frac{(1+\beta)R_L'}{r_{be} + (1+\beta)R_L'} \approx \frac{\beta R_L'}{r_{be} + \beta R_E} < 1，其中 R_L' = R_E // R_L \tag{4-18}$$

式（4-18）中，$\beta R_L' \ll r_{be}$，所以 A_u 小于 1 且约等于 1，即输出电压 u_o 近似等于输入电压 u_i。这说明共集电极放大电路电压无放大，但因 $i_e = (1+\beta)i_b$，电路仍有电流放大和功率放大作用。

（2）等效输入电阻 r_i。

$$r_i = R_B // [r_{be} + (1+\beta)R_L']，其中，R_L' = R_E // R_L \tag{4-19}$$

共集电极放大电路的等效输入电阻比共射放大电路的等效输入电阻大得多，通常为几十千欧至几百千欧。正是由于共集电极放大电路具有高输入电阻的特点，它经常被用作电子设备的"输入级"，以减小信号源的负担。

（3）等效输出电阻 r_o。

$$r_o \approx \frac{r_{be}}{\beta} \tag{4-20}$$

共集电极放大电路等效输出电阻比共射放大电路的等效输出电阻低得多，一般为几十欧。因此输出接近恒压源，增强了带负载的能力，所以它经常被用作电子设备的"输出级"。

根据共集电极放大电路输入电阻低，输出电阻高，且 $A_u \approx 1$ 的特点，也常被大量用作"缓冲级"，以隔离前后两级之间的相互影响，其实质是在电路中起到阻抗变换的作用。

比较图 4-1 所示的三种组态的放大电路：共射放大电路的输入电阻 r_i 和输出电阻 r_o 都属中等，其电压增益和电流增益都较高，是最常用的一组组态，而且可以将多个共射放大器级联，组成多级放大器，以获得更高的增益；共集电极放大电路的输入电阻 r_i 高，输出电阻 r_o 低，且电压增益小于 1，适合用作阻抗变换器；共基极放大电路输入电阻 r_i 低，电压输入增益较高，电流增益小于 1，但其通频带很宽，适宜在超高频和宽带领域内应用。因高频电路与中低频电路分析方法有较大差别，因此本章不对共基极放大电路进行介绍。

4.4　功 率 放 大 器

一个实用的电子放大系统都是一个多级的放大电路，例如电子设备、音响设备、自动控制系统和各类通信系统等。在实际应用中，要求这种多级放大电路的输出级能带动一定的负载，如使扬声器发出声音、推动电动机旋转、使蜂窝移动通信系统中的基站发射机中的天线有较大的辐射功率等。这就要求多级放大电路的输出级能够给负载提供足够大的信号功率，一般将这样的输出级称为功率放大器，简称"功放"。

从能量控制和信号放大的角度来看，功率放大器和前面介绍的电压放大器一样都具有放大器的共性，即都是能量转换器，但功率放大器是以输出功率为重点的放大电路，通常处于多级放大器的末级或末前级。

4.4.1　功率放大器的技术要求

1. 足够大的输出功率

功率放大器的主要功能就是在允许的非线性失真范围内，尽可能大地输出交流功率以推动负载工作。功率放大器一般工作在大信号状态下，以不超过晶体管极限参数（I_{CM}、$U_{(BR)CEO}$、P_{CM}）为限度。

2. 尽可能高的效率

功率放大器的输出功率是由直流电源转换而来的，在转换过程中，一部分能量转换为负载的有用功率，即输出功率；另一部分能量则使集电极放热，成为晶体管的损耗。负载得到的功率与电源供给的直流功率之比即为效率 η，它的计算为

$$\eta = \frac{P_o}{P_E} \times 100\% \tag{4-21}$$

其中，P_o 为功放向负载提供的交流输出功率；P_E 为直流电源提供的直流功率。

3. 非线性失真尽可能小

在实际应用中，电声设备要求其非线性失真尽量小，最好不发生失真。而控制电机和继电器等设备，则要求以输出较大功率为主，对非线性失真的要求不是太高。由于功放工作在大信号的状态，所以输出电压、电流的非线性失真不可避免，但应考虑将失真限制在允许的范围内，即失真也要尽可能小。

4. 功放管的散热与保护

由于功率放大器工作在"极限状态"下，因此有相当大的功率消耗在功放管的集电结上，从而造成功放管结温和管壳的温度升高，所以功放管的散热问题及过载保护问题也应予以充分考虑。通常采用的措施为加装散热片和设置功放管保护电路。

4.4.2　功率放大器的分类

1. 按放大信号的频率划分

按放大信号的工作频段划分，功率放大器可分为低频功率放大器和高频功率放大器。低频功率放大器工作频段通常为几十赫兹至几十千赫兹，高频功率放大器用来放大几百千赫兹至几千兆赫兹的信号。按工作频带来划分，功率放大器可分为窄带功率放大器和宽带功率放大器。

2. 按晶体管的工作状态划分

按晶体管的工作状态划分，功率放大器可分为甲类、乙类、甲乙类、丙类四种。但丙类功率放大器要求特殊形式的负载，仅适用于高频，因此低功频率放大器只有甲类、甲乙类、丙类三种状态，如图 4 - 16 所示。

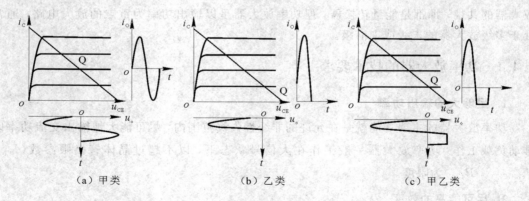

（a）甲类　　　　　　　（b）乙类　　　　　　　（c）甲乙类

图 4 - 16　低频功率放大器的工作状态

1）甲类工作状态

在甲类工作状态下，功率放大器的静态工作点 Q 在晶体管的放大区，且信号的作用范围也在放大区内，如图 4 - 16(a)所示。此时，在输入信号的整个周期内，放大器均有集电极电流。其优点是单管可以进行功率放大，且输出为完整的正弦波形；缺点是静态时晶体管流过较大的电流，静态功耗较大，输出信号幅值也较小。

2）乙类工作状态

在乙类工作状态下，功率放大器的静态工作点 Q 在晶体管的截止区边缘，信号的作用范围一半在放大区，一半在截止区，如图 4-16（b）所示。此时，只有在输入信号的半个周期内，放大器有集电极电流。其优点是静态时，晶体管处于截止状态，没有静态电流流过晶体管，晶体管的自身功耗数值最小，输出信号幅值最大；缺点是晶体管输出信号严重失真，一个晶体管只能输出半个正弦波形，工作时必须由两个晶体管构成推挽电路。

3）甲乙类工作状态

甲乙类工作状态是介于甲类和乙类之间的工作状态，其静态工作点 Q 在靠近截止区的位置，信号的作用范围大部分在放大区，少部分在截止区，如图 4-16（c）所示。此时，在输入信号的多半个周期内放大器有集电极电流，其输出信号失真程度小于乙类工作状态，输出信号幅值大于甲类工作状态；缺点在于，单管输出仍然存在失真，工作时仍需要两个晶体管构成输出。

4）丙类工作状态

在丙类工作状态下，功率放大器的静态工作点 Q 在晶体管的截止区内，信号的作用范围大部分在截止区，少部分在放大区。此时，在输入信号的小半个周期内放大器有集电极电流。

在相同输入信号作用下，丙类功放集电极电流的流通时间最短，一个周期内平均功耗最低，而甲类功放的功耗最高。即相同输入信号下如果维持输出功率不变，四类功放满足 $\eta_甲 < \eta_{甲乙} < \eta_乙 < \eta_丙$。理想条件下，甲类功放的最高效率为 50%，乙类功放的最高效率为 78.5%，丙类功放的最高效率为 85%～90%。

3. 按功率放大器的电路形式划分

按功率放大器的电路形式划分，功率放大器可分为单管功率放大器、互补推挽功率放大器和变压器耦合功率放大器。单管功率放大器存在着效率低下或是失真较大的问题，变压器耦合功率放大器体积大、成本高、不能集成化，因此目前常使用的是互补推挽功率放大器。所谓互补推挽功率放大器是指用两个工作在乙类或甲乙类状态下的放大器，分别放大输入信号的正、负半周期信号，使负载获得一个完整的波形。推挽功率放大器有双电源和单电源两种类型，双电源的电路通常称为 OCL（无输出电容）功率放大电路，单电源的电路通常称为 OTL（无输出变压器）功率放大电路。

1）OCL 功率放大电路

OCL 功率放大电路，即无输出电容器的互补对称功率放大电路，电路中不使用电容器，便于集成。OCL 功率放大电路采用双电源供电，以消除输出信号幅值不对称的现象。如图 4-17 所示，V_1 管是 NPN 型管，V_2 管是 PNP 型管，要求两管特性一致。两管的基极和发射极分别接在一起，信号由基极输入，发射极输出，负载接在公共射极上，因此它是由两个射极输出器组成的。两管在输入信号作用下均工作于乙类状态，交替轮流导通，相互补足对方缺少的半个周期，从而在负载 R_L 上合成一个完整的波形。

（1）输出功率 P_o。

$$P_o = U_o I_o = \frac{U_{om}}{\sqrt{2}} \times \frac{I_{om}}{\sqrt{2}} = \frac{U_{om}}{\sqrt{2}} \times \frac{U_{om}}{\sqrt{2} R_L} = \frac{1}{2} \frac{U_{om}^2}{R_L} \qquad (4-22)$$

当 $U_{om} \approx U_{CC}$ 时，可获得最大输出功率：

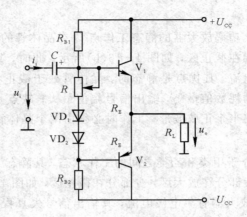

图 4 - 17　OCL 功率放大电路

$$P_{\text{om}} = \frac{1}{2} \frac{U_{\text{CC}}^2}{R_{\text{L}}} \tag{4-23}$$

（2）管耗 P_{V}。

对单个晶体管而言，半个周期截止，管耗为 0；半个周期导通，导通时管耗为

$$P_{\text{V1}} = \frac{1}{R_{\text{L}}} \left(\frac{U_{\text{CC}} U_{\text{om}}}{\pi} - \frac{U_{\text{om}}^2}{4} \right) \tag{4-24}$$

两管的管耗为

$$P_{\text{V}} = P_{\text{V1}} + P_{\text{V2}} = \frac{2}{R_{\text{L}}} \left(\frac{U_{\text{CC}} U_{\text{om}}}{\pi} - \frac{U_{\text{om}}^2}{4} \right) \tag{4-25}$$

（3）直流电源供给功率 P_{DC}。

$$P_{\text{DC}} = P_{\text{o}} + P_{\text{V}} = \frac{2 U_{\text{CC}} U_{\text{om}}}{\pi R_{\text{L}}} \tag{4-26}$$

（4）效率 η。

$$\eta = \frac{P_{\text{o}}}{P_{\text{DC}}} = \frac{\pi}{4} \frac{U_{\text{om}}}{U_{\text{CC}}} \tag{4-27}$$

理想情况下，$U_{\text{om}} \approx U_{\text{CC}}$，则 $\eta = \dfrac{\pi}{4} = 78.5\%$。

2）OTL 功率放大电路

OCL 电路采用双电源供电，给使用和维修带来不便，因此可在放大器输出中端接一个大电容 C，利用电容的充放电来代替负电源，即 OTL 功率放大电路，如图 4 - 18 所示。

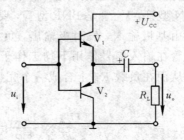

图 4 - 18　OTL 功率放大电路

该电路的最大工作电压取电源电压的一半，所以最大输出功率为

$$P_{om} = \frac{1}{2} \times \frac{U_{om}^2}{R_L} = \frac{1}{2} \times \frac{\left(\frac{1}{2}U_{CC}\right)^2}{R_L} = \frac{U_{CC}^2}{8R_L} \qquad (4-28)$$

4.5　放大电路中的负反馈

4.5.1　反馈的基本概念

在放大电路中，待放大信号由放大电路的输入端进入，经放大电路放大后输出给负载，在放大过程中信号始终沿一个方向传递，这种信号的传递方式称为开环系统。将放大电路输出量（电压或电流）的一部分或全部，经一定的电路反向送回到输入端，这种电路连接方式称为反馈。反馈电路传输的信号称为反馈信号，反馈信号的传递方向与放大电路的信号传递方向相反，是由放大电路的输出端反向传输给放大电路的输入端。反馈电路和放大电路一起构成了一个环形结构，所以带有反馈的放大电路称为闭环系统。反馈不仅是改善放大电路性能的重要手段，也是电子技术和自动控制原理中的一个基本概念。凡在精度、稳定性等方面要求比较高的放大电路中，大多存在某种形式的反馈。

反馈放大器由两部分组成：基本放大电路和反馈电路。图 4-19 中虚线框中部分表示反馈放大器，其输入信号为 $\dot{X}_i$，输出信号为 $\dot{X}_o$；两个实线框中，上框是基本放大电路，由晶体管、电阻、电容元件构成，其功能是放大收到的输入信号；下框是反馈电路，由电阻、电容或电感元件构成，其功能是将采集到的输出信号反方向传输到放大电路的输入端，返送回输入端的反馈信号以 $\dot{X}_f$ 表示，基本放大电路收到的净输入信号以 $\dot{X}_d$ 表示；反馈信号和放大电路输入端的连接点是比较点，比较点处的正、负号表示反馈电路返送回放大电路输入端的反馈信号的极性。由于交流放大电路的输入信号、输出信号和反馈信号均为相量，所以开环放大倍数、反馈系数、闭环放大倍数均为复数。以上各项参数根据其定义可分别表示如下：

基本放大电路的开环放大倍数为

$$\dot{A} = \frac{\dot{X}_o}{\dot{X}_d} \qquad (4-29)$$

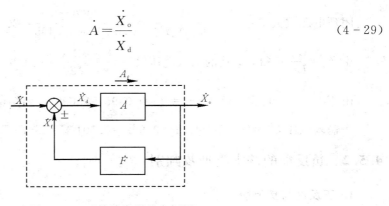

图 4-19　反馈放大器基本框图

反馈电路的反馈系数为

$$\dot{F}=\frac{\dot{X}_\text{f}}{\dot{X}_\text{o}} \tag{4-30}$$

反馈放大器的闭环放大倍数为

$$\dot{A}_\text{f}=\frac{\dot{X}_\text{o}}{\dot{X}_\text{i}} \tag{4-31}$$

式（4-29）至式（4-31）中的 $\dot{X}_\text{i}$、$\dot{X}_\text{o}$ 和 $\dot{X}_\text{d}$ 等信号，可以取电压量或电流量，开环放大倍数 $\dot{A}$ 反馈系列 F 的量纲可以是电压比或电流比，也可以是互导或互阻。

反馈信号使放大电路的净输入信号增大称为正反馈，反馈信号使放大电路的净输入信号减小称为负反馈。正反馈主要用于振荡电路及波形发生器，负反馈则用于改善放大器的性能。在实际放大电路中负反馈应用更为普遍。

根据负反馈的定义，$\dot{X}_\text{d}=\dot{X}_\text{i}-\dot{X}_\text{f}$，根据式（4-31）可得

$$\dot{A}_\text{f}=\frac{\dot{X}_\text{o}}{\dot{X}_\text{i}}=\frac{\dot{X}_\text{o}}{\dot{X}_\text{d}+\dot{X}_\text{f}}=\frac{\dot{X}_\text{o}}{\dot{X}_\text{d}\left(1+\dfrac{\dot{X}_\text{f}}{\dot{X}_\text{d}}\right)}=\frac{\dfrac{\dot{X}_\text{o}}{\dot{X}_\text{d}}}{1+\dfrac{\dot{X}_\text{f}}{\dot{X}_\text{d}}\dfrac{\dot{X}_\text{o}}{\dot{X}_\text{o}}}=\frac{\dfrac{\dot{X}_\text{o}}{\dot{X}_\text{d}}}{1+\dfrac{\dot{X}_\text{o}}{\dot{X}_\text{d}}\dfrac{\dot{X}_\text{f}}{\dot{X}_\text{o}}}=\frac{\dot{A}}{1+\dot{A}\dot{F}} \tag{4-32}$$

式（4-32）称为反馈放大电路的基本方程，若 $(1+AF)\gg1$，则为"深负反馈"，此时 $\dot{X}_\text{f}\approx\dot{X}_\text{i}$，而净输入信号 $\dot{X}_\text{d}$ 很小，$\dot{A}_\text{f}\approx\dfrac{1}{\dot{F}}$ 表示深负反馈条件下，闭环放大倍数主要取决于反馈系数，而与开环放大倍数关系不大。

【例4-2】 已知反馈放大电路的开环电压放大倍数 $A_\text{u}=2000$，反馈系数 $F_\text{u}=0.0495$，那么电路的闭环电压放大倍数是多少？如果电路的输出电压 $U_\text{o}=2\text{ V}$，请计算电路的输入电压 U_i、反馈电压 U_f，以及净输入电压 U_d 的值。

解 由于此处为直流信号，因此可以用实数来表示各参数。

闭环电压放大倍数 $A_\text{f}=\dfrac{A_\text{u}}{1+A_\text{u}F_\text{u}}=\dfrac{2000}{1+2000\times0.0495}=20$。

由 $A_\text{f}=\dfrac{U_\text{o}}{U_\text{i}}$ 可得，电路的输入电压 $U_\text{i}=\dfrac{U_\text{o}}{A_\text{f}}=\dfrac{2\text{ V}}{20}=0.1\text{ V}$。

由 $F_\text{u}=\dfrac{U_\text{f}}{U_\text{o}}$，可得 $U_\text{f}=U_\text{o}F_\text{u}=2\times0.0495=0.099\text{ V}=99\text{ mV}$。

净输入电压 $U_\text{d}=U_\text{i}-U_\text{f}=0.1-0.099=0.001\text{ V}=1\text{ mV}$。

4.5.2　负反馈的基本类型及判别

1. 正反馈与负反馈

如果引入的反馈信号与外加输入信号极性相同，使放大电路的放大倍数得到提高，则

为正反馈；如果引入的反馈信号与外加输入信号极性相反，使放大电路的放大倍数降低，则为负反馈。正反馈主要用于振荡电路及波形发生器，负反馈则用于改善放大电路的性能，本章主要讨论负反馈。

正反馈与负反馈的判断通常使用瞬时极性法：假设输入信号的变化处于某一瞬时极性（用符号"⊕"、"⊖"表示），从输入端沿放大电路中信号的传递路径到输出端，逐级推出电路中其他有关各点信号瞬时变化的极性，最后判断反馈到输入端的信号的极性对原来的信号是增强了还是削弱了，若增强了输入信号则为正反馈，反之则为负反馈。

2. 直流反馈与交流反馈

根据反馈信号中包含的交直流成分，可分为直流反馈与交流反馈。如果反馈信号中只包含直流成分，则为直流反馈；如果反馈信号中只包含交流成分，则为交流反馈；既包含直流成分又包含交流成分，为交直流反馈。引入直流负反馈可以稳定静态工作点，引入交流负反馈可以改善放大电路的性能指标。

直流反馈与交流反馈的判断是由反馈电路的结构决定的，图 4-20 所示是不同元件构成的反馈电路结构，图 4-20(a)中反馈电阻 R_f 与旁路电容 C_f 并联，旁路电容短接了流过反馈电阻的交流信号，反馈电路传输回放大电路的只有直流信号，反馈类型为直流反馈。图 4-20(b)中反馈电阻 R_f 与耦合电容 C_f 串联，耦合电容隔断了电路中的直流通路，反馈电路传输回放大电路的只有交流信号，反馈类型为交流反馈。图 4-20(c)中的反馈电路只有反馈电阻 R_f，没有连接电容，反馈电路中的直流信号、交流信号均能通过，反馈类型为交直流反馈。

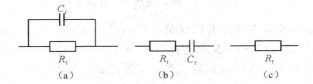

图 4-20　反馈电路结构

3. 电压反馈与电流反馈

按反馈电路与基本放大器输出端的连接方式不同，可分为电压反馈与电流反馈。如图 4-21(a)所示，基本放大电路 $\dot{A}$ 方框与反馈电路 $\dot{F}$ 方框在放大电路的输出端并联，反馈取样的是电压，即为电压反馈；如图 4-21(b)所示，基本放大电路 $\dot{A}$ 方框与反馈电路 $\dot{F}$ 方框在放大电路的输出端串联，反馈取样的是电流，即为电流反馈。

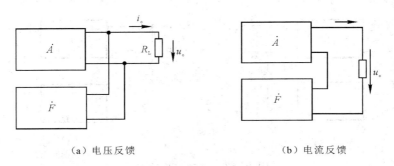

（a）电压反馈　　　　　　　　　　　　（b）电流反馈

图 4-21　电压反馈与电流反馈

电压反馈与电流反馈是由电路的输出端采集到的信号性质决定的,所以在判断反馈类型是电压反馈还是电流反馈时只需考虑电路的输出端。一般采用"输出短路法"进行判断,即将输出端短路,如果反馈信号不存在了,则说明反馈信号取自输出电压,为电压反馈;如果反馈信号仍然存在,则说明反馈信号取自输出电流,为电流反馈。

4. 串联反馈与并联反馈

按反馈电路与基本放大器在输入端的连接方式不同,可分为串联反馈与并联反馈。如图 4 - 22(a)所示,反馈电路 $\dot{F}$ 方框直接与基本放大电路 $\dot{A}$ 方框并联,反馈信号与输入信号满足 $i_d = i_i - i_f$,此为并联反馈;如图 4 - 22(b)所示,反馈电路 $\dot{F}$ 方框与基本放大电路 $\dot{A}$ 方框串联,反馈信号与输入信号满足 $u_d = u_i - u_f$,此为串联反馈。

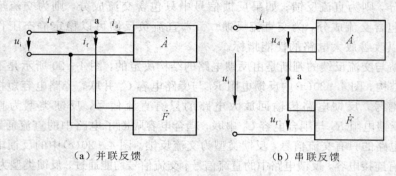

（a）并联反馈　　　　　　　　（b）串联反馈

图 4 - 22　串联反馈与并联反馈

判断反馈类型是串联反馈还是并联反馈时仅需考虑放大电路的输入端,可以根据基本放大电路 $\dot{A}$ 方框与反馈电路 $\dot{F}$ 方框的连接方式直接判断。也可用以下方法来判断:若反馈支路与基本放大电路输入端同点相连,则该反馈类型为并联反馈,否则为串联反馈。

【例 4 - 3】 图 4 - 23 所示为 4 个具有反馈的放大电路框图,分析各属于何种反馈。

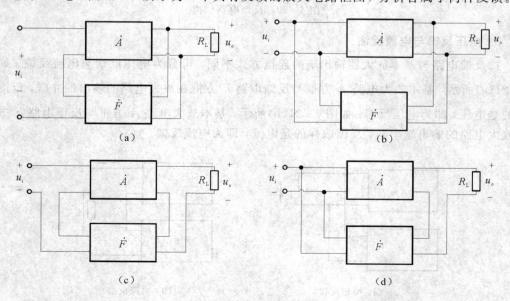

（a）　　　　　　　　　　　　（b）

（c）　　　　　　　　　　　　（d）

图 4 - 23　例 4 - 3 电路框图

解　图 4-23(a)的反馈信号取自输出电压，为电压负反馈；反馈信号与输入信号在输入端以电压的形式相加减，为串联负反馈，所以此电路反馈形式为电压串联负反馈。

图 4-23(b)的反馈信号取自输出电压，为电压负反馈；反馈信号与输入信号在输入端以电流的形式相加减，为并联负反馈，所以此电路反馈形式为电压并联负反馈。

图 4-23(c)的反馈信号取自输出电流，为电流负反馈；反馈信号与输入信号在输入端以电压的形式相加减，为串联负反馈。所以此电路反馈形式为电流压串联负反馈。

图 4-23(d)的反馈信号取自输出电流，为电流负反馈；反馈信号与输入信号在输入端以电流的形式相加减，为并联负反馈，所以此电路反馈形式为电流并联负反馈。

4.5.3　负反馈对放大电路性能的改善

1. 降低放大电路的放大倍数

引入负反馈后，放大电路的净输入信号减小，放大电路的输出信号也会随之减小，在信号源提供的信号不变的条件下，电路的放大倍数会下降。

2. 提高放大倍数的稳定性

工作环境（如温度、湿度）变化、器件老化、电源电压不稳定等诸多因素都会导致基本放大器的放大倍数不稳定，引入负反馈后，反馈电路将输出信号的变化信息返回到基本放大电路的输入回路，使净输入信号自动保持稳定，从而提高放大倍数的稳定性。

对式(4-32)进行求导，则有

$$\mathrm{d}A_f = \frac{1}{(1+AF)^2}\mathrm{d}A = \frac{A}{1+AF}\frac{1}{1+AF}\frac{\mathrm{d}A}{A} = A_f\frac{1}{1+AF}\frac{\mathrm{d}A}{A}$$

$$\frac{\mathrm{d}A_f}{A_f} = \frac{1}{1+AF}\frac{\mathrm{d}A}{A} \tag{4-33}$$

式(4-33)表明，引入负反馈使放大倍数相对变化减小为原变化的 $\frac{1}{1+AF}$。说明反馈越深，放大倍数的稳定性越好。

3. 改善输出信号波形的失真

当放大器工作在大信号时，不可避免会产生非线性失真。以输入信号为单一频率正弦波为例，由于晶体管的非线性特性，其输出端产生了正半周幅值大、负半周幅值小的非线性失真信号。引入负反馈后，反馈信号来自输出回路，其波形也是上大小下，将它返送回输入回路，净输入信号($X_d = X_i - X_f$)变成了上小下大，再经放大，输出波形的失真获得了补偿。从本质上说，负反馈利用了"预失真"的波形来改善波形失真。预失真的净输入信号与器件的非线性作用正好相反，其结果使输出信号的非线性失真减小了。

4. 展宽通频带

定义放大电路放大倍数最大值 A_m 的 0.707 倍处的频率上、下限为放大电路的通频带宽度。图 4-24 为放大电路引入负反馈与没有引入负反馈两种情况下的幅频特性，图中 f_H 为通频带的上截止频率，f_L 为通频带的下截止频率，放大电路的通频带宽度为 $\Delta f = f_H - f_L$。

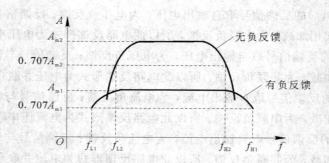

图 4-24　负反馈对放大电路幅频特性的影响

因为负反馈对输出的任何变化都产生纠正作用，所以放大电路在低频段或高频段放大倍数下降，必然会引起反馈量的减小，从而净输入量增大，使得输出信号比不加反馈时下降得要小，即图 4-24 中从 A_m 下降到 $0.707A_m$，有负反馈时比无反馈时下降得要更平缓，其实质相当于展宽了通频带宽度。

5. 调节放大电路的输入、输出电阻

串联负反馈使输入电阻增大，并联负反馈使输入电阻减小；电压负反馈使输出电阻减小，电流负反馈使输出电阻增大。略过推导过程，可以总结为表 4-2。

表 4-2　负反馈对输入、输出电阻的影响

反馈类型	无反馈的开环电阻	引入反馈的闭环电阻
串联负反馈	r_i	$(1+AF)r_i$
并联负反馈	r_i	$\dfrac{1}{1+AF}r_i$
电流负反馈	r_o	$(1+AF)r_o$
电压负反馈	r_o	$\dfrac{1}{1+AF}r_o$

习　题

一、单项选择题

1. 在三极管电压放大电路中，当输入信号一定时，静态工作点设置太低可能产生（　　）。

A. 饱和失真　　　　B. 截止失真　　　　C. 交越失真　　　　D. 频率失真

2. 放大电路设置静态工作点的目的是（　　）。

A. 提高放大能力　　　　　　　　　　B. 避免非线性失真

C. 获得合适的输入电阻和输出电阻　　D. 使放大器工作稳定

3. 固定偏置基本放大电路出现饱和失真时，就调节 R_B，使其阻值（　　）。

A. 增大　　　　　　B. 减小　　　　　　C. 先增大后减小　　　　D. 先减小后增大

4. 使用差动放大电路的目的是提高(　　)。

A. 输入电阻　　　　　　B. 电压放大倍数　　　C. 抑制零点漂移能力　　D. 电流放大倍数

5. 单管共射放大电路 u_o 和 u_i 的相位差为(　　)。

A. $0°$　　　　　　　　　B. $90°$　　　　　　　　　C. $180°$　　　　　　　　　D. $360°$

二、分析计算题

1. 如图 4 - 25 所示，已知(a)、(b)电路中三极管的 β 值分别为 50 和 100，设 $U_{BE} = 0.7$ V，求电路的静态工作点(I_{BQ}、I_{CQ}、U_{CEQ})。

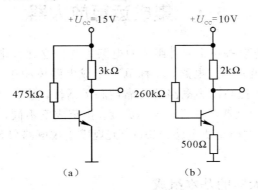

图 4 - 25

2. 如图 4 - 5 所示，已知电路中各参数分别为：$U_{CC} = 12$ V，$R_{B1} = 75$ kΩ，$R_{B2} = 25$ kΩ，$R_C = 2$ kΩ，$R_E = 1$ kΩ，$\beta = 57.5$。

(1) 估算电路的静态工作点(I_{BQ}、I_{CQ}、U_{CEQ})。

(2) 求电路中的电压放大倍数、输入电阻和输出电阻。

3. 按晶体管的工作状态划分，功率放大器可以有哪些分类？为什么功率放大器多不采用甲类结构？乙类功率放大器效率提高的代价是什么？

4. 什么叫反馈？正反馈和负反馈对电路的影响有何不同？

5. 放大电路引入负反馈后，会对电路的工作性能带来什么改善？

第 5 章　集成运算放大电路

5.1　集成运算放大器

由晶体管、电阻、电容等单个元件组成的电路称为分立元件电路。把分立元件集成在硅片上组成一个整体，就是集成电路，简称 IC。集成电路体积小、密度大、功耗低、引线短、外接线少，可以大大提高电子电路的可靠性和灵活性，减少组装和调整的工作量，降低成本。硅片上所包含的元器件数目称为集成度。按集成度不同，可以将集成电路分为小规模集成电路(SSI)、中规模集成电路(MSI)、大规模集成电路(LSI)和超大规模集成电路(VLSI)。

5.1.1　集成运算放大器的基本组成

集成运算放大电路(简称集成运放或运放)是发展最早、应用最为广泛的一种集成电路，具有高放大倍数、高输入电阻、低输出电阻等特点。集成运放是由多级直接耦合放大电路组成的高增益模拟集成电路，一般由四部分组成，如图 5-1 所示。

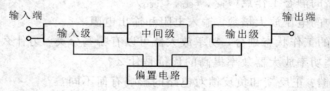

图 5-1　集成运放的基本组成框图

集成运放的输入级通常由一个高性能的双端输入差动放大电路组成，利用差动放大电路的对称性来提高整个电路的共模抑制比(K_{CMRR})和电路的性能。输入级要求输入电阻高、差模电压放大倍数大、静态电流小，其性能直接决定了集成运放的质量。

中间级是一个具有高放大倍数的放大器，主要作用是提高电压增益，多采用共射放大电路。

输出级多为互补对称功率放大电路，具有输出电压线性范围宽、输出电阻小、非线性失真小等特点，其作用是降低输出电阻，提高带负载的能力。

偏置电路的作用是为各级放大电路提供静态工作电流，一般为电流源电路。

集成运放的标准符号如图 5-2 所示。图中标为"＋"号的为同相输入端，该端信号的相位与输出信号相位相同；标为"－"号的为反相输入端，该端信号的相位与输出信号相位相反。

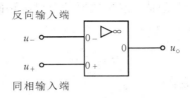

图 5-2 集成运放的符号

5.1.2 集成运算放大器的主要技术指标

1. 集成运放的主要特点及技术指标

集成运放的技术指标是电路设计过程中选用集成块的依据，常见的性能指标如下：

(1) 差模开环放大倍数 A_{od}。

差模开环放大倍数 A_{od} 是在外电路没有连接反馈元件时的电压放大倍数，通常采用分贝表示，即

$$A_{\mathrm{od}} = 20\lg\left|\frac{U_{\mathrm{o}}}{U_{+}-U_{-}}\right| \qquad (5-1)$$

运算放大器具有高增益的特点，不同功能的运放 A_{od} 的数值相差较大，通常在 80 dB ~140 dB 之间。

(2) 输入电阻 r_{id}。

输入电阻 r_{id} 是差模输入电压 u_{id} 的变化量与相应的输入电流 i_{id} 的变化量之比，即

$$r_{\mathrm{id}} = \frac{\Delta u_{\mathrm{id}}}{\Delta i_{\mathrm{id}}} \qquad (5-2)$$

输入电阻 r_{id} 是衡量电路中差分管向输入信号源索取电流大小的标志，通常要求 r_{id} 数值很高，一般可达几千万欧。

(3) 共模抑制比 K_{CMRR}。

共模抑制比 K_{CMRR} 是开环差模电压放大倍数与开环共模电压放大倍数之比，一般也用分贝表示，即

$$K_{\mathrm{CMRR}} = 20\lg\left|\frac{A_{\mathrm{od}}}{A_{\mathrm{oc}}}\right| \qquad (5-3)$$

共模抑制比用于衡量集成运放抑制温漂的能力，多数运放的 K_{CMRR} 在 80 dB 以上。

(4) 输入失调电流 I_{IO}。

实际的集成运放在输入信号为零时，输出电压并不为零，这是由于运放内部不对称造成的。如果在输入端施加一微量差模电流，使得输出电压为零，此施加的电流称为输入失调电流 I_{IO}，其值一般为 1 nA~0.1 μA。

(5) 输入失调电压 U_{IO}。

与 I_{IO} 同理，在输入端施加一微量差模电压，使得输出电压为零，此施加的电压称为输入失调电压 U_{IO}，其值一般为 1 mV~10 mV。

2. 理想集成运放

实际集成运放的参数很庞杂，为了简化分析过程，对集成运放进行理想化，即保留运

放的主要参数并将其设为一个理想值,忽略次要参数对电路的影响。理想化的条件是:

(1) 差模开环放大倍数 $A_{od} = \infty$;

(2) 输入电阻 $r_{id} = \infty$;

(3) 输出电阻 $r_{od} = 0$;

(4) 共模抑制比 $K_{CMRR} = \infty$;

(5) 输入失调电流 $I_{IO} = 0$;

(6) 输入失调电压 $U_{IO} = 0$。

由上述理想化条件可得两个重要的推论:

(1) 虚短。

集成运放的输入电压 u_i 为两输入端电压之差,即 $u_i = u_+ - u_-$,根据上述理想化的条件,差模开环放大倍数 $A_{od} = \infty$,可得如下推论:

$$A_{od} = A_u = \frac{u_o}{u_i} = \frac{u_o}{u_+ - u_-} = \infty,\ \text{且}\ u_o\ \text{为有限值,则有}$$

$$u_+ - u_- = 0 \quad 即 \quad u_+ = u_- \tag{5-4}$$

式(5-4)表示理想运放的两个输入端等电位,可将它们看作虚假短路,称为"虚短"。"虚短"不是真的短路,只是分析电路时在允许误差范围内的合理近似。

(2) 虚断。

根据理想化条件,输入电阻为 $r_{id} = \infty$,则

$$i_{id} = \frac{u_{id}}{r_{id}} = \frac{u_+ - u_-}{r_{id}} = \frac{0}{\infty} = 0 \tag{5-5}$$

式(5-5)表示,理想运放的净输入电流为零,即两输入端不取电流,如同输入端处于断开状态,称为"虚断"。

5.1.3　集成运算放大器的传输特性

集成运放输出电压与输入电压之间的关系曲线称为电压传输特性,即

$$u_o = f(u_+ - u_-) \tag{5-6}$$

由图5-3所示的传输特性可见,集成运放有两个工作区域,分别是线性放大区和非线性饱和区。在传输特性的线性区,曲线的斜率即运放的电压放大倍数;而理想运放的放大倍数为一段与纵坐标重合的直线,表示其放大倍数为∞。在传输特性的非线性区,运放没有信号放大的作用,只能输出饱和压降 $+U_{OM}$ 或 $-U_{OM}$,即接近正负电源的电压值。

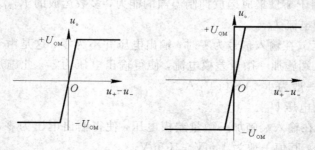

（a）实际运放的电压传输特性　　（b）理想运放的电压传输特性

图5-3　集成运算放大器的电压传输特性

5.2　集成运算放大器的应用

集成运算放大器的应用非常普遍，可分为线性应用和非线性应用。线性应用主要有运算电路、正弦波振荡电路、有源滤波电路等；非线性应用主要有电压比较器、非正弦波信号发生器等。

5.2.1　集成运算放大器的线性应用

集成运放在线性应用时，要使运放工作在线性区域，并引入深度负反馈。

1. 比例运算电路

1）反相比例运算电路

反相比例运算电路如图 5-4 所示。

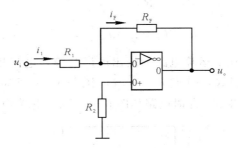

图 5-4　反相比例运算电路

利用"虚短"与"虚断"的概念，运放的两个输入端不取电流，同相端相当于经 R_2 接地，因此有

$$\begin{cases} u_+ = u_- = 0 \\ i_1 = i_F，即 \dfrac{u_i - u_-}{R_i} = \dfrac{u_- - u_o}{R_F} \\ \dfrac{u_i}{R_i} = \dfrac{-u_o}{R_F} \\ u_o = -\dfrac{R_F}{R_1} u_i \end{cases} \qquad (5-7)$$

式(5-7)表示，反相比例运算电路的输出电压 u_o 与输入电压 u_i 相位相反，并成比例关系，比例系数仅由 R_F 和 R_1 的比值确定，与运放的参数无关。电路中 R_2 为平衡电阻，其作用是与电阻 R_1 和 R_F 保持直流平衡，以提高输入级差动放大电路的对称性，通常取 $R_2 = R_1 // R_F$。

2）同相比例运算电路

同相比例运算电路如图 5-5 所示。

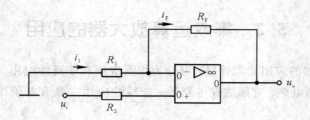

图 5-5　同相比例运算电路

根据用"虚短"与"虚断"的概念，可得

$$\begin{cases} u_+ = u_- = u_i \\[2mm] i_1 = i_F，即\dfrac{0-u_-}{R_1} = \dfrac{u_- - u_o}{R_F} \\[2mm] \dfrac{u_i}{R_1} = \dfrac{u_o - u_i}{R_F} \\[2mm] u_o = \left(1 + \dfrac{R_F}{R_1}\right)u_i \end{cases} \tag{5-8}$$

式(5-8)表示，同相比例运算电路的输出电压与输入电压相位相同，并成比例关系，且比例关系一定大于 1。当 $R_F = 0$ 或 $R_1 \to \infty$ 时，由式(5-8)可知，$u_o = u_i$，即输出电压与输入电压大小相等，相位相同，此时电路如图 5-6 所示，称为电压跟随器。

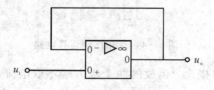

图 5-6　电压跟随器

2. 加减运算电路

1）减法运算电路

减法运算电路如图 5-7 所示。

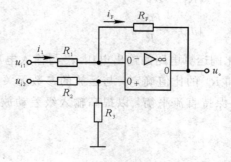

图 5-7　减法运算电路

集成运放的两个输入端分别连接了输入信号。在理想情况下，利用"虚短"与"虚断"的

概念，集成运放输入端不取电流，相当于 R_2 和 R_3 串联分压，因此有

$$\begin{cases} u_+ = \dfrac{R_3}{R_2+R_3}u_{i2}, \ u_+ = u_- \\[2mm] i_1 = i_F \\[2mm] \dfrac{u_{i1}-u_-}{R_1} = \dfrac{u_- - u_o}{R_F} \\[2mm] u_o = \dfrac{R_3}{R_2+R_3}u_{i2}\dfrac{R_1+R_F}{R_1} - \dfrac{R_F}{R_1}u_{i2} = \left(1+\dfrac{R_F}{R_1}\right)\dfrac{R_3}{R_3+R_2}u_{i2} - \dfrac{R_F}{R_1}u_{i1} \end{cases} \quad (5-9)$$

当外电路电阻满足平衡对称条件 $R_1 = R_2$，$R_3 = R_F$ 时，式(5-9)可转换为

$$u_o = -\frac{R_F}{R_1}(u_{i1}-u_{i2}) \quad (5-10)$$

2）加法运算电路

反相加法运算电路如图 5-8 所示。

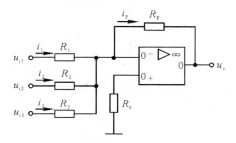

图 5-8　反相加法运算电路

信号从集成运放的反相端输入，利用"虚短"与"虚断"的概念，可得

$$u_+ = u_- = 0$$

$$\begin{cases} i_1 + i_2 + i_3 = i_F \\[2mm] \dfrac{u_{i1}-u_-}{R_1} + \dfrac{u_{i2}-u_-}{R_2} + \dfrac{u_{i3}-u_-}{R_3} = \dfrac{u_- - u_o}{R_F}, \ \text{即} \ \dfrac{u_{i1}}{R_1} + \dfrac{u_{i2}}{R_2} + \dfrac{u_{i3}}{R_3} = \dfrac{-u_o}{R_F} \\[2mm] u_o = -\left(\dfrac{R_F}{R_1}u_{i1} + \dfrac{R_F}{R_2}u_{i2} + \dfrac{R_F}{R_3}u_{i3}\right) \end{cases} \quad (5-11)$$

【例 5-1】　电路如图 5-9 所示，求输出电压与输入电压的关系式。

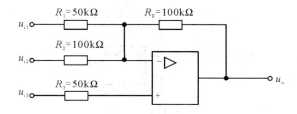

图 5-9　例 5-1 电路图

解　图 5-9 是一个混合加减运算电路，根据"虚短"与"虚断"的概念，可得

$$u_+ = u_- = u_{i3}, \ i_1 + i_2 = i_F$$

$$i_1 = \frac{u_{i1} - u_-}{R_1} = \frac{u_{i1} - u_{i3}}{R_1} \ , \ i_2 = \frac{u_{i2} - u_{i3}}{R_2} , \ i_F = \frac{u_{i3} - u_o}{R_F}$$

$$\frac{u_{i1} - u_{i3}}{50} + \frac{u_{i2} - u_{i3}}{100} = \frac{u_{i3} - u_o}{100}$$

$$u_o = -2u_{i1} - u_{i2} + 4u_{i3}$$

3. 积分与微分运算电路

1）微分运算电路

微分运算电路如图 5 - 10 所示。

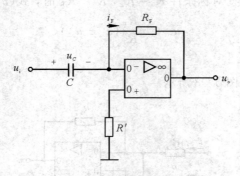

图 5 - 10　微分运算电路

电容的伏安关系为

$$i_C(t) = C \frac{\mathrm{d}u_C}{\mathrm{d}t}$$

根据"虚短"与"虚断"的概念，可得

$$u_+ = u_- = 0, \ i_C = i_F$$

$$C \frac{\mathrm{d}}{\mathrm{d}t}(u_i - 0) = \frac{0 - u_o}{R_F}$$

$$u_o = -RC \frac{\mathrm{d}u_i}{\mathrm{d}t} \tag{5 - 12}$$

2）积分运算电路

积分运算电路如图 5 - 11 所示。

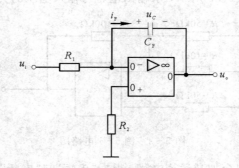

图 5 - 11　积分运算电路

根据"虚短"与"虚断"的概念，可得

$$u_+ = u_- = 0, \quad i_1 = i_F = \frac{u_i}{R_1}$$

电容的伏安关系还可以表示为

$$u_C(t) = \frac{1}{C}\int i_C(t)\,dt$$

则有

$$0 - u_o = \frac{1}{C}\int i_F(t)\,dt = \frac{1}{C}\int \frac{u_i}{R_1}\,dt$$

即

$$u_o = -\frac{1}{R_1 C}\int u_i\,dt \tag{5-13}$$

若进一步考虑电容的储能特性，将式(5-13)表达为定积分形式，则为

$$u_o = -\frac{1}{RC}\int_{-\infty}^{t} u_i\,dt = -\frac{1}{RC}\left(\int_{-\infty}^{0} u_i\,dt + \int_{0}^{t} u_i\,dt\right) = -\frac{1}{RC}\int_{0}^{t} u_i\,dt + u_o(0) \tag{5-14}$$

式中，$u_o(0)$ 是 $t = 0$ 时的输出电压值，是电容 C 在 $t = 0$ 时累积的电荷造成的结果。

4. 有源滤波电路

滤波电路的功能是让指定频率范围的信号通过，而对其余频率的信号加以抑制，或使其急剧衰减，其实质是对频率进行选择。由普通 RC 电路组成的具有滤波功能的电路称为无源滤波器，其带负载能力较弱，电压放大倍数较低；由集成运放与 R、C 元件共同组成的滤波电路属于有源滤波器，具有高输入阻抗、低输出阻抗、带负载能力强等特点，且滤波频率稳定，所以在实际工程中多使用有源滤波器。

根据频率选择范围的不同，滤波器可分为低通滤波器(LPF)、高通滤波器(HPF)、带通滤波器(BPF)和带阻滤波器(BEF)。低通滤波器按其包含的储能元件数量又可分为一阶低通滤波器和二阶低通滤波器。下面以使用较普遍且结构相对简单的一阶低通滤波器为例来进行介绍。

图 5-12 为有源一阶低通滤波电路，其输入、输出电压等参数以相量的形式表示。

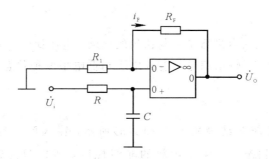

图 5-12　有源一阶低通滤波电路

根据式(5-4)和式(5-8)，有

$$\dot{U}_o = \left(1 + \frac{R_F}{R_1}\right)\dot{U}_-, \quad \dot{U}_- = \dot{U}_+$$

$$\dot{A}_{\mathrm{u}}=\frac{\dot{U}_{\mathrm{o}}}{\dot{U}_{\mathrm{i}}}=\left(1+\frac{R_{\mathrm{F}}}{R_{1}}\right)\frac{\dfrac{1}{\mathrm{j}\omega C}}{R+\dfrac{i}{\mathrm{j}\omega C}}=\left(1+\frac{R_{\mathrm{F}}}{R_{1}}\right)\frac{1}{1+\mathrm{j}RC\omega} \qquad (5-15)$$

令 $A_{\mathrm{up}}=1+\dfrac{R_{\mathrm{F}}}{R_{1}}$ 为通带电压放大倍数，$\omega_{0}=\dfrac{1}{RC}$ 为低通截止角频率，$f_{0}=\dfrac{1}{2\pi RC}$ 为低通截止频率，式(5-15)可改写为

$$\dot{A}_{\mathrm{u}}=\frac{A_{\mathrm{up}}}{1+\mathrm{j}\dfrac{\omega}{\omega_{0}}}=\frac{A_{\mathrm{up}}}{1+\mathrm{j}\dfrac{f}{f_{0}}} \qquad (5-16)$$

有源一阶低通滤波电路的幅频特性如图 5-13 所示，当信号频率 $f<f_{0}$ 时，滤波电路允许信号通过；当 $f>f_{0}$ 时，滤波电路不允许信号通过。当信号频率 $f=f_{0}$ 时，$20\lg|\dot{A}_{\mathrm{u}}|=0.707\times 20\lg|\dot{A}_{\mathrm{up}}|$。从 f_{0} 到电压放大倍数 $\dot{A}_{\mathrm{u}}$ 趋于零的频带称为过渡带。使 $\dot{A}_{\mathrm{u}}$ 趋近于零的频带称为阻带。在理想状态下，当 $f>f_{0}$ 时，电路的电压放大倍数应立即降为零，但实际的有源一阶低通滤波器是以 $-20~\mathrm{dB}/10$ 倍频的速度下降的。

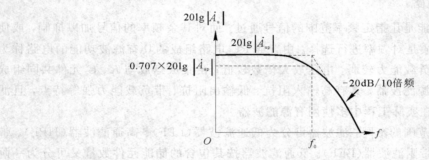

图 5-13　有源一阶低通滤波电路的幅频特性

5.2.2　集成运算放大器的非线性应用

1. 电压比较器

电压比较器是对输入信号进行鉴幅与比较的电路。电压比较器将一个模拟量输入电压与一个参考电压进行比较，输出信号只有高电平与低电平两种状态，可应用于模拟量与数字量的转换。

1) 单限电压比较器

基本的单限电压比较器结构如图 5-14(a)所示，输入信号为 U_{i}，比较基准电压是 U_{R}，由于电路是开环状态，工作于运放的非线性区，所以只能输出正负饱和压降值，即 $U_{\mathrm{o}}=\pm U_{\mathrm{om}}$。

单限电压比较器传输特性如图 5-14(b)所示，当 $U_{\mathrm{i}}<U_{\mathrm{R}}$ 时，$U_{\mathrm{o}}=+U_{\mathrm{om}}$；当 $U_{\mathrm{i}}>U_{\mathrm{R}}$ 时，$U_{\mathrm{o}}=-U_{\mathrm{om}}$。通常把输出电压发生跳变的输入电压 U_{R} 称为阈值电压或门限电压 U_{T}。

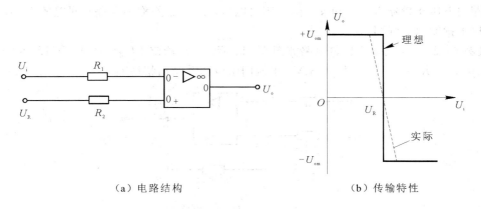

（a）电路结构　　　　　　　　　　　　（b）传输特性

图 5-14　单限电压比较器

2）滞回电压比较器

滞回电压比较器也称为施密特触发器，其电路结构如图 5-15(a)所示。在滞回电压比较器中，电阻 R_4 与双向稳压管 $\mathrm{VD_Z}$ 构成限幅电路，将电路的输出电压幅度限制在 $\pm U_Z$ 范围内，电路的输出电压 $u_。$ 经过 R_2 和 R_3 分压得到集成运放的同相端电压 U_+，这个电压即为滞回电压比较器的阈值电压。因此，电压 U_+ 的数值是跟随输出电压的变化而变化的，当输出电压为高电平，即 $u_。= +U_Z$ 时，有

$$u_+ = u_{T+} = u_。\frac{R_2}{R_2 + R_3} = +\frac{R_2}{R_2 + R_3}U_Z \tag{5-17}$$

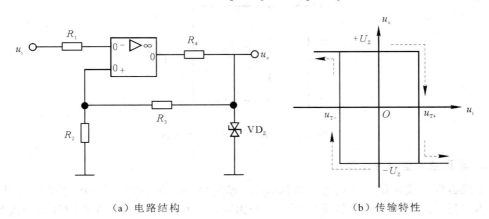

（a）电路结构　　　　　　　　　　　　（b）传输特性

图 5-15　滞回电压比较器

当输出电压为低电平时，即 $u_。= -U_Z$ 时，有

$$u_+ = u_{T-} = u_。\frac{R_2}{R_2 + R_3} = -\frac{R_2}{R_2 + R_3}U_Z \tag{5-18}$$

滞回电压比较器的传输特性如图 5-15(b)所示，当初始输入电压 $u_i < u_{T-}$，即 $u_- < u_+$ 时，电路的输出电压 $u_。= +U_Z$，阈值电压 $u_+ = u_{T+}$；当输入电压 u_i 增大并大于 u_{T+} 后，输出电压从 $+U_Z$ 向 $-U_Z$ 跳变，$u_。= -U_Z$，阈值电压 $u_+ = u_{T-}$；当输入电压 u_i 减小并小于 u_{T-} 后，输出电压从 $-U_Z$ 向 $+U_Z$ 跳变，电路又回到初始状态。

　　滞回电压比较器有 u_{T+} 和 u_{T-} 两个阈值电压，二者之差称为回差。回差的大小反映了电路抗干扰能力的强弱。

　　【例 5-2】　滞回电压比较电路如图 5-16 所示，若给定 $+U_Z=10$ V，$-U_Z=-10$ V，$R_1=90$ kΩ，$R_2=10$ kΩ，$U_R=3$ V，求两门限电压并绘出特性曲线。

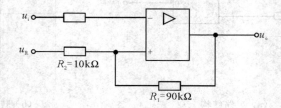

图 5-16　例 5-2 电路

　　解　上门限电压为

$$U_{T+}=\left(\frac{R_2}{R_1+R_2}\right)U_Z+\frac{R_1}{R_1+R_2}U_R=\frac{10}{90+10}\times10+\frac{10}{90+10}\times3=3.7\ \text{V}$$

下门限电压为

$$U_{T-}=\left(\frac{R_2}{R_1+R_2}\right)(-U_Z)+\frac{R_1}{R_1+R_2}U_R=\frac{10}{90+10}\times(-10)+\frac{10}{90+10}\times3=1.7\ \text{V}$$

特性曲线如图 5-17 所示。

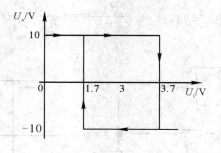

图 5-17　例 5-2 所求特性曲线

2. 非正弦波信号发生器

　　集成运放构成的信号发生电路结构简单，输出信号的频率和幅值易于控制，因此其应用较为广泛。按照输出信号的波形可将其分为正弦波信号发生器和非正弦波信号发生器。在此，以矩形波发生电路为例来介绍非正弦波信号发生器。

　　矩形波发生器电路结构如图 5-18(a)所示，电路的输出信号为矩形波信号，由于矩形波信号中含有较多谐波，因此也称为多谐波振荡器。电路中电阻 R_1 和电容 C 构成定时电路，其功能是决定电路的振荡频率；集成运放和电阻 R_2、R_3 构成滞回比较器，负责输出矩形波信号；电阻 R_4 和双向稳压管 VD_Z 构成限幅电路，将输出电压的幅值限制为 VD_Z 稳定电压数值。

　　矩形波发生器电路的输入、输出信号如图 5-18(b)所示，初始状态下电容电压 $u_C=0$，电路输出电压 $u_o=+U_Z$，则滞回比较器的上限阈值电压为 $U_{TH1}=\dfrac{R_2U_Z}{R_2+R_3}$，同时输出电

压 u_o 经 R_1 给电容充电，u_C 按指数规律升高。当 $u_C \geqslant U_{TH1}$ 时，输出电压 u_o 发生跃变，有 $u_o = -U_Z$，而此时滞回比较器的下限阈值电压为 $U_{TH2} = -\dfrac{R_2 U_Z}{R_2 + R_3}$。由于输出电压 u_o 跃变为负值，电容 C 开始放电，u_C 按指数规律下降，当下降到 $u_C \leqslant U_{TH2}$ 时，输出电压 u_o 再次跃变为 $u_o = +U_Z$，电路返回初始状态。电路中的电容 C 反复充、放电，u_C 在 U_{TH1} 和 U_{TH2} 之间按指数规律变化，输出电压 u_o 在 $+U_Z$ 与 $-U_Z$ 之间跃变，形成矩形波输出。

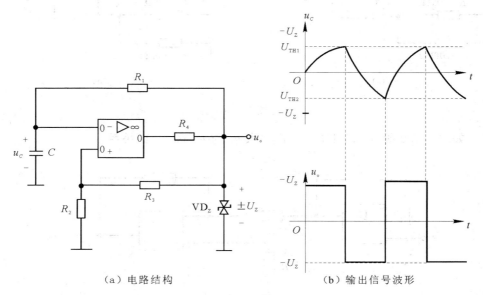

（a）电路结构　　　　　　　（b）输出信号波形

图 5-18　矩形波发生电路

习　　题

一、简答题

1. 集成运放通常由哪几部分组成？各部分的作用是什么？

2. 电压比较器和滤波电路中的集成运放分别工作在电压传输特性的哪个区？

二、单项选择题

1. 集成运放实质上是一个（　　）。

A. 阻容耦合多级放大器　　　　　　　B. 直接耦合多级放大器

C. 单级放大器　　　　　　　　　　　D. 变压器耦合多级放大器

2. 理想运放线性应用的两个重要结论是（　　）。

A. 虚短与虚地　　　　　　　　　　　B. 虚短与虚断

C. 短路与断路　　　　　　　　　　　D. 短路与虚地

3. 集成运放可分为两个工作区，分别是（　　）。

A. 正反馈与负反馈　　　　　　　　　B. 虚短与虚断

C. 线性与非线性　　　　　　　　　　D. 饱和与截止

三、分析计算题

1. 求图 5-19 所示电路的输出电压与输入电压的运算关系。

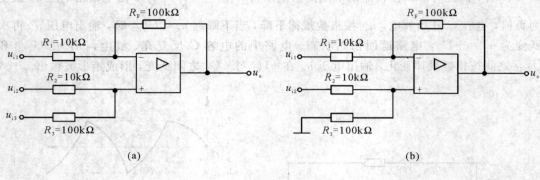

图 5-19

2. 如图 5-20 所示，已知 $R_F = 4R_1$，求 u_o 与 u_{i1} 和 u_{i2} 的关系。

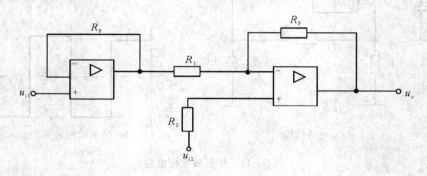

图 5-20

3. 设输入信号 $u_i(t) = 0.5\sin 2\pi \times 10^3 t(\text{V})$，若要产生输出信号 $u_o(t) = -0.5\cos 2\pi \times 10^3 t(\text{V})$，给定电容 $C = 0.1\ \mu\text{F}$，请设计一个微分电路来实现。

4. 设输入信号 $u_i(t) = 0.5\sin 2\pi \times 10^3 t(\text{V})$，若要产生输出信号 $u_o(t) = 0.5\cos 2\pi \times 10^3 t(\text{V})$，给定电容 $C = 0.1\ \mu\text{F}$，请设计一个积分电路来实现。

第 6 章　数字逻辑基础

电子电路可以分为模拟电路和数字电路两大部分，模拟电路研究的是如何处理在时间上和数值上连续的模拟信号，数字电路则用于处理在时间上和数值上不连续的离散信号，或者叫作数字信号。

如今，数字电子技术已广泛应用于计算机、自动化装置、医疗仪器与设备、交通、电信、家用电器等几乎所有的生产生活领域，可以毫不夸张地说，几乎每人每天都在与数字电子技术打交道。从本章开始，将分别介绍数字电子技术的一些基本概念、基本理论与基本分析方法，它们对于从最简单的开关接通和断开到比较复杂的计算机等所有的数字系统都是适用的。

6.1　数字逻辑的基本概念及基本逻辑关系

6.1.1　数字逻辑的基本概念

数字逻辑是数字电路逻辑设计的简称，其主要内容是应用数字电路进行数字系统的逻辑设计。在数字系统中(例如电子计算机)，利用电压的高、低变化来表示二进制中的"1"和"0"，再以二进制数代表其他的数学量。数字系统的工作原理，就是将这种代表数学量的、稳定的、不断高低变化的电压，输入到按照一定要求设计好的电路中去，完成数学计算，得到相应的运算结果。

用于进行数学计算的电路就是数字电路，也叫作数字逻辑电路，其功能是对数学量进行算术运算或者逻辑运算。数字电路的主要部件和模拟电路一样，都是由电阻、电容、电感、二极管、三极管等电路元件构成的。但是对于数字电路来说，我们关心的不再是电路中运行的电压值、电流值的大小，而是这些物理参数背后的数学量和数学逻辑。

如果一种数字电路能够表示出一种特定的数字逻辑关系，那么这种电路就是数字逻辑部件。复杂的数字电路都是由基本的数字逻辑部件组成的，这些逻辑部件按其结构可简单地分为组合逻辑电路和时序逻辑电路两种类型。

组合逻辑电路是由"与门""或门"和"非门"等门电路组合形成的逻辑电路，它的特点是，输出值与当时的输入值有关，即电路输出端口出现的结果只和当时输入的参数有关，电路没有记忆功能，输出状态会随着输入状态的变化而变化。

时序逻辑电路是由触发器和门电路组成的具有记忆能力的逻辑电路，具备反馈回路或者记忆器件，简称时序电路，它与组合电路本质的区别在于其具有记忆功能。时序电路的特点是：输出不仅取决于当时的输入值，而且还与电路过去的状态有关。

将组合逻辑电路和时序逻辑电路以一定的逻辑关系组合在一起，可以构成我们现在使用的各种数字设备。反过来讲，不论多复杂的数字设备，都是由简单的逻辑电路构成的。

6.1.2　基本逻辑关系

当两个二进制数码表示数量大小时，它们之间可以进行数值运算，称这种运算为算术运算，也就是常说的加、减、乘、除。二进制数的算术运算法则和十进制数的运算法则基本相同，只是相邻两位之间的关系是"逢二进一"及"借一当二"。

除此之外，二进制的数码"0"和"1"还可以表示两种不同的状态，比如开关的"通"和"断"，事情的"真"和"假"。这里的"1"和"0"不再具有数量上的大小关系，也不能用数学计算的方法对它们进行加、减、乘、除。但是，依然可以用另一种方法对这种情况进行研究，这就是逻辑代数。在逻辑代数中，参数之间的关系不再是数量关系，而是逻辑关系。下面通过介绍几种简单的逻辑关系，让大家对逻辑代数有一些初步的了解。

1. 与逻辑

只有当决定某一事件的条件全部具备之后，这一事件才会发生，这种因果关系称为与逻辑。

图 6-1(a) 就是一个简单的与逻辑电路。电压 U 通过开关 A 和 B 向指示灯 L 供电。当 A 和 B 都闭合（全部条件同时具备）时，灯就亮（事件发生），否则，灯就不亮（事件不发生）。

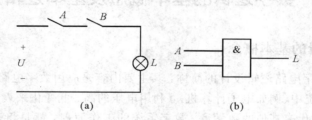

(a)　　　　　　　　　　(b)

图 6-1　与逻辑电路及逻辑符号

假如设定开关闭合和灯亮用"1"表示，开关断开和灯熄灭用"0"表示。采用枚举法分析图 6-1(a) 中开关断开、闭合与灯是否发亮的逻辑关系，可以发现一共有四种情况：

(1) 当开关 A 断开（"0"），开关 B 断开（"0"）时，电灯不亮（"0"）。

(2) 当开关 A 断开（"0"），开关 B 闭合（"1"）时，电灯不亮（"0"）。

(3) 当开关 A 闭合（"1"），开关 B 断开（"0"）时，电灯不亮（"0"）。

(4) 当开关 A 闭合（"1"），开关 B 闭合（"1"）时，电灯亮（"1"）。

其分析结果归纳如表 6-1 所示。这种描述输入逻辑变量取值的所有组合与输出函数值对应关系的表格称为真值表。

表 6-1　与逻辑的真值表

输　　入		输　出	输　　入		输　出
A	B	L	A	B	L
0	0	0	1	0	0
0	1	0	1	1	1

上述逻辑关系也可以用逻辑代数中的函数关系式表示，称为逻辑表达式。即

$$L = A \cdot B \tag{6-1}$$

式(6-1)读作"L 等于 A 与 B"，其中"$\cdot$"表示 A 和 B 之间的与运算。能够实现与逻辑运算的逻辑电路称为"与门"，其逻辑符号如图 6-1(b)所示。

表 6-1 和式(6-1)是图 6-1(a)中开关闭合与断开及灯是否发亮这一逻辑问题的两种描述形式，它们反映的逻辑关系是相同的。对照表 6-1 和式(6-1)可得，与逻辑运算的基本规则为：$0 \cdot 0 = 0$，$0 \cdot 1 = 0$，$1 \cdot 0 = 0$，$1 \cdot 1 = 1$。很容易发现，这种运算的计算结果类似于算术运算中的乘法，所以也被称为逻辑乘。在不至于混淆的情况下，可将算式中间的"$\cdot$"省略，即可以将式(6-1)写为

$$L = AB \tag{6-2}$$

与逻辑的运算关系也可以用波形图表示。图 6-2 给出了和表 6-1 相对应的波形图。

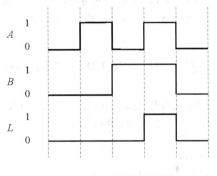

图 6-2　与运算的波形图

在图 6-2 中，高电平表示"1"，低电平表示"0"。可以看出，随着输入的方波电平的变化，输出的信号波也会变化。

与逻辑可以具有多个输入变量，即与门可以具有两个以上的输入端。此时，当且仅当与门所有输入是高电平时，输出才会是高电平；当任何一个输入端为低电平时，输出就是低电平。

如图 6-3 所示，只有开关 A、B、C 全部闭合（也就是输入为"1"），电灯才会点亮（输出为"1"）；只要有一个开关断开（输入为"0"），电灯就不亮（输出为"0"），这与算术运算中的"多个整数相乘，只要其中有一个是'0'，结果就是'0'"这一规则是类似的。但是需要注意这是逻辑运算，并不是算术运算。

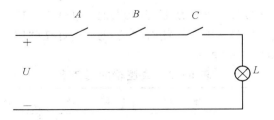

图 6-3　三个开关的与逻辑电路

【例 6-1】　两输入的与门及其输入信号的波形如图 6-4(a)所示，试画出其输出波形。

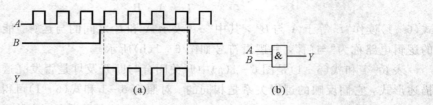

图 6-4　例 6-1 波形图

解　当且仅当 A 和 B 同时是高电平时输出 Y 为高电平。即当输入 $B=0$ 时，不管输入 A 如何，输出 Y 一定是 0；当 $B=1$ 时，Y 的输出波形与 A 相同。由此画出输出 Y 的波形如图 6-4(b) 所示。

例 6-1 的分析表明，输入信号 B 事实上对信号 A 是否通过与门起着控制作用，在进行逻辑电路的设计时，经常可以利用这一点控制信号的传输。

2. 或逻辑

当决定某一事件的所有条件中的任一条件具备时，事件就发生，这种因果关系称为或逻辑。

图 6-5(a) 表示一个简单的或逻辑电路。电压 U 通过开关 A 或 B 向指示灯 L 供电。当 A 或者 B 闭合（任一条件具备）时，灯就亮（事件发生）。

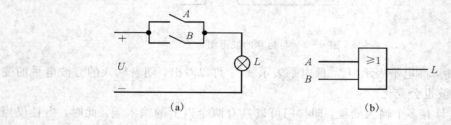

图 6-5　或逻辑电路及逻辑符号

与前面"与逻辑"中的表述相同，假如设定开关闭合和灯亮用"1"表示，开关断开和灯熄灭用"0"表示。采用枚举法分析图 6-5(a) 中开关断开、闭合与灯是否发亮的逻辑关系，也可以发现一共有四种情况：

(1) 当开关 A 断开（"0"），开关 B 断开（"0"）时，电灯不亮（"0"）。

(2) 当开关 A 断开（"0"），开关 B 闭合（"1"）时，电灯亮（"1"）。

(3) 当开关 A 闭合（"1"），开关 B 断开（"0"）时，电灯亮（"1"）。

(4) 当开关 A 闭合（"1"），开关 B 闭合（"1"）时，电灯亮（"1"）。

其分析结果归纳如表 6-2 所示。

表 6-2　或逻辑的真值表

输　　入		输　出	输　　入		输　出
A	B	L	A	B	L
0	0	0	1	0	1
0	1	1	1	1	1

用逻辑表达式表示或运算的逻辑关系为

$$L = A + B \tag{6-3}$$

上式读作"L 等于 A 或 B"，其中"＋"表示 A 和 B 之间的或运算。注意这里的读法是"或"，而不是算术运算中的"加"。或逻辑运算的基本规则为：$0+0=0$，$0+1=1$，$1+0=1$，$1+1=1$。在以上的规则中，"＋"全部都是"或"，并且不能简单类比于算术运算中的二进制加法。很明显，在二进制加法中，$1+1=10$，而这里的 $1+1=1$。两者的含义是不一样的，前者表示的是数量关系，后者表示的是逻辑关系。跟"与逻辑"称为"逻辑乘"类似，"或逻辑"也被称为"逻辑加"。

实现或运算的逻辑电路称为或门，其逻辑符号如图 6-5(b)所示。

或运算同样适用于两个以上的输入变量。例如，对于 3 输入的或门，其逻辑表达式为：$L=A+B+C$。当且仅当输入 A、B、C 全部为 0 时，$L=0$。也就是说，如果 A、B、C 中至少有一个处于高电平(逻辑 1)时，其输出 L 就是高电平。

【例 6-2】　在图 6-6(a)所示的输入条件下，试画出或门的输出波形。

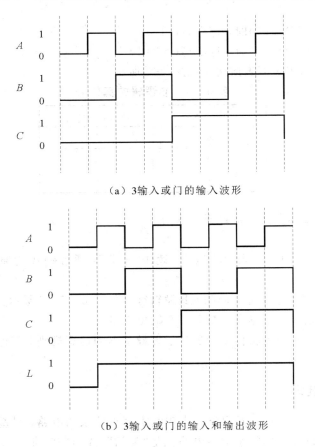

（a）3输入或门的输入波形

（b）3输入或门的输入和输出波形

图 6-6　例 6-2 波形图

解　从图 6-6(a)可见，或门 3 个输入端 A、B、C 的信号是变化的，依据或运算的规则，当 3 个输入端中任意一个为高电平(逻辑"1")时，或门的输出 L 即为高电平。由此可画出输出 L 的波形，也就是图 6-6(b)。

3. 非逻辑

　　当条件具备时事件不发生，当条件不具备时事件就发生，这种因果关系称为非逻辑。图 6-7(a)表示一个非逻辑电路。当开关 A 闭合（条件具备）时，指示灯不亮（事件不发生）。当开关 A 断开时（条件不具备），指示灯亮（事件发生）。

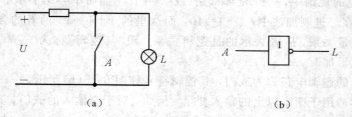

(a)　　　　　　　　　　　　(b)

图 6-7　非逻辑电路及其逻辑符号

　　假如设定开关闭合和灯亮用"1"表示，开关断开和灯熄灭用"0"表示，可以很简单地得到下面两种情况：

　　（1）当开关 A 断开（"0"）时，灯会亮（"1"）；

　　（2）当开关 A 闭合（"1"）时，灯不亮（"0"）。

　　非逻辑关系可以用真值表描述，如表 6-3 所示。

表 6-3　非逻辑的真值表

输　入	输　出
A	L
0	1
1	0

　　用逻辑表达式表示非运算的逻辑关系为

$$L = \overline{A} \tag{6-4}$$

式(6-4)中，变量 A 上的"－"表示非运算，读作"A 非"，通常称 A 为原变量，$\overline{A}$ 为反变量。非运算的运算规则为：$\overline{0}=1$，$\overline{1}=0$。

　　实现非运算的逻辑电路称为非门，其逻辑符号如图 6-7(b)所示。与前两种逻辑不同的是，非逻辑通常只有一个输入变量和一个输出变量。

　　与逻辑、或逻辑和非逻辑构成了逻辑运算最基本的运算规则，其他的逻辑运算都是建立在这三者基础之上的。

6.1.3　逻辑门电路

　　在数字电路中，"门"指的是只能够实现基本逻辑关系的电路。最基本的逻辑关系就是"与""或""非"，所以最基本的逻辑门电路就是"与门""或门"和"非门"。除此之外，也可以用门电路完成一种以上的逻辑运算，常见的包括"与非门""或非门""与或非门""异或门"等。

　　门电路可以有一个或多个输入端，但只有一个输出端。门电路的各输入端所加的脉冲信号只有满足一定的条件时，"门"才打开，即才有脉冲信号输出。从逻辑学上讲，输入端满足一定的条件是"原因"，有信号输出是"结果"。

1. 基本逻辑门

图 6-8 是用二极管实现的一个"与门"电路。图中，逻辑电路由两个二极管构成 A、B 两路输入信号，信号输出端为 L，此外还包括一个 +5 V 的电压输入端和一个 3 kΩ 的电阻。电路工作时，如果 A 端、B 端中一个或者两个输入了低电平，即输入为"0"，二极管就会导通，输出端 L 处的电压为低电平，即输出为"0"；如果 A 端和 B 端同时输入了"1"，即高电平，两个二极管都不会导通，L 处的电压与输入端电压相同，是高电平，即输出为"1"。

图 6-9 是由二极管实现的一个"或门"电路。与图 6-8 类似，当 A 端、B 端中的一个或者两个输入了高电平，即输入为"1"，二极管将导通，输出端 L 会输出高电平，即输出为"1"；当 A 端和 B 端同时为低电平，即输入为"0"时，两个二极管都不会导通，输出端 L 保持低电平的状态，即输出为"0"。

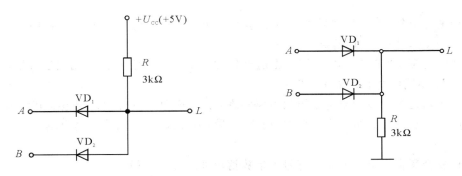

图 6-8　二极管构成的二输入与门电路　　　图 6-9　二极管构成的二输入或门电路

图 6-10 是由三极管构成的"非门"电路。电路中，三极管 V 的导通与否由输入端 A 决定，从而确定输出端 L 的输出电平。当 A 是高电平，即输入为"1"时，三极管导通，L 输出低电平，即输出为"0"；当 A 是低电平，即输入为"0"时，三极管不会导通，输出端 L 的电平和输入的 +5 V 电压相同，是高电平，即输出为"1"。

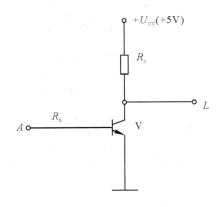

图 6-10　三极管构成的二输入或门电路

2. 复合逻辑门电路

单独运用"与""或""非"运算只能解决与它们相对应的基本逻辑运算。在求解复杂的逻辑问题时，需要综合运用上述 3 种基本运算，构成复合运算。常用的复合运算及相应的公式有以下几种：

或非运算：
$$L=\overline{A+B} \tag{6-5}$$

与非运算：
$$L=\overline{AB} \tag{6-6}$$

异或运算：
$$L=A\oplus B=\overline{A}B+A\overline{B} \tag{6-7}$$

同或运算：
$$L=A\odot B=\overline{A}\,\overline{B}+AB \tag{6-8}$$

与或非运算：
$$L=\overline{AB+CD} \tag{6-9}$$

上述复合运算的顺序，是先作单个变量的非运算，再作乘运算，然后作加运算，最后作连接多个变量的非运算。比如，在或非运算中，先将 A、B 作或运算，再将结果作非运算；在异或运算中，先将 A 作非运算，结果和 B 作与运算，再和后面部分的结果作或运算。

异或的运算符"$\oplus$"读作"异或"。由运算公式可以知道，当 A 和 B 相反的时候，异或的运算结果为"1"，相同的时候结果是"0"。

同或的运算符"$\odot$"读作"同或"。由运算公式可以知道，当 A 和 B 相同的时候，同或的结果是"1"，不同的时候结果是"0"。

复合逻辑运算可以用复合逻辑门电路实现。比较简单的复合逻辑门电路其实就是基本逻辑门电路的组合。比如或非运算的逻辑门电路，就是在或门电路的输出端加一个非门的电路。

五种复合逻辑门电路的表示符号和运算情况如表 6-4 所示。

表 6-4　五种常用的复合逻辑运算

逻辑运算	与　非	或　非	与或非	异　或	同　或
逻辑函数	$L=\overline{AB}$	$L=\overline{A+B}$	$L=\overline{AB+CD}$	$L=\overline{A}B+A\overline{B}$ $=A\oplus B$	$L=AB+\overline{A}\,\overline{B}$ $=A\odot B$
逻辑符号					
输入 A　　B	运算结果 L				
0　　0	1	1	$A=B=1$ 或	0	1
0　　1	1	0	$C=D=1, L=0$	1	0
1　　0	1	0	$AB=CD=0,$	1	0
1　　1	0	0	$L=1$	0	1

3. 集成门电路

由于半导体工艺和集成工艺的发展，由分立元件构成的门电路已经被集成逻辑门电路所代替。集成逻辑门电路可以按照集成的程度分为小规模集成电路（Small Scale Integration，SSI）、中规模集成电路（Medium Scale Integration，MSI）和大规模集成电路（Large Scale Integration，LSI）。

从制造工艺来看，集成逻辑门电路又可以分为双极型晶体管逻辑门电路和单极型晶体管逻辑门电路。前者常见的有晶体管–晶体管逻辑（Transistor-Transistor Logic，TTL）门电路；后者常见的有互补 MOS 逻辑（Complementary Symmetry MOS Logic，CMOS）门电路。

TTL 主要由双极结型晶体管（Bipolar Junction Transistor，BJT）和电阻构成，具有速度快的特点。最早的 TTL 门电路是 74 系列，后来出现了 74H、74L、74LS、74AS、74ALS 等系列。TTL 应用较早，技术比较成熟，但是由于具有功耗大等缺点，正逐渐被 CMOS 电路取代。

TTL 电平信号被利用得最多，是因为通常数据表示采用二进制规定，＋5 V 等价于逻辑"1"，0 V 等价于逻辑"0"，这被称作 TTL（晶体管–晶体管逻辑电平）信号系统，是计算机处理器控制的设备内部各部分之间通信的标准技术。

TTL 电平信号对于计算机处理器控制的设备内部的数据传输是很理想的，首先计算机处理器控制的设备内部的数据传输对于电源的要求不高，且热损耗也较低，另外 TTL 电平信号直接与集成电路连接而不需要价格昂贵的线路驱动器以及接收器电路；再者，计算机处理器控制的设备内部的数据传输是在高速下进行的，而 TTL 接口的操作恰好能满足这个要求。在大多数情况下，TTL 型通信均采用并行数据传输方式，而并行数据传输对于超过 3 米的距离就不适合了，这是由于考虑了可靠性和成本两方面的原因。在并行接口中存在着偏相和不对称的问题，这些问题对可靠性均有影响。

CMOS 逻辑门电路是在 TTL 电路问世之后开发出的第二种广泛应用的数字集成器件。CMOS 电路的工作速度可与 TTL 相媲美，而它的功耗和抗干扰能力则远优于 TTL。此外，几乎所有的超大规模存储器件，以及 PLD 器件都采用 CMOS 工艺制造，且费用较低。早期生产的 CMOS 门电路为 4000 系列，随后发展为 4000B 系列。当前与 TTL 兼容的 CMOS 器件如 74HCT 系列等可与 TTL 器件交换使用。MOSFET 有 P 沟道和 N 沟道两种，每种又有耗尽型和增强型两类。由 N 沟道和 P 沟道两种 MOSFET 组成的电路称为互补 MOS 或 CMOS 电路。CMOS 反相器电路，由两只增强型 MOSFET 组成，其中一个为 N 沟道结构，另一个为 P 沟道结构。为了电路能正常工作，要求电源电压 U_{DD} 大于两个管子的开启电压的绝对值之和，即 $U_{DD} > (U_{TN} + |U_{TP}|)$。

6.2　数 制 与 码 制

6.2.1　数制

数制是计数体制的简称，是用一组固定的符号和统一的规则来表示数值的方法。数制可以分为累加计数制和进位计数制，目前使用的数制基本都属于进位计数制，常见的有十进位计数制（简称十进制）、二进制、八进制、十六进制等。

1. 数制的基本概念

要构成一种数制，需要建立下面几个概念。

1）数码

数码是基本数码的简称，是指某一种计数制中使用的基本数字符号。上面提到的各种数制里包括的数码符号如下：

二进制中的数码符号包括："0"和"1"；

八进制中的数码符号包括："0""1""2""3""4""5""6"和"7"；

十进制中的数码符号包括："0""1""2""3""4""5""6""7""8"和"9"；

十六进制中的数码符号包括："0""1""2""3""4""5""6""7""8""9""A""B""C""D""E"和"F"。

特定的计数制中使用的符号不能超出数码规定的范围。比如，在十进制中，不能使用十六进制中的"A"；在八进制中，也不能使用十进制中的"8"。所以在使用数码的时候，首先要分清楚目前使用的是哪一种数制，才能确定使用哪些数码。

2）基数

在一种计数制中使用的数码的个数，称为该计数制的基数，或称为底数。基数一般可以用字母 R 来表示，比如十进制中使用的数码个数为 10，所以 $R=10$。

在基数为 R 的数制中，每个计数位置上可以使用的数码数量为"R"，最大数码的值是"$R-1$"，即数码中没有"R"。比如二进制中的计数位置上有"0"和"1"，共有 $R=2$ 个数码，但是二进制中没有"2"这个数码。

因此进行计数时，某位置的数码达到 R 之后，该位记为"0"，并且向更高的数位进 1，即逢 R 进 1，所以基数为 R 的计数制会被称为 R 进制计数制。这就是"十进制""二进制"这些名称的由来。

3）数位

在由不同位置上的数码构成的数中，数码所在的位置称为"数位"。数位的排序用小写字母"i"表示，i 的计算以小数点为界，向左依次为第 0 位、第 1 位、第 2 位……，向右依次为第 -1 位、第 -2 位、……

例如，在十进制数 123.45 中，3 是第 0 位数，2 是第 1 位数，4 是第 -1 位数等。

4）位权

位权亦称权值。在进位计数制的由一串数码构成的数中，各个数位上的数码所表示的数值大小不但和该数码本身有关，而且还和该数码所在的数位有关。

例如，在十进制数"23"中，"2"表示的数值大小实际为 $2×10$，"3"表示的数值是 3。可见，不同数位可以赋予该位置上的数码以不同的表示数的大小的能力。为了表示不同数位上数码所代表的数的不同大小，将数位上的数码在表示数时所乘的倍数称为该数位的"位权"。

在特定的 R 进制数中，在一串数码表示的数中，相邻两个数位，左边数位的位权是右边的 R 倍。比如，在十进制的"123"中，"1"的位权是"100"，"2"的位权是"10"；在八进制"123"中，"1"的位权是"$8^2=8×8=64$"，"2"的位权是"8"。

5）数的表示方式

在进位计数制中数的表示方式有几种不同的类型。以十进制数 123.45 为例：

$$N_{10}=123.45=1\times10^2+2\times10^1+3\times10^0+4\times10^{-1}+5\times10^{-2} \qquad (6-10)$$

在式(6-10)中，最左边的 N_{10} 表示这是一个十进制数(下标为 10，表示十进制)；"123.45"这种写法称为位置计数法或并列计数法，是常见的计数方法；第二个等号之后的是 123.45 的"按权展开式"，或者叫作"多项式表示法"。多项式中各个乘积项由各个数位上的数码乘以该数位表示的权值构成。

对于任意的一个 R 进制数，都可以用上面的两种方式进行表示。

2. 几种常见的数制

1) 十进制

十进制数的基数 $R=10$，共有十个数码"0"~"9"，进位规则是"逢十进一"，各个数位的权值为"10"的幂。

任意一个十进制数的多项式表示法为

$$(N)_D=d_{n-1}10^{n-1}+d_{n-2}10^{n-2}+\cdots+d_110^1+d_010^0+d_{-1}10^{-1}+$$
$$d_{-2}10^{-2}+\cdots+d_{-m}10^{-m}$$
$$=\sum_{i=-m}^{n-1}d_i10^i \qquad (6-11)$$

式(6-11)中，$(N)_D$ 表示这是一个十进制数，$d_i(i=n-1,n-2,\cdots,-m)$ 表示第 i 位上的数码。十进制是人们最熟悉的数制，但不适合在数字系统中应用，因为很难找到一个电子器件具有十个不同的电平状态，所以在数字电路中，常用的数制是二进制。

2) 二进制

二进制数的基数 $R=2$，共有两个数码"0"和"1"，进位规则是"逢二进一"，各个数位的权值是"2"的幂。

任意一个二进制数的多项式表示法为

$$(N)_B=d_{n-1}2^{n-1}+d_{n-2}2^{n-2}+\cdots+d_12^1+d_02^0+d_{-1}2^{-1}+d_{-2}2^{-2}+\cdots+d_{-m}2^{-m}$$
$$=\sum_{i=-m}^{n-1}d_i2^i \qquad (6-12)$$

式(6-12)中，$(N)_B$ 表示这是一个二进制数，$d_i(i=n-1,n-2,\cdots,-m)$ 表示第 i 位上的数码。二进制计数规则简单，存储、传递方便，广泛应用于数字系统，但对于较大的数值，需要较多位表示，书写太长，不够方便。

3) 八进制

八进制数的基数 $R=8$，共有八个数码"0"~"7"，进位规则是"逢八进一"，各个数位的权值是"8"的幂。

任意一个八进制数的多项式表示法为

$$(N)_O=d_{n-1}8^{n-1}+d_{n-2}8^{n-2}+\cdots+d_18^1+d_08^0+d_{-1}8^{-1}+d_{-2}8^{-2}+\cdots+d_{-m}8^{-m}$$
$$=\sum_{i=-m}^{n-1}d_i8^i \qquad (6-13)$$

式(6-13)中，$(N)_O$ 表示这是一个八进制数，$d_i(i=n-1,n-2,\cdots,-m)$ 表示第 i 位上的数码。因为 $2^3=8$，所以用三位二进制数可以表示一位八进制数，换句话说，用一位八进制数可以表示三位二进制数。

4）十六进制

十六进制数的基数 $R=16$，共有十六个数码，进位规则是"逢十六进一"，各个数位的权值是"16"的幂。

任意一个十六进制数的多项式表示法为

$$(N)_H=d_{n-1}16^{n-1}+d_{n-2}16^{n-2}+\cdots+d_1 16^1+d_0 16^0+d_{-1}16^{-1}+d_{-2}16^{-2}$$
$$+\cdots+d_{-m}16^{-m}$$
$$=\sum_{i=-m}^{n-1}d_i 16^i \tag{6-14}$$

式（6-14）中，$(N)_H$ 表示一个十六进制数，$d_i(i=n-1,n-2,\cdots,-m)$ 表示第 i 位上的数码。因为 $2^4=16$，故可以用四位二进制数表示一位十六进制数，换句话说，用一位十六进制数可以表示四位二进制数。

在计算机系统中，二进制主要用于机器内部的数据处理，八进制和十六进制主要用于书写程序，十进制主要用于运算最终结果的输出。

表 6-5 是十进制数 0～17 与等值的二进制数、八进制数、十六进制数的关系对照表。

表 6-5　几种数制之间的关系对照表

十进制数	二进制数	八进制数	十六进制数
0	00000	0	0
1	00001	1	1
2	00010	2	2
3	00011	3	3
4	00100	4	4
5	00101	5	5
6	00110	6	6
7	00111	7	7
8	01000	10	8
9	01001	11	9
10	01010	12	A
11	01011	13	B
12	01100	14	C
13	01101	15	D
14	01110	16	E
15	01111	17	F
16	10000	20	10
17	10001	21	11

3. 常见数制的转换

在数字系统中，可能同时用到多种数制，因此，理解一个数字系统的运算过程，需要具备进行数制间相互转换的能力。下面介绍实现这种转换的方法，如图 6-11 所示。

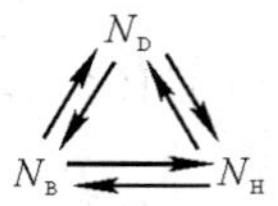

图 6-11　二、十、十六进制数的相互转换

1）基数乘除法

基数乘除法主要适用于十进制数转换为其他进制的数。其整数部分采取除基数取余数的方法转换，小数部分采取乘基数取整数的方法转换。

（1）除基数取余数法，适用于将十进制数的整数部分转换成等值的其他进制的数。

【例 6-3】　将十进制数 549 转换为等值的十六进制数。

解

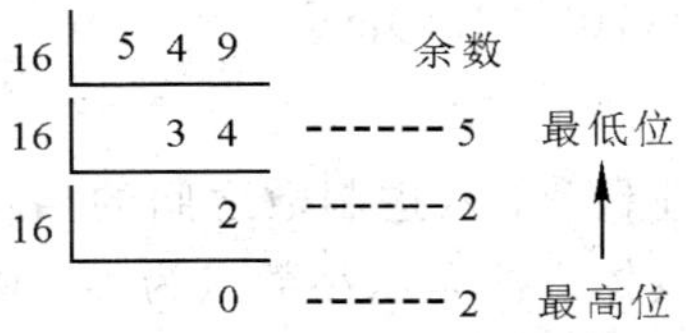

```
16 | 5 4 9          余数
16 |   3 4  ------- 5   最低位
16 |     2  ------- 2        ↑
         0  ------- 2   最高位
```

即 $(546)_D = (225)_H$。

（2）乘基数取整数法，适用于将十进制数的小数部分转换成等值的其他进制的数。

【例 6-4】　将十进制数 0.625 转换为等值的二进制数。

解

```
     0.625          0.25           0.5
  ×    2          ×  2          ×   2
  ─────────      ─────────      ─────────
     1.25           0.5           1.0
      ┊              ┊             ┊
取整    1             0             1
最高位  d_{-1}         d_{-2}        d_{-3}   最低位
```

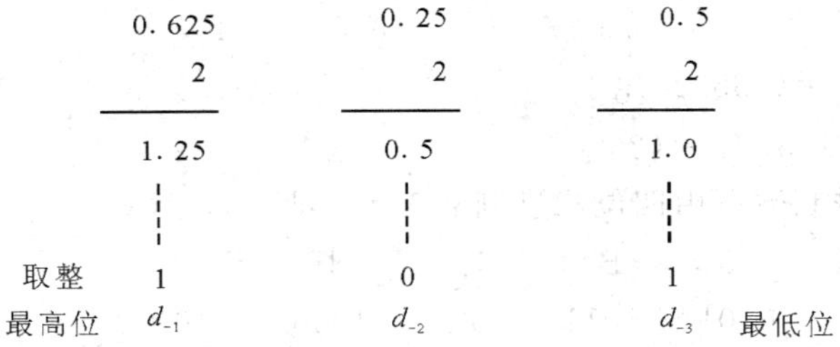

即 $(0.625)_D = (0.101)_B$。

【例 6-5】　将十进制数 56.625 转换为等值的二进制数。

解　对于整数部分，采用除 2 取余法有

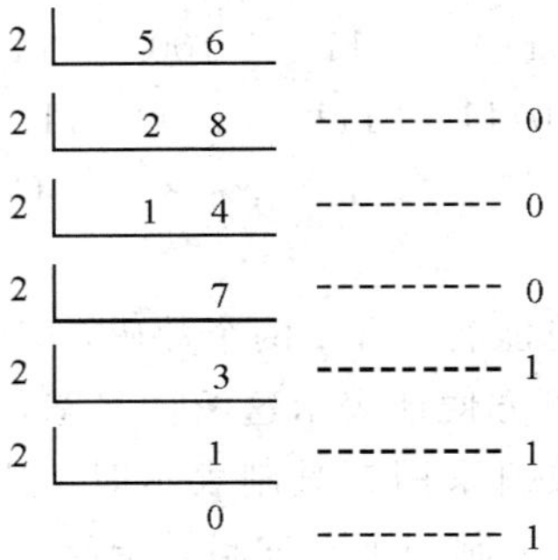

```
2 | 5 6
2 |   2 8  --------- 0
2 |     1 4  ------- 0
2 |       7  ------- 0
2 |       3  ------- 1
2 |       1  ------- 1
          0  ------- 1
```

即整数部分为$(56)_D = (111000)_B$。

小数部分由例 6-5 得知$(0.625)_D = (0.101)_B$，所以$(56.625)_D = (111000.101)_B$。

2）按位权展开相加法

按位权展开相加法，适合于非十进制数转换为十进制数，此种方法又叫通式展开法。

【例 6-6】　将$(1110.101)_B$ 转换为等值的十进制数。

解　　　　　　　　$(1110.101)_B = 1 \times 2^3 + 1 \times 2^2 + 1 \times 2^1 + 1 \times 2^{-1} + 1 \times 2^{-3}$

$$= 8 + 4 + 2 + 0.5 + 0.125$$

$$= (14.625)_D$$

【例 6-7】　将$(2BC.5)_H$ 转换为等值的十进制数。

解　　　　　　　　$(2BC.5)_H = 2 \times 16^2 + 11 \times 16^1 + 12 \times 16^0 + 5 \times 16^{-1}$

$$= 512 + 176 + 12 + 0.3125$$

$$= (700.3125)_D$$

3）分组法

分组法适合于二进制、八进制、十六进制数之间的相互转换。例如，将一个二进制数转换为等值的十六进制数时，具体方法是以小数点为界，整数部分由右向左四位一组进行分组，数位不足时在高位补 0；小数部分由左向右四位一组进行分组，数位不够时在低位补 0。

【例 6-8】　$(11011101.1011)_B = (?)_O$。

解　三位二进制数可表示一位八进制数，故可将三位分为一组，即

二进制数　　　　　　011　011　101.101　100

八进制数　　　　　　3　　3　　5.5　　4

即$(11011101.1011)_B = (335.54)_O$。

【例 6-9】　$(5B1.8E)_H = (?)_B$。

解　一位十六进制数可由四位二进制数表示，即

十六进制数　　　5　　　B　　　1.　　8　　　E

二进制数　　　0101　1011　0001.　1000　1110

即$(5B1.8E)_H = (10110110001.1000111)_B$。

【例 6-10】　$(567.431)_O = (?)_H$。

解　以二进制作为桥梁，分组转换，即

八进制　　　　5　　　6　　　7.　　4　　　3　　　1

二进制　　　101　110　111.　100　011　001

　　　　　0001　0111　0111.　1000　1100　1000

十六进制　　　1　　　7　　　7.　　8　　　C　　　8

即$(567.431)_O = (177.8C8)_H$。

二进制数的优点是每位仅可能有 0 和 1 两个数码，即两种状态。二极管的导通与截止，三极管的饱和导通与截止等均可方便地表示这两种状态，因此，二进制是数字系统的基本计数方法。但如果一个较大的数值采用二进制表示时，其所需的位数较多。利用八进制、十六进制可弥补这一不足，且八进制和十六进制易于与二进制进行相互转换。

当面对多种计数体制时，为了便于区别，采用下标 B、O、D、H 分别表示二、八、十、十六进制。

尽管一般的计算器均具有数制间的相互等值转换功能，完成转换也许仅需要按几下键即可完成，但理解并掌握基数乘除法、通式展开法、分组转换法等数制间的相互转换方法，有助于提高分析问题与解决问题的能力。

6.2.2　码制

用按一定规律排列的多位二进制数码"0"和"1"表示某种信息，称为编码。形成编码的规律法则，称为码制。这里的"二进制"并无"进位"的含义，只是强调采用的是二进制数的数码符号而已。n 位二进制数可有 2^n 种不同的组合，即可代表 2^n 种不同的信息。

1. 二-十进制码

用四位二进制数码表示一位十进制数的代码，称为二-十进制码，简称 BCD（Binary Coded Decimal）码。

四位二进制数有 16 种组合，而一位十进制数只需要 10 种组合，因此，用四位二进制码表示一位十进制数的组合方案有许多种，几种常用的 BCD 码如表 6-6 所示。

表 6-6　几种常用的 BCD 码

十进制数	有　权　码			无　权　码	
	8421 码	5421 码	2421 码	余 3 码	BCD 格雷码
0	0000	0000	0000	0011	0000
1	0001	0001	0001	0100	0001
2	0010	0010	0010	0101	0011
3	0011	0011	0011	0110	0010
4	0100	0100	0100	0111	0110
5	0101	1000	1011	1000	0111
6	0110	1001	1100	1001	0101
7	0111	1010	1101	1010	0100
8	1000	1011	1110	1011	1100
9	1001	1100	1111	1100	1101

1）有权码

有权码的每一位有固定的权值，各组代码的权值相加对应于相应的十进制数。有权码包括 8421 码、5421 码和 2421 码。

8421 BCD 码是 BCD 码中最常用的一种代码，其每位的权和自然二进制码相应位的权一致，若要表示十进制数 5684，则可用 8421 BCD 码表示为 0101 0110 1000 0100，即

$$(5684)_D = (0101\ 0110\ 1000\ 0100)_{8421BCD}$$

2）无权码

无权码的每位没有固定的权值。无权码包括余 3 码、BCD 格雷码等。

余 3 码是在每组 8421 BCD 码上加 0011 形成的，若把余 3 码的每组代码看成 4 位二进制数，那么每组代码均比相应的十进制数多 3，故称为余 3 码。

格雷码是一种易校正的代码，其特点是相邻的两个代码只有一位发生变化。按一定的逻辑运算规则可将自然二进制码转换成格雷码。若采用 8421 BCD 码进行转换，得到的格雷码即为 BCD 格雷码。

2. 奇偶校验码

信息在存储和传送过程中，常会由于各种干扰而发生错误，因此，保证信息的正确性对数字系统非常重要。奇偶校验码是一种可以检测出一位错误的代码。它由信息位和校验位两部分组成。信息位可由任何一种二进制码组成。奇偶校验码位仅有一位，可以放在信息位的前面或者后面。

当信息位的代码中有奇数个 1 时校验位为 0，有偶数个 1 时校验位为 1，即每一码组中信息位和校验位的 1 的个数之和总为奇数，称为奇校验码。当信息位的代码中有偶数个 1 时校验码为 0，有奇数个 1 时校验码为 1，即每一码组中信息位和校验位的 1 的个数之和总为偶数，称为偶校验码。表 6 - 7 给出了奇偶校验的 8421 BCD 码。奇偶校验只能检测出一位错码，但无法测定哪一位出错，也不能自行纠正错误。若两位同时出现错误，则奇偶校验码无法检测出错误，但这种出错概率极小。奇偶校验码容易实现，故被广泛应用。

表 6 - 7　奇偶校验的 8421 BCD 码

十进制数	信息位	校验位	信息位	校验位
	8421BCD	奇校验	8421BCD	偶校验
0	0000	1	0000	0
1	0001	0	0001	1
2	0010	0	0010	1
3	0011	1	0011	0
4	0100	0	0100	1
5	0101	1	0101	0
6	0110	1	0110	0
7	0111	0	0111	1
8	1000	0	1000	1
9	1001	1	1001	0

除上述分析的代码外，在计算机系统中还常用到字符数字码（例如 ASCII 码）、汉字编码等其他编码形式。

二进制编码是数字系统中表示文字、数据等各种信息的基本形式，熟悉常用编码是数字系统应用的基础要求。

6.2.3　数的原码、反码和补码

在使用计算机时，人们在显示器等输出设备上看到的数字通常是十进制的，但是在计算机内部，使用的是二进制数。为了正确显示数字，需要在计算机中区分正数和负数，同时要能够确定小数点的位置，这就需要考虑正负数、定点数和浮点数的表示方法。并且在计算机中，使用二进制来表示十进制的数值（称之为"机器数"）有 3 种表示法：原码、反码和补码。

1. 正负数、定点数与浮点数的表示

由于用于计算的数值有正有负，在计算机内，通常把 1 个二进制数的最高位定义为符号位，用"0"表示正数，"1"表示负数，其余位表示数值。除此之外，小数点位置固定不变的数称为"定点数"；小数点的位置不固定，可以浮动的数称为"浮点数"。

2. 原码

原码表示法是定点数的一种简单的表示法。用原码表示带符号二进制数时，符号位用 0 表示正，1 表示负；数值位保持不变。原码表示法又称为符号-数值表示法。

1）小数原码表示法

原码表示数的范围与二进制位数有关。设二进制小数 $X = \pm 0. X_1 X_2 \cdots X_m$，则小数原码的定义如下：如果 X 为正数，则 $[X]_原 = X$；如果 X 为负数，则 $[X]_原 = 1 - X$。

例如：当 $X = +0.1011$ 时，根据以上定义可得 $[X]_原 = 0.1011$；当 $X = -0.1011$ 时，根据以上定义可得 $[X]_原 = 1 - (-0.1011) = 1.1011 = 1.1011$。

当用 8 位二进制数来表示小数原码时，其表示范围为：最大值为 0.1111111，其真值约为 $(0.99)_{10}$；最小值为 1.1111111，其真值约为 $(-0.99)_{10}$。根据定义，小数"0"的原码可以表示成 $0.0 \cdots 0$ 或 $1.0 \cdots 0$。

2）整数原码表示法

整数原码的定义如下：如果 X 为正数，则 $[X]_原 = X$；如果 X 为负数，则 $[X]_原 = 2^n - X$，n 是 X 的位数。

例如：当 $X = +1101$ 时，根据以上定义可得 $[X]_原 = 01101$；当 $X = -1101$ 时，根据以上定义可得 $[X]_原 = 2^4 - (-1101) = 10000 + 1101 = 11101$。

当用 8 位二进制数来表示整数原码时，其表示范围为：最大值为 01111111，其真值为 $(127)_{10}$；最小值为 11111111，其真值为 $(-127)_{10}$。同样，整数"0"的原码也有两种形式，即 $00 \cdots 0$ 和 $10 \cdots 0$。

3. 反码

用反码表示带符号的二进制数时，符号位与原码相同，即用 0 表示正，用 1 表示负；数值位与符号位相关，正数反码的数值位和真值的数值位相同；而负数反码的数值位是真值的数值位按位变反。

1）小数反码表示法

设二进制小数 $X = \pm 0. X_1 X_2 \cdots X_m$，则其反码定义为：若 X 为正数，$[X]_反 = X$；若 X 为负数，$[X]_反 = 2 - 2^{-n} + X$，n 是 X 的位数。

例如：当 $X = +0.1011$ 时，根据以上定义可得 $[X]_反 = 0.1011$；当 $X = -0.1011$ 时，根据以上定义可得 $[X]_反 = 2 - 2^{-4} + X = 10.0000 - 0.0001 - 0.1011 = 1.0100$。根据定义，小数"0"的反码有两种表示形式，即 $0.0 \cdots 0$ 和 $1.1 \cdots 1$。

2）整数反码表示法

设二进制整数 $X = \pm X_{n-1} X_{n-2} \cdots X_0$，则其反码定义为：若 X 为正数，则 $[X]_反 = X$；若 X 为负数，则 $[X]_反 = (2^{n+1} - 1) + X$，其中 n 是 X 的位数。

例如：当 $X = +1001$ 时，根据以上定义可得 $[X]_反 = 01001$；当 $X = -1001$ 时，根据以

上定义可得$[X]_{反}=(2^5-1)+X=(100000-1)+(-1001)=11111-1001=10110$。同样，整数"0"的反码也有两种形式，即$00\cdots0$和$11\cdots1$。

采用反码进行加、减运算时，无论进行两数相加还是两数相减，均可通过加法实现。加、减运算规则如下：

$$[X_1+X_2]_{反}=[X_1]_{反}+[X_2]_{反}$$
$$[X_1-X_2]_{反}=[X_1]_{反}+[-X_2]_{反}$$

运算时符号位和数值位一样参加运算。当符号位有进位时，应将进位加到运算结果的最低位，才能得到最后结果。

4. 补码

用补码表示带符号的二进制数时，符号位与原码、反码相同，即用0表示正，用1表示负；数值位与符号位相关，正数补码的数值位与原码、反码相同，而负数补码的数值位是真值的数值位按位变反，并在最低位加1。

1) 小数补码表示法

设二进制小数$X=\pm0.X_{-1}X_{-2}\cdots X_{-m}$，则其补码定义为：若$X$为正数，则$[X]_{补}=X$；若$X$为负数，则$[X]_{补}=2+X$。

例如：当$X=+0.1011$时，根据以上定义可得$[X]_{补}=0.1011$；当$X=-0.1011$时，根据以上定义可得$[X]_{补}=2+X=10.0000-0.1011=1.0101$。

小数"0"的补码只有一种表示形式，即$0.0\cdots0$。

2) 整数补码表示法

设二进制整数$X=\pm X_{n-1}X_{n-2}\cdots X_0$，则其补码定义为：若$X$为正数，则$[X]_{补}=X$；若$X$为负数，则$[X]_{补}=2^{n+1}+X$，$n$是$X$的位数。

例如：当$X=+1010$时，根据以上公式可得$[X]_{补}=01010$；当$X=-1010$时，根据以上定义可得$[X]_{补}=2^5+X=100000-1010=10110$。同样，整数"0"的补码也只有一种表示形式，即$00\cdots0$。采用补码进行加、减运算时，可以将加、减运算均通过加法实现，运算规则如下：

$$[X_1+X_2]_{补}=[X_1]_{补}+[X_2]_{补}$$
$$[X_1-X_2]_{补}=[X_1]_{补}+[-X_2]_{补}$$

运算时，符号位和数值位一样参加运算，若符号位有进位产生，则应将进位丢掉后才得到正确结果。例如：若$X_1=-1001$，$X_2=+0011$，则采用补码求X_1-X_2的运算如下：$[X_1-X_2]_{补}=[X_1]_{补}+[-X_2]_{补}=10111+11101$，即$[X_1-X_2]_{补}=10100$。因符号位为1，表示是负数，故$X_1-X_2=-1100$。

6.3　逻辑代数及其化简

逻辑代数又称为布尔代数，是描述和研究客观世界中事务间逻辑关系的数学方法，也是分析和设计数字电路的数学工具。

逻辑代数把逻辑问题的描述由冗繁的语言文字描述简化为符号间的数学运算，建立了思维的数学模型。

逻辑代数中的变量称为逻辑变量，在数字电路中，逻辑变量只有两种状态，即前面内容中提到的"0"和"1"。通常，可以用器件名称的缩写代表逻辑变量，常见的有代表开关的"S"和代表灯的"L"。

6.3.1　布尔代数的逻辑运算规则

在前面的内容中，已经介绍了逻辑代数的三种基本运算"与""或""非"，以及复合运算"与非""或非""同或""异或""与或非"。在相对复杂一些的逻辑运算中，不仅仅要应用这些基本的逻辑运算，还要应用一些逻辑运算的基本定律，如表 6-8 所示。

表 6-8　逻辑运算的基本定律

交换律	$A+B=B+A$	$AB=BA$
结合律	$A+(B+C)=(A+B)+C$	$ABC=(AB)C$
分配律	$A+BC=(A+B)(A+C)$	$A(B+C)=AB+AC$
0 律	$0+A=A$	$0 \cdot A=0$
1 律	$1+A=1$	$1 \cdot A=A$
互补律	$A+\overline{A}=1$	$A \cdot \overline{A}=0$
重叠律	$A+A=A$	$A \cdot A=A$
吸收律	$A+\overline{A}B=A+B$ $A+AB=A$	$A(\overline{A}+B)=AB$ $A(A+B)=A$
反演律(摩根定律)	$\overline{A+B}=\overline{A} \cdot \overline{B}$	$\overline{AB}=\overline{A}+\overline{B}$
包含律	$AB+\overline{A}C+BC=AB+\overline{A}C$	$(A+B)(\overline{A}+C)(B+C)=(A+B)(\overline{A}+C)$
否否律	$\overline{\overline{A}}=A$	

在上面的表格中，交换律、结合律和普通代数中的交换律、结合律是一致的；分配律中，先逻辑加再逻辑乘的公式和普通代数中的公式是相同的，但是先逻辑乘再逻辑加的公式在普通代数中是不成立的，需要特别注意。

"0 律"和"1 律"表示的是逻辑变量和逻辑常量之间的运算规则。"0 律"中的逻辑加表示任何逻辑变量与逻辑"0"相加都等于自身，逻辑乘表示任何逻辑变量与逻辑"0"相乘都等于逻辑"0"；"1 律"中的逻辑加表示任何逻辑变量与逻辑"1"相加都等于逻辑"1"，逻辑乘表示任何逻辑变量与逻辑"1"相乘都等于它本身。

互补律指出，互补的两个逻辑变量相加为"1"，相乘为"0"。

重叠律指出，同一个逻辑变量多次相加或者多次相乘，都等于其自身。

吸收律可以利用前面的定律进行证明，同时也是逻辑函数化简的重要定律。

反演律又称摩根(De·Morgan)定律。变量 A 求反后记作 $\overline{A}$，A 称为原变量，$\overline{A}$ 称为反变量。反演律指出，对两个逻辑变量的逻辑加结果求反，与它们的反变量的逻辑乘结果相同；对两个逻辑变量的逻辑乘结果求反，与它们反变量的逻辑加结果相同。

包含律指两个乘积项中包含 A 和 $\overline{A}$ 两个因子，则这两个乘积项其余因子组成的第三个乘积是多余的，可以消去。

否否律，也可以叫作还原律，表示逻辑变量经过二次求反后，得到原来的变量。

想要证明以上的各种定律，可以用真值表的方式。

【例 6-11】　利用真值表证明：$A+BC=(A+B)(A+C)$。

解　利用公式得到真值表如表 6-9 所示。

表 6-9　例 6-12 真值表

A	B	C	$A+BC$	$(A+B)(A+C)$
0	0	0	0	0
0	0	1	0	0
0	1	0	0	0
0	1	1	1	1
1	0	0	1	1
1	0	1	1	1
1	1	0	1	1
1	1	1	1	1

因为公式两端的 $A+BC$ 和 $(A+B)(A+C)$ 的真值表是相同的，所以公式成立。

在上面的公式中，主要使用的运算是逻辑加和逻辑乘，除此之外还有"同或"和"异或"的计算公式如表 6-10 所示。

表 6-10　"同或"和"异或"的计算公式

名称	计　算　公　式	
自等律	$A\oplus 0=A$	$A\odot 1=A$
求补律	$A\oplus 1=\overline{A}$	$A\odot 0=\overline{A}$
交换律	$A\oplus B=B\oplus A$	$A\odot B=B\odot A$
因果互换律	若有 $A\oplus B=C$，则有 $A\oplus C=B$	若有 $A\odot B=C$，则有 $A\odot C=B$
结合律	$A\oplus B\oplus C=A\oplus(B\oplus C)=(A\oplus B)\oplus C$	$A\odot B\odot C=A\odot(B\odot C)=(A\odot B)\odot C$
分配律	$A(B\oplus C)=AB\oplus AC$	$A+(B\odot C)=(A+B)\odot(A+C)$
反演律	$\overline{A\oplus B}=A\odot B=\overline{A}\odot B=A\odot\overline{B}$	$\overline{A\odot B}=A\oplus B=\overline{A}\oplus B=A\oplus\overline{B}$

如果是多个变量的异或或者同或，则有如下关系：

· 偶数个变量的异或和同或互补，即

$$A_1\oplus A_2\oplus A_3\oplus\cdots\oplus A_n=\overline{A_1\odot A_2\odot A_3\odot\cdots\odot A_n}\quad（n\text{ 是偶数}）$$

· 奇数个变量的异或和同或相等，即

$$A_1\oplus A_2\oplus A_3\oplus\cdots\oplus A_n=A_1\odot A_2\odot A_3\odot\cdots\odot A_n$$

除此之外，逻辑运算中还有如下的基本规则。

1. 代入规则

代入规则适用于等式，其表述为：将逻辑等式中的某一变量都代之以另一个逻辑函数，此等式仍成立。

例如：在式 $\overline{AB}=\overline{A}+\overline{B}$ 中，用 BC 代替等式中的 B 得：$\overline{A(BC)}=\overline{A}+\overline{BC}=\overline{A}+\overline{B}+\overline{C}$。

反复运用代入规则可得

$$\overline{ABCD\cdots} = \overline{A} + \overline{B} + \overline{C} + \overline{D} + \cdots$$

需要注意的是，代入规则之所以能够成立，是因为函数和变量都只能取"0"和"1"。在使用代入规则时，等式中所有需要代入的地方都要用函数代替。

2. 对偶规则

对于任意的逻辑函数，如果将其中的"·"和"＋"互换，常量"0"和"1"互换，可以得到一个新的函数，该函数称为原函数的对偶函数。

【例 6 - 12】　求 $F = \overline{A\overline{B} \cdot \overline{B + CD} + \overline{(C + D)B}}$ 的对偶式。

解　根据对偶函数的定义，将 F 中的"·"和"＋"互换，可以得到

$$F' = \overline{[(A + \overline{B}) + \overline{B(C + D)}] \cdot \overline{(CD + B)}}$$

注意：对偶关系不是相等的关系。

此外，还要注意对偶关系中，变量不需要变为反变量；对偶的对偶就是自身；对偶前后，运算顺序不应发生改变（可以使用括号调整运算顺序）；如果两个函数的对偶相同，则这两个函数也是相同的。

运用对偶规则可以使要记忆的公式减少一半。观察表 6-8 中的基本定律可以发现，只要记住左半部分，运用对偶规则就能得到右半部分。

3. 反演规则

对函数 F 的求反称为反演。与逻辑变量类似，F 称为原函数，$\overline{F}$ 称为反函数。反函数和原函数对于输入变量的任何取值组合，函数值都相反。

反演规则与对偶规则类似，可以表述为：求一个函数的反函数 $\overline{F}$，只要将原函数中的所有变量转换为它的反变量，所有的算符"·"和"＋"互换，所有的常量"0"和"1"互换即可。

【例 6 - 13】　求 $F = (A + \overline{B} \cdot \overline{\overline{C}} + D)E$ 的反函数。

解　根据反演规则，将 F 中的所有变量转换为反变量，逻辑加和逻辑乘互换，可以得到

$$\overline{F} = \overline{A}(B + \overline{\overline{C}D}) + \overline{E}$$

使用反演规则需要注意：反演前后，对应变量运算顺序的先后不应改变，所以变化前的逻辑乘在转换为逻辑加的时候需要加括号。反演时，不是单个变量上的逻辑非符号（连接多个变量的非符号、跨运算符的非符号）应该保留。

摩根定律是反演规则的特例。将对偶函数的变量转换为反变量，就可以得到反函数；反之，将反函数中的变量进行原、反变换，可以得到对偶函数。

6.3.2　逻辑函数的代数化简法

通过逻辑运算规则可以知道，某些比较复杂的逻辑函数公式可以用更加简单的表示方法来实现，比如 $A + AB = A$。在实际中，如果逻辑函数比较简单，那么实现它的逻辑电路也会比较简单，这就意味着节省电路元件与资金且工作可靠。所以，将复杂的逻辑函数进行化简是逻辑代数的重要应用之一。

在逻辑函数的化简中，通常的目标是"最简式"，最简式的标准如下：

（1）表达式中的项数最少；

（2）每项中的变量数最少；

（3）如果要求电路的工作速度最高，则要求公式的级数最少。

最简式的表达可以有"最简与或式"和"最简或与式"两种，即计算的顺序为先"与"后"或"和先"或"后"与"。这里主要使用"最简与或式"。也就是说，在化简中需要做的事情是利用前面的各种定律公式，将函数中多余的乘积项和乘积项中多余的变量消去，得到最简单的逻辑表达式。

常见的化简方法有：

（1）并项法：利用 $A+\overline{A}=1$，将两项合并为一项，消去一个变量。（或者利用全体最小项之和恒为"1"的概念，把 $2n$ 项合并为一项，消去这些变量。）

【例 6-14】　化简 $F=(A\overline{B}+\overline{A}B)C+(AB+\overline{A}+B)C$。

解 1　利用全体最小项之和总是为"1"的概念，可得

$$F=(A\overline{B}+\overline{A}B)C+(AB+\overline{A}\,\overline{B})C=(AB+\overline{A}\,\overline{B}+\overline{A}B+A\overline{B})C$$

在上面的公式中，逻辑变量 A 和 B 的组合包含了所有可能，因此有

$$(AB+\overline{A}\,\overline{B}+\overline{A}B+A\overline{B})=1$$

所以 $F=(A\overline{B}+\overline{A}B)C+(AB+\overline{A}\,\overline{B})C=(AB+\overline{A}\,\overline{B}+\overline{A}B+A\overline{B})C=C$

解 2　利用异或的定义，可以发现 $A\overline{B}+\overline{A}B=A\oplus B$，$AB+\overline{A}\,\overline{B}=A\odot B=\overline{A\oplus B}$，所以可以利用这一点，得

$$F=(A\overline{B}+\overline{A}B)C+(AB+\overline{A}\,\overline{B})C=(A\oplus B)C+(\overline{A\oplus B})C=C$$

解 3　利用分配律进行公式展开，然后利用交换律等定律一步一步化简，可得

$$F=(A\overline{B}+\overline{A}B)C+(AB+\overline{A}\,\overline{B})C=A\overline{B}C+\overline{A}BC+ABC+\overline{A}\,\overline{B}C$$
$$=ABC+A\overline{B}C+\overline{A}BC+\overline{A}\,\overline{B}C=(B+\overline{B})AC+(B+\overline{B})\overline{A}C=AC+\overline{A}C=C$$

（2）吸收法：利用吸收律中的 $A+AB=A$ 吸收多余项。

【例 6-15】　化简 $F=\overline{A}+ABC(B+\overline{\overline{AC}+D})+BC$。

解　将公式中较小的项 $\overline{A}$ 和 BC 找出来，把最大的逻辑加吸收掉，可得

$$F=\overline{A}+ABC(B+\overline{\overline{AC}+D})+BC=\overline{A}+(\overline{A}+BC)(B+\overline{AC}\cdot\overline{D})+BC$$
$$=(\overline{A}+BC)+(\overline{A}+BC)(B+\overline{AC}\cdot\overline{D})=\overline{A}+BC$$

（3）消去法：利用吸收律中的 $A+\overline{A}B=A+B$，消去多余的因子。

【例 6-16】　化简 $F=AB+\overline{A}C+\overline{B}C$。

解　利用分配律将 $\overline{A}C$ 和 $\overline{B}C$ 进行合并，然后利用反演律，找出能够消去的因子。

$$F=AB+\overline{A}C+\overline{B}C=AB+(\overline{A}+\overline{B})C=AB+\overline{AB}C=AB+C$$

（4）消项法：利用消项公式 $AB+\overline{A}C+BC=AB+\overline{A}C$ 消去多余的项。

消项法与吸收法类似，都是消去一个多余的项。

【例 6-17】　化简 $F=A\overline{B}+AC+\overline{C}D+ADE$。

$$F=A\overline{B}+AC+\overline{C}D+ADE=A\overline{B}+AC+\overline{C}D+AD+ADE$$
$$=A\overline{B}+AC+\overline{C}D+AD(1+E)=A\overline{B}+AC+\overline{C}D+AD=A\overline{B}+AC+\overline{C}D$$

（5）配项法：利用 $A=A\overline{B}+AB$ 将一项变为两项，或者利用冗余定理增加冗余项，然

后以配项为目的寻找新的组合关系进行化简。

【例 6-18】 化简 $F = A\bar{B} + B\bar{C} + \bar{B}C + \bar{A}B$。

解 1
$$F = A\bar{B} + B\bar{C} + \bar{B}C + \bar{A}B$$
$$= A\bar{B} + B\bar{C} + \bar{B}C + \bar{A}B + \bar{A}C \text{（利用冗余定理：} \bar{B}C + \bar{A}B = \bar{B}C + \bar{A}B + \bar{A}C\text{）}$$
$$= (A\bar{B} + \bar{A}C + \bar{B}C) + B\bar{C} + \bar{A}B \text{（利用结合律和交换律，改变计算顺序）}$$
$$= A\bar{B} + (\bar{A}C + B\bar{C} + \bar{A}B) \text{（将上一行括号内部分进行简化，再利用结合律）}$$
$$= A\bar{B} + \bar{A}C + B\bar{C} \text{（结果）}$$

解 2
$$F = A\bar{B} + B\bar{C} + \bar{B}C + \bar{A}B = A\bar{B}(C + \bar{C}) + (A + \bar{A})B\bar{C} + \bar{B}C + \bar{A}B$$
$$= A\bar{B}C + A\bar{B}\,\bar{C} + AB\bar{C} + \bar{A}B\bar{C} + \bar{B}C + \bar{A}B$$

在上式中，有三处可以化简的地方，分别是
$$A\bar{B}\bar{C} + AB\bar{C} = A\bar{C}$$
$$A\bar{B}C + \bar{B}C = \bar{B}C$$
$$\bar{A}B\bar{C} + \bar{A}B = \bar{A}B$$

所以，$F = A\bar{C} + \bar{B}C + \bar{A}B$。

在实际化简时，上述几种方法要综合利用。

公式法化简的优点是没有任何局限性；缺点是化简结果是否最简不易看出。

6.3.3 逻辑代数的卡诺图化简法

真值表是描述逻辑功能的重要工具，但作为运算工具却不太方便。卡诺图法是美国工程师卡诺(Karnaugh)和维奇(Veiitch)首先提出的一种作图方法。卡诺图既保留了真值表的特性，又便于作逻辑运算，也称为真值图。

1. 逻辑函数的卡诺图表示法

1）什么是卡诺图

把逻辑函数的最小项填入特定的方格内排列起来，让它们不仅几何位置相邻，而且逻辑上也相邻，这样得到的阵列图叫作卡诺图。

2）卡诺图的构成

（1）变量卡诺图一般画成正方形或长方形，对于 n 个变量，分割出 2^n 个小方格；

（2）变量的取值顺序按格雷码（循环码）排列，并作为每个小方格的编号。

设 $B_3 B_2 B_1 B_0$ 是二进制码，$G_3 G_2 G_1 G_0$ 是格雷码。

当 $B_3 B_2 B_1 B_0 = 0000$ 时，$G_3 G_2 G_1 G_0 = 0000$；当 $B_3 B_2 B_1 B_0 = 0001$ 时，$G_3 G_2 G_1 G_0 = 0001\cdots$

下面依次画出 2～5 个变量的卡诺图。

A \ B	0	1
0	$\bar{A}\bar{B}$	$\bar{A}B$
1	$A\bar{B}$	AB

A \ BC	00	01	11	10
0	m_0	m_1	m_3	m_2
1	m_4	m_5	m_7	m_6

CD\AB	00	01	11	10
00	0	1	3	2
01	4	5	7	6
11	12	13	15	14
10	8	9	11	10

CDE\AB	000	001	011	010	110	111	101	100
00	0	1	3	2	6	7	5	4
01	8	9	11	10	14	15	13	12
11	24	25	27	26	30	31	29	28
10	16	17	19	18	22	23	21	20

3) 真值表→卡诺图

卡诺图是真值表的阵列图形式，仅排列方式不同，故它们的对应关系十分明显。

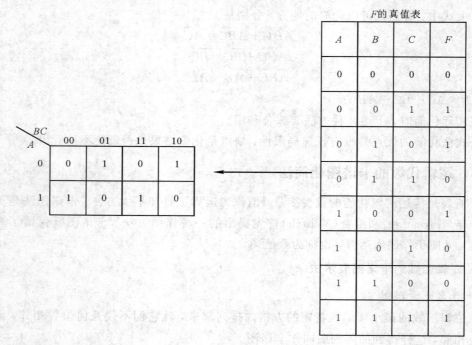

F 的真值表

A	B	C	F
0	0	0	0
0	0	1	1
0	1	0	1
0	1	1	0
1	0	0	1
1	0	1	0
1	1	0	0
1	1	1	1

4) 表达式→卡诺图

（1）求函数的标准与式，并编号；

（2）画卡诺图；

（3）在图中找到与函数所对应的最小项方格并填入"1"，其余的填入"0"。

【例 6 - 19】 将 $F = \overline{A}\,\overline{B}\,\overline{C} + \overline{A}B\overline{C} + A\overline{B}\,\overline{C} + AB\overline{C}$ 填入卡诺图。

解
$$F = \overline{A} \cdot \overline{B} \cdot \overline{C} + \overline{A}B\overline{C} + A\overline{B} \cdot \overline{C} + AB\overline{C}$$

当四个逻辑乘中有 1 个为"1"时，F 的值为"1"，得到下面的卡诺图。

BC\A	00	01	11	10
0	1	0	0	1
1	1	0	0	1

通过卡诺图可以有以下"额外收获"：

（1）方便地求反函数。将卡诺图中的所有值取反，然后写为公式的形式，就是 F 的反函数。

（2）方便地求最大项表达式。

得到反函数 $\bar{F}$ 后，两边求反得

$$\overline{\overline{F}}=F=\overline{\overline{A}\,\overline{B}C+\overline{A}BC+A\overline{B}C+ABC}$$

由摩根定律得

$$F=\overline{\overline{A}\,\overline{B}C}\cdot\overline{\overline{A}BC}\cdot\overline{A\overline{B}C}\cdot\overline{ABC}$$

再用一次摩根定律可得原函数的最大项表达式

$$F=(A+B+\overline{C})(A+\overline{B}+\overline{C})(\overline{A}+B+\overline{C}(\overline{A}+\overline{B}+\overline{C})$$

实际使用中，当给出的表达式是一般与或式时，通常采用"观察法"直接填入卡诺图。

【例 6 - 20】　将 $F=C+BD+\overline{A}\,\overline{B}+\overline{A}D+A\overline{B}\,\overline{C}$ 填入卡诺图。

AB\CD	00	01	11	10
00	1	1	1	1
01	0	1	1	1
11	0	1	1	1
10	1	1	1	1

解　C 统辖的方格为右边两列，填"1"；BD 共辖的方格为中间两行和中间两列的交汇处，填"1"；剩余的方格填"0"。

2. 利用卡诺图化简逻辑函数

1）卡诺图化简函数的依据

逻辑相邻的 2^n 个最小项相加，能消去 n 个变量。

逻辑相邻：相同变量的两个最小项只有一个因子不同，则它们在逻辑上相邻。

例如：$ABC+AB\overline{C}=AB$；$\overline{A}\,\overline{B}CD+\overline{A}BCD+ABCD+A\overline{B}CD=CD$

AB\CD			
$\overline{A}\,\overline{B}\,\overline{C}\,\overline{D}$ 0	$\overline{A}\,\overline{B}\,\overline{C}D$ 1	$\overline{A}\,\overline{B}CD$ 3	$\overline{A}\,\overline{B}C\overline{D}$ 2
$\overline{A}B\overline{C}\,\overline{D}$ 4	$\overline{A}B\overline{C}D$ 5	$\overline{A}BCD$ 7	$\overline{A}BC\overline{D}$ 6
$AB\overline{C}\,\overline{D}$ 12	$AB\overline{C}D$ 13	$ABCD$ 15	$ABC\overline{D}$ 14
$A\overline{B}\,\overline{C}\,\overline{D}$ 8	$A\overline{B}\,\overline{C}D$ 9	$A\overline{B}CD$ 11	$A\overline{B}C\overline{D}$ 10

在卡诺图中合并最小项的规律（以四个变量为例）如下：

（1）相邻的两个最小项（挨着，一行两端，一列两端）可以合并为一项，消去一个变量。

（2）相邻的四个最小项（组成方块，一行，一列，两行末端，两列末端，四角）可以合并为一项，消去两个变量。

（3）相邻的八个最小项（两行，两列，两边的两行或者两列）合并为一项，消去三个变量。

2）化简步骤

（1）画函数 F 的卡诺图；

（2）把可以合并的最小项分别圈出，每个包围圈中的最小项可合并为一项；

（3）把各个合并项加起来即得最简函数。

【例 6 - 21】 把 $F(A,B,C,D)=\sum m(0,6,8,9,10,11,12,13)$ 化为最简与或式。

解 把四个包围圈对应的乘积项加起来可得

$$F(A,B,C,D)=A\overline{B}+A\overline{C}+B\overline{C}\,\overline{D}+\overline{A}BCD$$

也可以圈"0"，但得出的是 $\overline{F}$：

$$\overline{F}=\overline{A}D+\overline{A}\,\overline{B}C+ABC+\overline{A}B\overline{C}$$

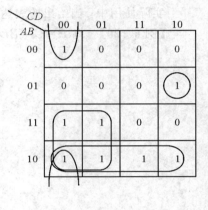

3）化简注意事项

（1）所有为 1 的最小项必须在某一个包围圈中，且圈中 1 的个数必须是 2^n 个；

（2）包围圈中 1 的个数越多越好（变量少），而包围圈的个数越少越好（乘积项少）；

（3）卡诺图中的 1 可以重复使用（重叠律），但每个包围圈中应至少含一个新 1，否则该乘积项就是多余的；

（4）圈 1 得原函数，圈 0 得反函数。

虚线包围圈中的四个 1 都被圈过，所以与虚线包围圈对应的 CD 项是多余的。

实线包围圈是正确的圈法，化简结果含与三个与项。而虚线包围圈是错误的，结果含四个与项。

下面举两个简单的例子说明卡诺图简化法的注意事项。

如果给出的是或与式，可以先用对偶规则化为与或式，再填入卡诺图化简。要想获得原函数，对化简结果运用一次对偶规则即可。

习　　题

1. 基本逻辑关系有哪些？

2. 请画出与逻辑、或逻辑和非逻辑的符号。

3. 什么是复合逻辑门电路？有哪些常见的复合逻辑门电路？

4. 什么是基数？什么是位权？

5. 请写出 12345.6789 的按权展开式。

6. 请将十六进制数 $(AF14)_H$ 转换为二进制数和十进制数。

7. 请将二进制数 101100110101 转换成八进制数和十六进制数。

8. 什么是有权码？什么是无权码？

9. 什么是原码？什么是反码？什么是补码？

10. 请写出 $(10010100)_原$ 的补码和反码。

11. 请利用真值表证明反演律。

12. 什么是对偶函数？什么是反函数？

13. 请写出 $F = AB + \overline{AB}C$ 的对偶函数和反函数。

14. 请化简 $F = A + AB\overline{C} + ABC + BC + B$。

15. 请化简 $F = A\overline{CD} + BC + \overline{B}D + A\overline{B} + \overline{A}C + \overline{B}\,\overline{C}$。

16. 请利用卡诺图化简 $F = ABC + A\overline{B} + AB\overline{C} + \overline{A}BC + \overline{A}B\overline{C}$。

第 7 章　组合逻辑电路

7.1　组合逻辑电路概述

7.1.1　组合逻辑电路的特点

　　用数字信号完成对数字量进行算术运算和逻辑运算的电路称为数字电路，或数字系统。由于它具有逻辑运算和逻辑处理功能，所以又称为数字逻辑电路，逻辑门是数字逻辑电路的基本单元。

　　数字电路根据逻辑功能的不同特点，可以分成两大类，一类叫组合逻辑电路（简称组合电路），另一类叫作时序逻辑电路（简称时序电路）。组合逻辑电路在逻辑功能上的特点是任意时刻的输出仅仅取决于该时刻的输入，与电路原来的状态无关。而时序逻辑电路在逻辑功能上的特点是任意时刻的输出不仅取决于当时的输入信号，而且还取决于电路原来的状态，或者说，还与以前的输入有关。

　　组合逻辑电路简称组合电路，它由最基本的逻辑门电路组合而成。其特点是：输出值只与当时的输入值有关，即输出唯一地由当时的输入值决定。电路没有记忆功能，输出状态随着输入状态的变化而变化，类似于电阻性电路，如加法器、译码器、编码器、数据选择器等都属于此类。

7.1.2　组合逻辑电路的分析

　　组合逻辑电路研究的问题有分析电路和设计电路两大类，其基础是逻辑代数和门电路的知识。

　　组合逻辑电路的分析，就是根据给定的组合逻辑电路，写出其逻辑函数表达式，并以此来描述其逻辑功能，确定输出与输入的逻辑关系，评定电路设计的合理性、可靠性。组合逻辑电路的一般分析步骤为：

　　（1）根据已知的逻辑电路图用逐级递推法写出对应的逻辑函数表达式；

　　（2）用公式法或卡诺图法对写出的逻辑函数式进行化简，得到最简逻辑表达式；

　　（3）根据最简逻辑表达式，写出相应的逻辑电路真值表；

　　（4）根据真值表找出电路实际的逻辑功能，说明电路的作用。

　　【例 7-1】　分析图 7-1 所示逻辑电路的功能。

　　解　（1）用逐级递推法写出输出 F 的逻辑函数表达式：

$$F = \overline{\overline{A \cdot B} \cdot A} \cdot \overline{\overline{A \cdot B} \cdot B}$$

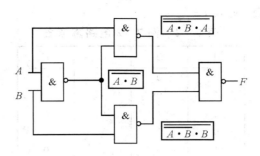

图 7 - 1　例 7 - 1 逻辑电路图

（2）用代数法化简逻辑函数。

$$F = \overline{\overline{A \cdot B} \cdot A} \cdot \overline{\overline{A \cdot B} \cdot B}$$
$$= (\overline{A} + B) \cdot A + (A + \overline{B}) \cdot B$$
$$= A \cdot \overline{B} + \overline{A} \cdot B$$

（3）列出电路真值表，见表 7 - 1。

表 7 - 1　例 7 - 1 电路真值表

A	B	F
0	0	0
0	1	1
1	0	1
1	1	0

　　（4）逻辑功能分析。观察真值表可得出电路的特点是：当两个输入信号同为 0 或 1 时，输出为 0；当两个输入信号一个为 0 一个为 1 时，输出为 1。由此说明该电路为一个异或门电路。

7.1.3　组合逻辑电路的设计

　　组合逻辑电路的设计是组合逻辑电路分析的逆过程，它是根据给定的逻辑功能要求给出的逻辑函数，在一定条件下，设计出既能实现该逻辑功能又经济实惠的组合逻辑电路方案，并画出其逻辑电路图。

　　组合逻辑电路设计的一般步骤为：

　　（1）根据给出的条件和要实现的功能，首先确定逻辑变量和逻辑函数，并用相应字母表示，然后用 0 和 1 各表示一种状态，由此找出逻辑变量和逻辑函数之间的关系。

　　（2）根据逻辑函数和逻辑变量之间的关系列出真值表，根据真值表写出逻辑表达式。

　　（3）化简逻辑函数。

　　（4）根据最简逻辑表达式画出相应逻辑电路。

　　【例 7 - 2】　设计三人表决电路，多数通过，少数否决。

　　解　（1）确定逻辑变量和逻辑函数。由题可知，表决人对应输入逻辑变量，可用 A、B、C 来表示；表决结果即为输出变量，可用 F 来表示；设输入为 1 表示同意，输入为零表示不同意；输出为 1 表示多数通过，输出为 0 表示少数否决。

（2）列出电路真值表，见表 7-2。

表 7-2　例 7-2 电路真值表

A	B	C	F
0	0	0	0
0	0	1	0
0	1	0	0
0	1	1	1
1	0	0	0
1	0	1	1
1	1	0	1
1	1	1	1

（3）写出逻辑表达式并化简。

用卡诺图（图 7-2）化简得到 $F = AB + BC + CA$。

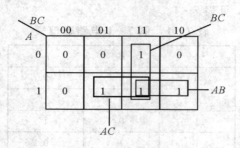

图 7-2　例 7-2 卡诺图

（4）根据逻辑表达式画出逻辑电路。

由于在实际制作逻辑电路的过程中，一块集成芯片上往往有多个同类的门电路，所以在构成具体逻辑电路时，通常只选用一种门电路，而且一般选用与非门的比较多。因此三人表决电路的逻辑函数式可用反演律，得到与非－与非式，即

$$F = AB + BC + CA$$
$$= \overline{\overline{AB + BC + CA}}$$
$$= \overline{\overline{AB} \cdot \overline{BC} \cdot \overline{CA}}$$

由此得到图 7-3 所示的三人表决器逻辑电路。

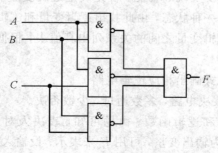

图 7-3　三人表决器逻辑电路

随着中、大规模集成电路的出现，组合逻辑电路在设计概念上也发生了很大的变化。现在已经有了逻辑功能很强的组合逻辑器件，灵活地运用这些组合逻辑器件，将会使逻辑电路设计事半功倍。

7.2　常用的组合逻辑电路器件

7.2.1　编码器

在数字电路中，常把某一信息转换为特定的二进制代码，使每组代码具有特定的含义，这一转换的过程称为编码，实现这一操作的电路称为编码器。

假设输入 N 个信息，输出 n 位二进制代码，某一时刻只有一个输入信号被转换为二进制代码，输出的每组代码表示一个信息，则有

$$2^n \geqslant N$$

若 $2^n = N$，则为二进制编码；若 $2^n > N$，则为非二进制编码。

编码器是数字电路中常用的逻辑电路器件之一。最常见的计算机键盘中就含有编码器器件，当按下键盘上的按键时，编码器将按键信息转换成二进制代码，并将这组二进制代码送到计算机进行处理。目前经常使用的编码器有普通编码器和优先编码器两类。

在数字系统中，当编码器同时有多个输入有效时，常要求输出不但有意义，而且应按事先编排好的优先顺序输出，即要求编码器只对其中优先权最高的一个输入信号进行编码，具有此功能的编码器称为优先编码器。

1) 10 线-4 线优先编码器

10 线-4 线优先编码器是将十进制数码转换为二进制代码的组合逻辑电路。74LS147 为典型的 10 线-4 线优先编码器，其管脚排列图如图 7-4 所示。

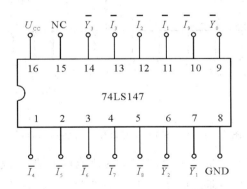

图 7-4　74LS147 管脚排列图

74LS147 优先编码器是一个 16 脚的集成芯片，其中 15 脚为空脚，$\overline{I}_1 \sim \overline{I}_9$ 为信号输入端，Y_0、Y_1、Y_2、Y_3 为输出端。输入和输出均为低电平有效。

74LS147 优先编码器真值表如表 7-3 所示，从真值表中可以看出，当无输入信号或输入信号中无低电平"0"时，输出端全部为高电平"1"；若输入端 I_9 为"0"时，不论其他输入端是否有输入信号输入，输出均为 0110；根据其他输入端的情况可以得出相应的输出代码。

表 7 - 3　74LS147 优先编码器真值表

输　入									输　出			
$\overline{I}_1$	$\overline{I}_2$	$\overline{I}_3$	$\overline{I}_4$	$\overline{I}_5$	$\overline{I}_6$	$\overline{I}_7$	$\overline{I}_8$	$\overline{I}_9$	$\overline{D}$	$\overline{C}$	$\overline{B}$	$\overline{A}$
×	×	×	×	×	×	×	×	×	1	1	1	1
×	×	×	×	×	×	×	×	0	0	1	1	0
×	×	×	×	×	×	×	0	1	0	1	1	1
×	×	×	×	×	×	0	1	1	1	0	0	0
×	×	×	×	×	0	1	1	1	1	0	0	1
×	×	×	×	0	1	1	1	1	1	0	1	0
×	×	×	0	1	1	1	1	1	1	0	1	1
×	×	0	1	1	1	1	1	1	1	1	0	0
×	0	1	1	1	1	1	1	1	1	1	0	1
0	1	1	1	1	1	1	1	1	1	1	1	0

2) 8 线-3 线优先编码器

74LS148 是一个典型的 8 线-3 线优先编码器，其引脚排列图和逻辑功能示意图如图 7 - 5 所示。

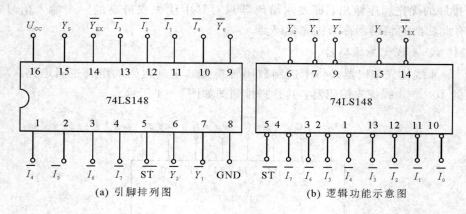

(a) 引脚排列图　　　　　　　(b) 逻辑功能示意图

图 7 - 5　74LS148 引脚图和逻辑功能示意图

其中，$\overline{ST}$ 为使能输入端，低电平有效。Y_S 为使能输出端，通常接至低位芯片的端。Y_S 和 $\overline{ST}$ 配合可以实现多级编码器之间优先级别的控制。$\overline{Y}_{EX}$ 为扩展输出端，是控制标志。$\overline{Y}_{EX}=0$ 表示是编码输出；$\overline{Y}_{EX}=1$ 表示不是编码输出。

74LS148 优先编码器的真值表如表 7 - 4 所示，其中 $\overline{I}_0 \sim \overline{I}_7$ 为输入端，$\overline{Y}_0 \sim \overline{Y}_2$ 为输出端，都是低电平有效，信号编码的优先顺序是 $\overline{I}_7$，$\overline{I}_6$，…，$\overline{I}_0$。当某一输入端有低电位输入，且比它优先级别高的输入端无低电位输入时，输出端才输出相对应的输入端的代码。例如，输入端 $\overline{I}_4$ 为 0，且优先级别高的 $\overline{I}_5$、$\overline{I}_6$、$\overline{I}_7$ 均为 1 时，输出代码为 $\overline{Y}_2\overline{Y}_1\overline{Y}_0=001$，这就是优先编码器的工作原理。

表 7-4 74LS148 优先编码器真值表

输　入									输　出				
$\overline{ST}$	$\overline{I}_7$	$\overline{I}_6$	$\overline{I}_5$	$\overline{I}_4$	$\overline{I}_3$	$\overline{I}_2$	$\overline{I}_1$	$\overline{I}_0$	$\overline{Y}_2$	$\overline{Y}_1$	$\overline{Y}_0$	$\overline{Y}_{EX}$	$\overline{Y}_S$
1	×	×	×	×	×	×	×	×	1	1	1	1	1
0	1	1	1	1	1	1	1	1	1	1	1	1	1
0	0	×	×	×	×	×	×	×	0	0	0	0	1
0	1	0	×	×	×	×	×	×	0	0	1	0	1
0	1	1	0	×	×	×	×	×	0	1	0	0	1
0	1	1	1	0	×	×	×	×	0	1	1	0	1
0	1	1	1	1	0	×	×	×	1	0	0	0	1
0	1	1	1	1	1	0	×	×	1	0	1	0	1
0	1	1	1	1	1	1	0	×	1	1	0	0	1
0	1	1	1	1	1	1	1	0	1	1	1	0	1

74LS148 的逻辑电路图如图 7-6 所示。

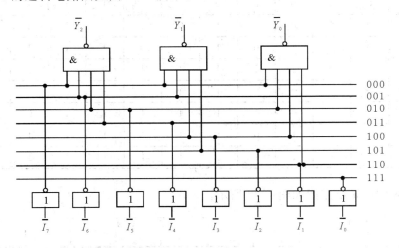

图 7-6 74LS148 的逻辑电路图

7.2.2　译码器

译码是编码的逆过程，是将每一个代码的信息翻译出来，即将每一个代码译为一个特定的输出信号。能实现译码功能的组合逻辑电路称为译码器。若译码器输入的是 n 位二进制代码，则其输出的端子数 $N \leqslant 2^n$。若 $N = 2^n$，则称为完全译码；若 $N < 2^n$，则称为部分译码。译码器种类很多，通常分为二进制译码器、二-十进制译码器和显示译码器。

1. 二进制译码器

二进制译码器的输入为二进制码，若输入有 n 位，数码组合有 2^n 个，则可译出 2^n 个输出信号。

以 3 线-8 线集成译码器 74LS138 为例介绍二进制译码器的工作原理。如图 7-7 所示，74LS138 有 3 个输入端 A_2、A_1 和 A_0，8 个输出端 $\overline{Y}_0$ 至 $\overline{Y}_7$，S_1 为使能端，高电平有效，即 $S_1=1$ 时可以译码，$S_1=0$ 时禁止译码，输出 $\overline{Y}_0 \sim \overline{Y}_7$ 全为 1。$\overline{S}_2$、$\overline{S}_3$ 为控制端，低电平有效，若均为低电平，则可以译码，若其中有 1 或全为 1，则禁止译码，即输出 $\overline{Y}_0 \sim \overline{Y}_7$ 全为 1。$\overline{Y}_0 \sim \overline{Y}_7$ 的有效状态由输入变量 A_2、A_1 和 A_0 决定。

74LS138 的功能表如表 7-5 所示。

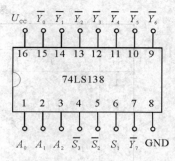

图 7-7　74LS138 引脚排列图

表 7-5　74LS138 功能表

使能	控制		译码输入			译码输出							
S_1	$\overline{S}_2$	$\overline{S}_3$	A_2	A_1	A_0	$\overline{Y}_0$	$\overline{Y}_1$	$\overline{Y}_2$	$\overline{Y}_3$	$\overline{Y}_4$	$\overline{Y}_5$	$\overline{Y}_6$	$\overline{Y}_7$
0	×	×	×	×	×	1	1	1	1	1	1	1	1
×	1	×	×	×	×	1	1	1	1	1	1	1	1
×	×	1	×	×	×	1	1	1	1	1	1	1	1
1	0	0	0	0	0	0	1	1	1	1	1	1	1
1	0	0	0	0	1	1	0	1	1	1	1	1	1
1	0	0	0	1	0	1	1	0	1	1	1	1	1
1	0	0	0	1	1	1	1	1	0	1	1	1	1
1	0	0	1	0	0	1	1	1	1	0	1	1	1
1	0	0	1	0	1	1	1	1	1	1	0	1	1
1	0	0	1	1	0	1	1	1	1	1	1	0	1
1	0	0	1	1	1	1	1	1	1	1	1	1	0

74LS138 的逻辑电路图如图 7-8 所示。

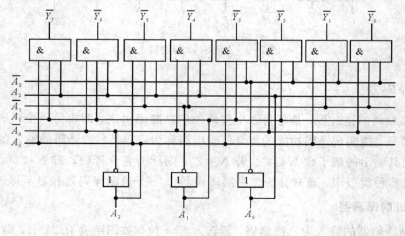

图 7-8　74LS138 的逻辑电路图

2. 二–十进制译码器

8421BCD 码是最常用的二–十进制码，它用二进制码 $0000 \sim 1001$ 来代表十进制数 $0 \sim 9$，因此，这种译码器应有 4 个输入端，10 个输出端，若译码结果采用低电平有效，则输入一组二进制码，对应的一个输出端为 0，其余为 1，这样就表示翻译了二进制码所对应的十进制数。

设二进制输入为 A_3，A_2，A_1，A_0，输出为 $\overline{Y}_9$，$\overline{Y}_8$，$\cdots$，$\overline{Y}_0$，则表现上述功能的二–十进制译码器逻辑框图如图 $7-9$ 所示，真值表如表 $7-6$ 所示。

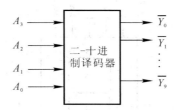

图 $7-9$　二–十进制译码器逻辑框图

表 $7-6$　8421BCD 译码器真值表

输入				输出									
A_3	A_2	A_1	A_0	$\overline{Y}_9$	$\overline{Y}_8$	$\overline{Y}_7$	$\overline{Y}_6$	$\overline{Y}_5$	$\overline{Y}_4$	$\overline{Y}_3$	$\overline{Y}_2$	$\overline{Y}_1$	$\overline{Y}_0$
0	0	0	0	1	1	1	1	1	1	1	1	1	0
0	0	0	1	1	1	1	1	1	1	1	1	0	1
0	0	1	0	1	1	1	1	1	1	1	0	1	1
0	0	1	1	1	1	1	1	1	1	0	1	1	1
0	1	0	0	1	1	1	1	1	0	1	1	1	1
0	1	0	1	1	1	1	1	0	1	1	1	1	1
0	1	1	0	1	1	1	0	1	1	1	1	1	1
0	1	1	1	1	1	0	1	1	1	1	1	1	1
1	0	0	0	1	0	1	1	1	1	1	1	1	1
1	0	0	1	0	1	1	1	1	1	1	1	1	1
1	0	1	0	×	×	×	×	×	×	×	×	×	×
1	0	1	1	×	×	×	×	×	×	×	×	×	×
1	1	0	0	×	×	×	×	×	×	×	×	×	×
1	1	0	1	×	×	×	×	×	×	×	×	×	×
1	1	1	0	×	×	×	×	×	×	×	×	×	×
1	1	1	1	×	×	×	×	×	×	×	×	×	×

3. 显示译码器

在数字系统和装置中，经常需要把数字、文字和符号等的二进制编码翻译成人们习惯的形式直观地表示出来，以便于查看和对话，用来驱动各种显示器件。把用二进制代码表示的数字、文字、符号翻译成人们习惯的形式直观显示出来的电路称为显示译码器。数码显示管是常用的显示器件之一。

　　1）两种常用的数码显示器

　　（1）半导体显示器：半导体 LED 数码管的基本单元是 PN 结，这种 PN 结目前较多采用磷砷化镓做成，当外加正向电压时，就能发出清晰的光。单个 PN 结可以封装成发光二极管，多个 PN 结可以按分段式封装成半导体 LED 数码管，其管脚排列如图 7-10 所示。

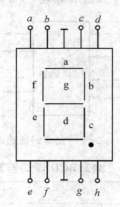

图 7-10　半导体显示器管脚排列图

　　LED 数码管将十进制数码分成七段，每一段都是一个发光二极管，七个发光二极管有共阴极和共阳极两种接法。前者某一段接高电平时发光，后者某一段接低电平时发光。半导体显示器的特点是清晰悦目、工作电压低、体积小、寿命长、响应速度快、颜色丰富可靠。

　　半导体数码管有共阴极和共阳极两种接法，如图 7-11 所示，共阴极数码管，输入高电平时二极管亮；共阳极二极管，输入低电平时二极管亮。半导体数码管在使用时每个管要串联约 100 Ω 的限流电阻。

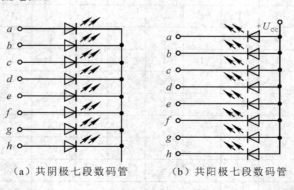

（a）共阴极七段数码管　　　　　（b）共阳极七段数码管

图 7-11　半导体数码管的两种接法

　　（2）液晶显示器：液晶显示器是一种平板薄型显示器件，其驱动电压很低，工作电流极小，与 CMOS 电路结合起来可以组成微功耗系统，广泛地用于电子钟表、电子计算器以及各种仪器和仪表中。液晶是一种介于晶体和液体之间的有机化合物，常温下既有液体的流动性和连续性，又有晶体的某些光学特性。液晶显示器本身不发光，在黑暗中不能显示数字，它依靠在外界电场作用下产生的光电效应，调制外界光线使液晶不同部位显现出反差，从而显示出数字。

　　2）显示译码器

　　半导体数码管是利用不同发光段的组合来显示不同的数码的，而这些不同发光段的驱动就靠显示译码器来完成。例如，将 8421BCD 码 0100 输入显示译码器，显示译码器应输出 LED 管的驱动信号，亦应使 b、c、f、g 的 4 段发光。

　　下面以 8421BCD 码七段显示译码器 74LS48 与半导体数码管 BS201A 组成的译码驱动显示电路为例，说明半导体数码管显示译码驱动电路的工作原理。74LS48 用于驱动共阴极的 LED 显示器，其真值表如表 7 - 7 所示。

表 7 - 7　74LS48 七段显示译码器真值表

十进制数或功能	输入						$\overline{I}_B/\overline{Y}_{BR}$	输出						
	$\overline{LT}$	$\overline{I}_{BR}$	A_3	A_2	A_1	A_0		a	b	c	d	e	f	g
0	1	1	0	0	0	0	1	1	1	1	1	1	1	0
1	1	×	0	0	0	1	1	0	1	1	0	0	0	0
2	1	×	0	0	1	0	1	1	1	0	1	1	0	1
3	1	×	0	0	1	1	1	1	1	1	1	0	0	1
4	1	×	0	1	0	0	1	0	1	1	0	0	1	1
5	1	×	0	1	0	1	1	1	0	1	1	0	1	1
6	1	×	0	1	1	0	1	0	0	1	1	1	1	1
7	1	×	0	1	1	1	1	1	1	1	0	0	0	0
8	1	×	1	0	0	0	1	1	1	1	1	1	1	1
9	1	×	1	0	0	1	1	1	1	1	0	0	1	1
10	1	×	1	0	1	0	1	0	0	0	1	1	0	1
11	1	×	1	0	1	1	1	0	0	1	1	0	0	1
12	1	×	1	1	0	0	1	0	1	0	0	0	1	1
13	1	×	1	1	0	1	1	1	0	0	1	0	1	1
14	1	×	1	1	1	0	1	0	0	0	1	1	1	1
15	1	×	1	1	1	1	1	0	0	0	0	0	0	0
灭灯	×	×	×	×	×	×	0	0	0	0	0	0	0	0
灭零	1	0	0	0	0	0	0	0	0	0	0	0	0	0
试灯	0	×	×	×	×	×	1	1	1	1	1	1	1	1

　　其中，A_3、A_2、A_1、A_0 的 4 位二进制信号为 74LS48 的输入信号，a、b、c、d、e、f、g 是七段译码器的输出驱动信号，高电平有效，可直接驱动共阴极七段数码管；$\overline{LT}$、$\overline{I}_{BR}$、$\overline{I}_B/\overline{Y}_{BR}$ 是使能端，起辅助控制作用。

　　74LS48 驱动 BS201A 的电路示意图如图 7-12 所示。

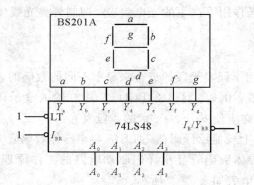

图 7-12　74LS48 驱动 BS201A 的电路示意图

　　半导体数码管选择译码驱动器时，一定要注意半导体数码管是共阴还是共阳，译码驱动器是输出高电平有效还是低电平有效。此外还需满足半导体数码管的工作电流要求。

7.2.3　数据选择器和分配器

1. 数据选择器

　　在数字系统中，有时需要将多路数字信号分时地从一条通道传送，使用多路选择器就可以完成这一项功能。数据选择器又称多路选择器或多路开关，它的逻辑功能是根据地址控制信号的要求，从多路输入信号中选择其中一路输出，其功能类似单刀多掷开关，如图 7-13 所示。按照输入端数据的不同，数据选择器有 4 选 1、8 选 1、16 选 1 等形式。

　　74LS153 里面有两个地址码共用的 4 选 1 数据选择器，引脚排列图见图 7-14。在 74LS153 中，$D_0 \sim D_3$ 是输入的四路信号；A_0、A_1 是地址选择控制端；$\overline{S}$ 是选通控制端；Y 是输出端。通过输入不同的地址码 A_1、A_0 可以控制输出 Y 选择 4 个输入数据 $D_0 \sim D_3$ 中的一个。

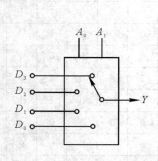

图 7-13　数据选择器功能示意图

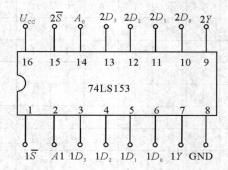

图 7-14　74LS153 引脚排列图

　　74LS153 的真值表如表 7-8 所示。选通控制端 $\overline{S}$ 为低电平有效，即 $\overline{S}=0$ 时芯片被选通，处于工作状态；$\overline{S}=1$ 时芯片被禁止，输出 $Y=0$。在选通状态下，地址控制端 $A_1 A_0=$ 00 时，D_0 被选通，$Y=D_0$；在选通状态下，地址控制端 $A_1 A_0=01$ 时，D_1 被选通，$Y=$ D_1；在选通状态下，地址控制端 $A_1 A_0=10$ 时，D_2 被选通，$Y=D_2$；在选通状态下，地址控制端 $A_1 A_0=11$ 时，D_3 被选通，$Y=D_3$。

表 7 - 8　74LS153 真值表

输 入				输 出
$\overline{S}$	D	A_1	A_0	Y
1	×	×	×	0
0	D_0	0	0	D_0
0	D_1	0	1	D_1
0	D_2	1	0	D_2
0	D_3	1	1	D_3

由表 7 - 8 所示的真值表可以得到：$Y = D_0\overline{A_1}\,\overline{A_0} + D_1\overline{A_1}A_0 + D_2A_1\overline{A_0} + D_3A_1A_0$

2. 数据分配器

根据地址信号的要求，将一路数据分配到指定输出通道上的电路，称为数据分配器。数据分配是数据选择的逆过程，数据分配器又称多路分配器。

1）1 路- 4 路数据分配器

（1）输入、输出信号分析。

输入信号：1 路输入数据，用 D 表示；两个输入选择控制信号，用 A_0、A_1 表示。

输出信号：4 个数据输出端，用 Y_0、Y_1、Y_2、Y_3 表示。

数据分配器示意图见图 7 - 15。

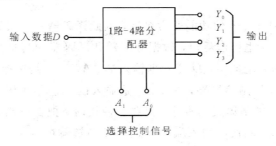

图 7 - 15　1 路- 4 路数据分配器示意图

（2）选择控制信号状态约定。

令 $A_1A_0 = 00$ 时选中输出端 Y_0，即 $Y_0 = D$；$A_1A_0 = 01$ 时选中 Y_1，即 $Y_1 = D$；$A_1A_0 = 10$ 时选中 Y_2，即 $Y_2 = D$；$A_1A_0 = 11$ 时选中 Y_3，即 $Y_3 = D$。

（3）根据上述分析和约定可以得到如表 7 - 9 所示的真值表。

表 7 - 9　1 路- 4 路数据分配器真值表

	输 入		输 出			
	A_1	A_0	Y_0	Y_1	Y_2	Y_3
D	0	0	D	0	0	0
	0	1	0	D	0	0
	1	0	0	0	D	0
	1	1	0	0	0	D

（4）逻辑表达式。

由表7-9真值表得到 $Y_0 = D\overline{A_1}\ \overline{A_0}$，$Y_1 = D\overline{A_1}A_0$，$Y_2 = D\ A_1\overline{A_0}$，$Y_3 = DA_1A_0$。

（5）逻辑图。

根据上述逻辑表达式可得到如图7-16所示的逻辑功能图。

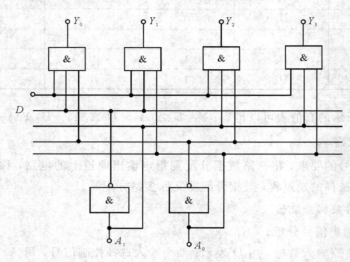

图7-16　1路-4路数据分配器逻辑功能图

2）集成数据分配器

由于译码器和数据分配器的功能非常接近，因此译码器一个很重要的功能就是构成数据分配器，且从图7-16也可以看出，数据分配器和译码器的基本电路构成形式都是由与门组成的阵列。在数据分配器中，D 是数据输入端，A_1、A_0 是选择信号控制端；在译码器中，与 D 相应的是选通控制信号端，A_1、A_0 是输入的二进制代码。其实集成数据分配器就是带选通控制端的二进制集成译码器。只要在使用时，把二进制集成译码器的选通控制端当作数据输入端、二进制代码输入端当作选择控制端就可以了。例如，74LS138是集成3线-8线译码器，也是集成1路-8路数据分配器。

习　　题

一、选择题

1. 数字电路中机器识别和常用的数制是（　　）。

A. 二进制　　　　　　　B. 八进制　　　　　　　C. 十进制

2. BCD码到十进制码译码器有（　　）。

A. 10个输入和4个输出　　B. 4个输入10个输出　　C. 4个输入和16个输出

3. 组合逻辑电路的输出取决于（　　）。

A. 输入信号的现态

B. 输出信号的现态

C. 输入信号的现态和输出信号变化前的状态

4. 组合逻辑电路的设计是指（　　）。

A. 已知逻辑要求，求解逻辑表达式并画出逻辑图的过程

B. 已知逻辑要求，列真值表的过程

C. 已知逻辑要求，求解逻辑功能的过程

5. 七段数码显示译码电路应有（　　）个输出端。

A. 8 个　　　　　　　　　　B. 7 个　　　　　　　　　　C. 16 个

6. 编码电路和译码电路中，（　　）电路的输出是二进制代码。

A. 编码　　　　　　　　　　B. 译码　　　　　　　　　　C. 编码译码

7. 当优先编码器有多个输入有效时，输出编码是（　　）。

A. 所有有效输入的组合

B. 等于最小值的输入

C. 等于最大值的输入

8. 数据分配器和（　　）有着相同的基本电路结构形式。

A. 加法器　　　　　　　　　　B. 编码器　　　　　　　　　　C. 译码器

二、判断题

1. 组合逻辑电路全部由门电路组成。　　　　　　　　　　　　　　　　（　　）

2. 编码器电路的输出量是某个特定的控制信息。　　　　　　　　　　（　　）

3. 优先编码器可以有多个输入同时有效。　　　　　　　　　　　　　（　　）

4. 编码器可以对多个请求编码的信号同时进行编码。　　　　　　　　（　　）

5. 数据分配器可以用译码器来实现。　　　　　　　　　　　　　　　（　　）

三、分析计算题

1. 分析图 7-17 所示电路，写出输出函数 F 的表达式。

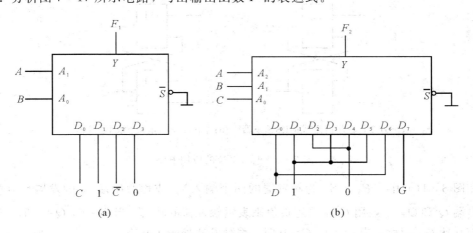

图 7-17

2. 画出实现逻辑函数 $F = AB + A\overline{BC} + \overline{AC}$ 的逻辑电路。

第8章　时序逻辑电路

8.1　触　发　器

触发器是记忆一位二进制数据的基本元件，其特点是输出只具有 0 和 1 两种数据，这个数据称为状态。一旦状态确定，就能自行保持，长时间保持 1 位二进制码，直到有效的外部时钟输入的情况下，状态才会发生改变。在电平控制下数据发生转变的触发器一般称为锁存器，而在边沿触发情况下数据才发生变化的，称为触发器。本书中将它们统称为触发器。

根据输入端输入变量名称和逻辑功能的不同，触发器分为 RS 触发器、D 触发器、JK 触发器和 T 触发器。R、S、D、J、K、T 为触发器的输入变量。

8.1.1　基本 RS 触发器

基本 RS 触发器是构成各种功能触发器的基本单元，它可以用两个与非门或两个或非门交叉耦合构成，逻辑图如图 8-1 所示。

下面将以图 8-1(a) 所示两个与非门组成的基本 RS 触发器为例，分析其工作原理。图 8-2(b) 所示由两个或非门组成的基本 RS 触发器请读者自行分析。

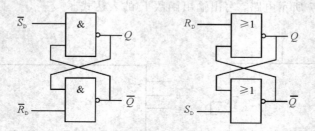

(a) 2个与非门组成的RS触发器　　(b) 2个或非门组成的RS触发器

图 8-1　电力系统的应用电路

在图 8-1(a) 中，$\overline{R}_D$、$\overline{S}_D$ 为触发器的两个输入端（或称激励端）。触发器具有两个互补输出端 Q 和 $\overline{Q}$，一般用 Q 端的逻辑值来表示触发器的状态。当 $Q=0$，$\overline{Q}=1$ 时，称触发器处于 0 状态；反之，当 $Q=1$，$\overline{Q}=0$ 时，称触发器处于 1 状态。

当输入信号发生变化时，触发器可以从一个稳定状态转换到另一个稳定状态。将输入信号作用前的触发器状态称为现状（简称现态，$S(t)$），用 Q^n 和 $\overline{Q}^n$ 表示；将输入信号作用下的触发器触发后进入的状态称为下一状态（简称次态，$N(t)$），用 Q^{n+1} 和 $\overline{Q}^{n+1}$ 表示。因此，根据 8-1(a) 中电路中的与非逻辑关系，对触发器的功能描述如下：

（1）当 $\overline{R}_D=0$，$\overline{S}_D=1$ 时，不论触发器原来处于什么状态，其次态一定为 0，即 Q^{n+1}

=0；称触发器处于置 0（复位）状态。

（2）当 $\overline{R}_D=1$，$\overline{S}_D=0$ 时，不论触发器原来处于什么状态，其次态一定为 1，即 $Q^{n+1}=1$，称触发器处于置 1（置位）状态。

（3）当 $\overline{R}_D=1$，$\overline{S}_D=1$ 时，触发器状态不变，即 $Q^{n+1}=Q^n$，称触发器处于保持（记忆）状态。

（4）当 $\overline{R}_D=0$，$\overline{S}_D=0$ 时，两个与非门的输出均为 1，即 $Q^{n+1}=\overline{Q^{n+1}}=1$，此时破坏了触发器正常工作时的互补输出关系，从而导致触发器失效。并且当 $\overline{R}_D$、$\overline{S}_D$ 同时发生从 0 到 1 的变化时，触发器的状态取决于两个与非门延迟时间的差异而无法断定。因此，从电路正常工作的角度来考虑，$\overline{R}_D=0$，$\overline{S}_D=0$ 是不允许出现的输入组合，在 $\overline{R}_D$、$\overline{S}_D$ 同时由 00 变化为 11 时，电路由于竞争而出现不定现象。

综上所述，基本 RS 触发器具有置 0、置 1 和保持的逻辑功能，通常称 $\overline{S}_D$ 为置 1 端或置位（Set）端；$\overline{R}_D$ 为置 0 端或复位（Reset）端。因此，基本 RS 又称为置位-复位触发器，或称为 $\overline{R}_D$-$\overline{S}_D$ 触发器，其逻辑符号如图 8-2 所示。因为基本 RS 触发器是以 $\overline{R}_D$ 和 $\overline{S}_D$ 为低电平时被置 0 和置 1 的，所以称 $\overline{R}_D$ 和 $\overline{S}_D$ 低电平有效或负脉冲有效，逻辑符号中体现在 $\overline{R}_D$ 和 $\overline{S}_D$ 的输入端加的小圆圈上。

图 8-2　基本 RS 触发器逻辑符号

触发器的逻辑功能通常可以用状态转移真值表（状态表）、特征方程（状态方程、特性方程）、状态转移图、激励表和工作波形图 5 种形式来描述，它们之间可以相互转换。下面以基本 RS 触发器为例来说明 5 种描述形式。

1. 状态转移真值表

将触发器的次态 Q^{n+1}、现态 Q^n，以及输入信号之间的逻辑关系用表格的形式表示出来，这种表格就称为状态转移真值表，简称状态表。根据对基本 RS 触发器的功能描述，可得出其状态表如表 8-1 所示，表 8-2 是表 8-1 的简化表。可以看出，状态表在形式上与组合电路的真值表相似，左边是输入状态的各种组合，右边是相应的输出状态。不同的是触发器的次态 Q^{n+1} 不仅与输入信号有关，还与它的现态 Q^n 有关。

表 8-1　基本 RS 触发器状态转移真值表

$\overline{R}_D$	$\overline{S}_D$	Q^n	Q^{n+1}
0	1	0	0
0	1	1	0
1	0	0	1
1	0	1	1
1	1	0	0
1	1	1	1
0	0	0	不允许
0	0	1	

表 8 - 2　简化真值表

$\overline{R}_D$	$\overline{S}_D$	Q^{n+1}
0	1	0
1	0	1
1	1	Q^{n+1}
0	0	不允许

2. 特征方程(状态方程)

　　触发器逻辑功能还可以用逻辑函数表达式来描述。描述触发器逻辑功能的函数表达式称为特征方程,简称状态方程,也叫特性方程。将基本 RS 触发器状态转移表填入卡诺图,如图 8 - 3 所示。

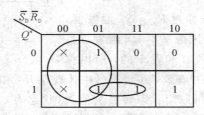

图 8 - 3　基本 RS 触发器卡诺图

经化简后可得

$$\begin{cases} Q^{n+1} = \overline{S}_D + \overline{R}_D Q^n \\ \overline{S}_D + \overline{R}_D = 1 \end{cases} \quad\quad (8-1)$$

其中 $\overline{S}_D + \overline{R}_D = 1$ 是使用该触发器的约束条件,即正常使用时应避免 $\overline{R}_D$ 和 $\overline{S}_D$ 同时为 0。

3. 状态转移图

　　基本 RS 触发器的状态转移图如图 8 - 4 所示,由图可见,如果触发器现态 $Q^n = 0$,则在输入为 $\overline{R}_D = 1$, $\overline{S}_D = 0$ 的条件下,转至次态 $Q^{n+1} = 1$;如果输入为 $\overline{S}_D = 1$, $\overline{R}_D = 0$ 或 1,则触发器维持在 0 状态。如果触发器现态 $Q^n = 1$,则在输入条件为 $\overline{R}_D = 0$, $\overline{S}_D = 1$ 的条件下,转至次态 $Q^{n+1} = 0$;若输入为 $\overline{R}_D = 1$, $\overline{S}_D = 0$ 或 1,则触发器维持在 1 状态。这与状态转移真值表所描述的功能是吻合的。

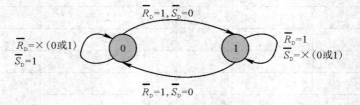

图 8 - 4　基本 RS 触发器状态转移图

4. 激励表

表 8 - 3 是基本 RS 触发器的激励表，它表示触发器由当前状态 Q^n 转移到确定要求的下一状态 Q^{n+1} 时，对输入信号的要求。激励表可以根据图 8 - 4 的状态转移图直接列出。

表 8 - 3　基本 RS 触发器激励表

$Q^n \rightarrow Q^{n+1}$		$\overline{R}_D$	$\overline{S}_D$
0	0	×	1
0	1	1	0
1	0	0	1
1	1	1	×

5. 工作波形图

工作波形图又称时序图，它反映了触发器的输出状态随时间和输入信号变化的规律，是实验中可观察到的波形。

图 8 - 5 为基本 RS 触发器的工作波形图。其中，虚线部分表示状态不确定。

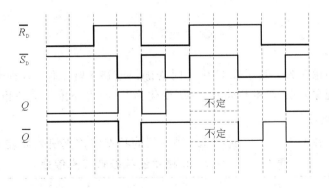

图 8 - 5　基本 RS 触发器工作波形图

8.1.2　钟控 RS 触发器

基本 RS 触发器具有直接置 0 和置 1 的功能，只要输入信号发生变化，触发器的状态就会立即发生改变。但是在实际应用中，通常要求触发器的输入信号仅仅作为触发器发生状态变化的转移条件，而不希望触发器状态随输入信号的变化而立即发生变化。这就要求触发器的翻转时刻受脉冲（CP）的控制，而翻转到何种状态由输入信号来决定，于是出现了时钟控制触发器，简称钟控触发器，又叫同步触发器。

钟控触发器是在基本 RS 触发器的基础上加上触发导引电路而构成的，根据逻辑功能不同，具体可以分为钟控 RS、钟控 D、钟控 JK 和钟控 T 触发器等。

钟控 RS 触发器是在基本 RS 触发器基础上加两个与非门构成的，其逻辑电路和逻辑符号如图 8 - 6 所示。图 8 - 6(a)中，CP 为时钟控制端，R 和 S 为输入端，字母 R 和 S 分别代表复位（Reset）和置位（Set）。

由电路图可知，基本 RS 触发器的输入为 $\overline{S}_{\mathrm{D}}=\overline{S \cdot \mathrm{CP}}$，$\overline{R}_{\mathrm{D}}=\overline{R \cdot \mathrm{CP}}$。

当 CP＝0 时，$\overline{S}_{\mathrm{D}}=1$，$\overline{R}_{\mathrm{D}}=1$，由基本 RS 触发器功能可知，触发器状态维持不变。

当 CP＝1 时，$\overline{S}_{\mathrm{D}}=\overline{S}$，$\overline{R}_{\mathrm{D}}=\overline{R}$，触发器的状态将随输入信号 R 和 S 的变化而变化。

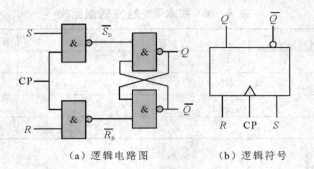

（a）逻辑电路图　　　　（b）逻辑符号

图 8－6　钟控 RS 触发器

1. 特征方程

根据基本 RS 触发器的特征方程（8－1），可以得出当 CP＝1 时钟控 RS 触发器的特征方程为

$$\begin{cases} Q^{n+1}=S+\overline{R}Q^{n+1} \\ RS=0 \end{cases} \tag{8－2}$$

其中，$RS=0$ 是约束条件，表示在 CP＝1 时为确保电路正常工作，应避免出现信号 R 和 S 同时为高电平的现象，在 R 和 S 同时由 11 变化为 00 时电路由于竞争也会出现不定现象。

2. 状态转移真值表

同理可以得出在 CP＝1 时，钟控 RS 触发器的状态转移真值表如表 8－4 所示。

表 8－4　钟控 RS 触发器状态转移真值表

R	S	Q^{n+1}
1	0	0
0	1	1
0	0	Q^n
1	1	不允许

3. 激励表

钟控 RS 触发器激励表如表 8－5 所示。

表 8－5　钟控 RS 触发器激励表

$Q^n \rightarrow Q^{n+1}$		R	S
0	0	×	0
0	1	0	1
1	0	1	0
1	1	0	×

4. 状态转移图

钟控 RS 触发器状态转移图如图 8-7 所示。

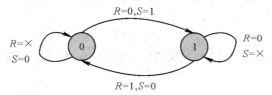

图 8-7　钟控 RS 触发器状态转移图

5. 工作波形图

钟控 RS 触发器工作波形图如图 8-8 所示。

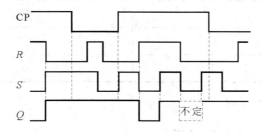

图 8-8　钟控 RS 触发器工作波形图

钟控 RS 触发器虽然解决了基本 RS 触发器的直接触发问题，但是仍然存在约束条件，即 R 和 S 不能同时为 1，否则会使逻辑功能混乱。因此，使用起来仍有一定的不便之处。

8.1.3　钟控 D 触发器

将图 8-6 所示钟控 RS 触发器的 R 端接至原来 S 端与 CP 端作为输出端的与非门的输出端，这样就构成了钟控 D 触发器，电路及逻辑符号如图 8-9 所示。其中，D 为输入端，字母 D 表示数据（Data）。

由电路图可知，基本 RS 触发器的输入为 $\overline{S}_D=\overline{D \cdot CP}$，$\overline{R}_D=\overline{\overline{S}_D \cdot CP}=\overline{\overline{D} \cdot CP}$。

当 CP=0 时，$\overline{S}_D=1$，$\overline{R}_D=1$，由基本 RS 触发器功能可知，触发器状态维持不变。

当 CP=1 时，$\overline{S}_D=\overline{D}$，$\overline{R}_D=D$，触发器的状态将随输入信号 D 的变化而变化。

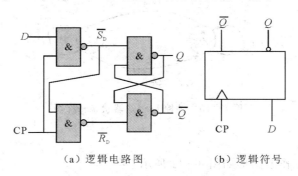

（a）逻辑电路图　　　　　　（b）逻辑符号

图 8-9　钟控 D 触发器

1. 特征方程

根据基本 RS 触发器的特征方程(8-1)，可以得出当 CP＝1 时钟控 D 触发器的特征方程为

$$Q^{n+1} = D \tag{8-3}$$

由于钟控触发导引电路中加入了反馈线，所以 $\overline{S}_D$ 和 $\overline{R}_D$ 正好互补，即 $\overline{S}_D + \overline{R}_D = 1$，约束条件自动满足。

2. 状态转移真值表

根据上述功能描述，可以得到钟控 D 触发器在 CP＝1 时的状态转移真值表如表 8-6 所示。

表 8-6　钟控 D 触发器状态转移真值表

D	Q^{n+1}
0	0
1	1

3. 激励表

钟控 D 触发器激励表如表 8-7 所示。

表 8-7　钟控 D 触发器激励表

$Q^n \rightarrow Q^{n+1}$		D
0	0	0
0	1	1
1	0	0
1	1	1

4. 状态转移图

钟控 D 触发器状态转移图如图 8-10 所示。

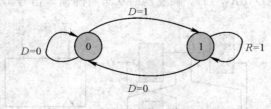

图 8-10　钟控 D 触发器状态转移图

5. 工作波形图

钟控 D 触发器工作波图形如图 8-11 所示。

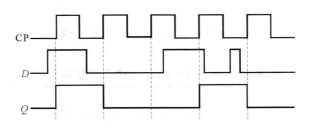

图 8-11　钟控 D 触发器工作波形图

由于 D 触发器的功能和结构都很简单，并且解决了对输入信号的约束条件，所以其得到了普遍应用。

8.1.4　钟控 JK 触发器

JK 触发器在数字电路中是一种非常流行、功能较多且使用广泛的触发器。钟控 JK 触发器也是一种双输入端触发器。在钟控 RS 触发器的输出端与输入端之间加入两条反馈通路，就构成了钟控 JK 触发器，电路及逻辑符号如图 8-12 所示。J 和 K 为信号输入端，字母 J 和 K 没有具体意义。

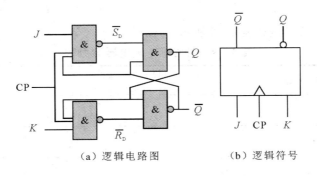

（a）逻辑电路图　　　　　　　　（b）逻辑符号

图 8-12　钟控 JK 触发器

由电路图可知，基本 RS 触发器的输入为 $\overline{S}_D = \overline{J\overline{Q}^n \cdot CP}$，$\overline{R}_D = \overline{KQ^n \cdot CP}$。

（1）当 $CP = 0$，$\overline{S}_D = 1$，$\overline{R}_D = 1$ 时，由基本 RS 触发器功能可知，触发器状态维持不变。

（2）当 $CP = 1$，$\overline{S}_D = \overline{J\overline{Q}^n}$，$\overline{R}_D = \overline{KQ^n}$ 时，触发器的状态随输入信号 J 和 K 的变化而变化。

1. 特征方程

根据基本 RS 触发器的特征方程(8-1)，可以得出当 $CP = 1$ 时，钟控 JK 触发器的特征方程为

$$Q^{n+1} = J\overline{Q}^n + \overline{K}Q^n \tag{8-4}$$

其约束条件为 $\overline{S}_D + \overline{R}_D = \overline{J\overline{Q}^n} + \overline{KQ^n} = 1$，因此，不论 J、K 信号如何变化，基本触发器的条件始终满足。

2. 状态转移真值表

由特征方程(8-2)，可以得出当 $CP=1$ 时，钟控 JK 触发器的状态转移真值表如表 8-8 所示。

表 8-8 钟控 JK 触发器状态转移真值表

J	K	Q^{n+1}
0	0	Q^n
0	1	0
1	0	1
1	1	$\overline{Q^n}$

由状态转移真值表可以看出，钟控 JK 触发器在 $J=0$，$K=0$ 时具有保持功能；在 $J=0$，$K=1$ 时具有置 0 功能；在 $J=1$，$K=0$ 时具有置 1 功能；在 $J=1$，$K=1$ 时具有状态翻转功能。

3. 激励表

钟控 JK 触发器激励表如表 8-9 所示。

表 8-9 钟控 JK 触发器激励表

$Q^n \rightarrow Q^{n+1}$		J	K
0	0	0	×
0	1	1	×
1	0	×	1
1	1	×	0

4. 状态转移图

钟控 JK 触发器状态转移图如图 8-13 所示。

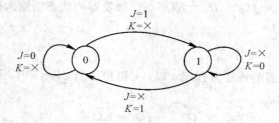

图 8-13 钟控 JK 触发器状态转移图

5. 工作波形图

钟控 JK 触发器工作波形图如图 8-14 所示。

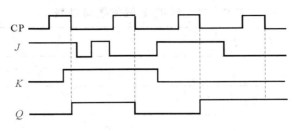

图 8-14　钟控 JK 触发器工作波形图

8.1.5　钟控 T 触发器

将图 8-12 所示的钟控 JK 触发器的输入信号端 J 和 K 连在一起，共同作为一个信号输入端 T，即得钟控 T 触发器，如图 8-15 所示。

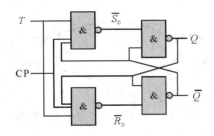

图 8-15　钟控 T 触发器

1. 特征方程

根据图 8-15，结合式(8-4)，可得钟控 T 触发器的特征方程为

$$Q^{n+1}=T\bar{Q}^n+\bar{T}Q^n \tag{8-5}$$

2. 状态转移真值表

由特征方程，可以得到当 CP=1 时，钟控 T 触发器状态转移真值表如表 8-10 所示。

表 8-10　钟控 T 触发器状态转移真值表

T	Q^{n+1}
0	Q^n
1	$\bar{Q}^n$

由表 8-10 可知，当 $T=0$ 时，触发器状态保持不变；当 $T=1$ 时，每来一个 CP，触发器的状态就会翻转一次。T 触发器也就由此而得名，并且又常被称为计数触发器，它是 JK 触发器的特殊情况。

3. 激励表

钟控 T 触发器激励表如表 8 - 11 所示。

表 8 - 11　钟控 T 触发器激励表

$Q^n \rightarrow Q^{n+1}$		T
0	0	0
0	1	1
1	0	1
1	1	0

4. 状态转移图

钟控 T 触发器状态转移图如图 8 - 16 所示。

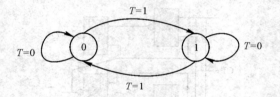

图 8 - 16　钟控 T 触发器状态转移图

5. 工作波形图

钟控 T 触发器工作波形图如图 8 - 17 所示。

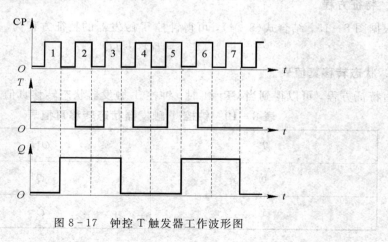

图 8 - 17　钟控 T 触发器工作波形图

8. 2　时序逻辑电路的分析和设计思路

时序逻辑电路是指有触发器参与设计的数字电路，一个触发器在脉冲作用下，能够完成存储数据、置 1、置 0、翻转等功能，其本身就是一个简单的时序逻辑电路。时序逻辑电路是在时间基础上进行工作的电路，而实现时间的方法是时序元件发出连续不断的脉冲，并将脉冲输入触发器，配合触发器输入/输出数据，实现时序电路与其他数字电路信息的交换。

8.2.1　时序逻辑电路的特点

组合逻辑电路仅由若干逻辑门组成，没有存储电路，因而无记忆功能，电路的输出仅仅取决于当前的输入。而时序逻辑电路的结构就与组合逻辑电路的结构不同。

图 8-18 所示的电路是一个简单的时序逻辑电路。电路由一位全加器构成的组合电路和 D 触发器构成的存储电路组成。A_i 和 B_i 为串行数据输入，S_i 为串行数据输出，当 A_0 和 B_0 作为串行数据输入的第 1 组数送入 1 位全加器，产生第 1 个本位和输出 S_0 以及第 1 个进位输出 C_0，在 CP 上升沿到达时，C_0 作为 D 触发器的激励信号到达 Q 端，作为全加器第 2 次相加的 C_{i-1} 信号，因此，在第 2 次相加时，全加器的输入是 A_1、B_1 和 C_0，并产生第 2 次相加的输出 S_1 以及 C_1，即 $S_i = A_i + B_i + C_{i-1}$。由以上分析可知，图 8-18 的逻辑功能是串行加法器。它的结构、特点与组合电路完全不同。图 8-19 所示是时序逻辑电路的结构框图，其中，$X(x_1, x_2, \cdots, x_n)$ 是时序逻辑电路的外部输入信号，$Q(q_1, q_2, \cdots, q_n)$ 是存储器的输出信号，它被反馈到组合电路的输入端，与输入信号共同决定时序逻辑电路的输出状态。$Z(z_1, z_2, \cdots, z_n)$ 是输出信号，$W(w_1, w_2, \cdots, w_n)$ 是存储器的激励（驱动）输入信号，也是组合逻辑电路的内部输出。这些信号之间的逻辑关系可以表示为

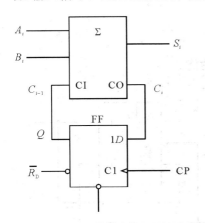

图 8-18　串行加法器

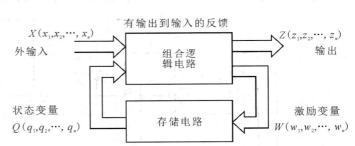

图 8-19　时序逻辑电路结构框图

输出方程：
$$Z(t_n) = F[X(t_n), Q(t_n)] \tag{8-6}$$

激励方程（驱动方程）：
$$W(t_n) = G[X(t_n), Q(t_n)] \tag{8-7}$$

状态方程：
$$Q(t_{n+1}) = H[W(t_n), Q(t_n)] \tag{8-8}$$

由上述可知，时序逻辑电路有如下特点：

（1）结构特点：时序逻辑电路由组合逻辑电路和存储电路组成，存储电路由触发器或

具有反馈回路的电路组成；

（2）逻辑特点：任何时刻电路的输出不仅仅取决于该时刻的输入信号，而且还与电路的历史状态有关，具有记忆功能。

8.2.2　时序逻辑电路的分析方法

根据 8.2.1 节中时序逻辑电路的组成分析可得，分析时序逻辑电路的一般方法步骤如下：

（1）根据已知的时序逻辑电路，写出各触发器的驱动方程（即每个触发器的输入信号的逻辑函数式）。

（2）将各触发器的驱动方程代入其特性方程，求出每个触发器的状态方程和输出方程。

（3）根据状态方程和输出方程列出该时序电路的状态表，并画出状态转移图和时序波形图。

（4）说明时序逻辑电路可实现的逻辑功能。

时序逻辑电路可分为同步时序电路和异步时序电路两大类。在同步时序逻辑电路中，存储电路内所有触发器的时钟输入端都接于同一个时钟脉冲源，因而所有触发器状态的变化都与所加的时钟脉冲源同步；在异步时序逻辑电路中，没有统一的时钟，有的触发器的时钟脉冲输入端与时钟脉冲源相连，而有的触发器的时钟脉冲输入端并不与时钟脉冲源相连。

1. 同步时序逻辑电路

下面举例说明同步时序逻辑电路。

【**例 8 - 1**】　分析如图 8 - 20 所示电路所具有的逻辑功能。

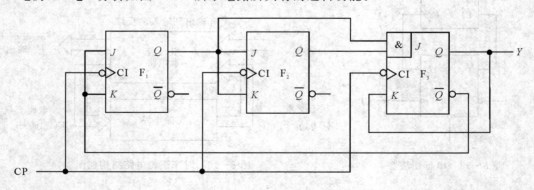

图 8 - 20　例 8 - 1 电路图

解　由图 8 - 20 可见，该时序逻辑电路由 3 个触发器组成，且这 3 个触发器的 CP 控制端接在一起，说明这 3 个触发器的状态翻转同时进行。在数字电路中，将 CP 控制端接在一起的时序逻辑电路称为同步时序逻辑电路。根据图 8 - 20 可列出该时序逻辑电路的驱动方程为

$$\begin{cases} J_1 = K_1 = \overline{Q}_3^n \\ J_2 = K_2 = Q_1^n \\ J_3 = Q_1^n Q_2^n, \ K_3 = Q_3^n \end{cases} \tag{8-9}$$

该组合逻辑电路中的触发器为 JK 触发器，JK 触发器的状态方程为

$$\begin{cases} Q_1^{n+1}=J_1\bar{Q}_1^n+\bar{K}_1Q_1^n=\bar{Q}_3^n\bar{Q}_1^n+Q_3^nQ_1^n \\ Q_2^{n+1}=J_2\bar{Q}_2^n+\bar{K}_2Q_2^n=Q_1^n\bar{Q}_2^n+\bar{Q}_1^nQ_2^n \\ Q_3^{n+1}=J_3\bar{Q}_3^n+\bar{K}_3Q_3^n=Q_1^nQ_2^n\bar{Q}_3^n+\bar{Q}_3^nQ_3^n=Q_1^nQ_2^n\bar{Q}_3^n \end{cases} \tag{8-10}$$

根据图 8-20 可列出输出方程为

$$Y=Q_3^n \tag{8-11}$$

为了分析电路所具有的逻辑功能，应根据状态方程列出时序逻辑电路的特性表，在触发器的初态 $Q_3^nQ_2^nQ_1^n=000$ 的情况下，图 8-20 所示电路的特性表如表 8-12 所示。

表 8-12　图 8-20 所示电路的特性表

Q_3^n	Q_2^n	Q_1^n	Q_3^{n+1}	Q_2^{n+1}	Q_1^{n+1}	Y
0	0	0	0	0	1	0
0	0	1	0	1	0	0
0	1	0	0	1	1	0
0	1	1	1	0	0	0
1	0	0	0	0	0	1
1	0	1	0	1	1	1
1	1	0	0	1	0	1
1	1	1	0	0	1	1

列特性表的方法是：将左边的 $Q_3^nQ_2^nQ_1^n$ 值作为触发器的初态，代入式(8-10)中计算出触发器的末态 $Q_3^{n+1}Q_2^{n+1}Q_1^{n+1}$，并将计算出的末态写在右边。

例如：当 $Q_3^nQ_2^nQ_1^n$ 为 000 时，表示电路的初态为 000，将这个初态的值代入状态方程可计算出末态 $Q_3^{n+1}Q_2^{n+1}Q_1^{n+1}=001$。又如，第 5 行的 $Q_3^{n+1}Q_2^{n+1}Q_1^{n+1}$ 为 100，将这些值当作触发器的初态代入式(8-8)中可计算出末态 $Q_3^nQ_2^nQ_1^n=000$，又回到了初始状态，此时若继续算下去，那么电路的状态和输出将按前面的变化顺序反复循环，故可终止计算。

根据以上的分析可知，每来 5 个时钟脉冲，电路的状态从 000 开始，经 001、010、011、100，又返回到 000 形成一次循环，所以这个电路具有对时钟信号计数的功能。同时，每经 5 个时钟脉冲，Y 端就输出一个高电平脉冲，所以这是一个五进制计数器，Y 端的输出就是进位脉冲。因 3 个触发器输出变量所描述的 3 位二进制数共有 8 个状态，表 8-12 中出现了 5 个状态循环一次，还有 3 个状态没有出现，所以状态 000~100 称为有效状态，而状态 101~111 称为无效状态。

为了直观地描述该电路所具有的逻辑功能，还可根据表 8-12 画出电路的状态转换图，如图 8-21 所示。用圆圈内加 $Q_3^nQ_2^nQ_1^n$ 的标注形式来表示电路的状态。

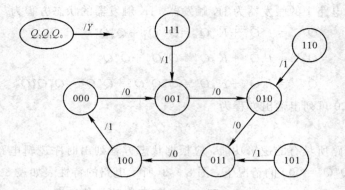

图 8-21　例 8-1 所示电路的状态转换图

在图 8-21 中，箭头表示电路状态转换的过程，箭头旁边分式的分子表示输入信号，分母表示电路的输出信号。跳变的过程中输出为 0 的，分母写 0；输出为 1 的，分母写 1。

从状态转换图中也可以清楚地看出图 8-20 所示电路每输入 5 个脉冲（闭合循环圈内 5 个箭头），电路的状态将重复一次，说明图 8-20 所示电路具有五进制计数功能。无效循环状态在触发器脉冲作用下自动进入有效循环状态的过程称为电路自启动的过程。可以实现自启动的时序电路称为带自启动功能的时序逻辑电路。

由图 8-21 可见，图 8-20 所示的电路可以实现自启动，所以图 8-20 所示电路的全称为带自启动功能的五进制同步计数器。

电路的逻辑功能除了可以用特性表和状态转换图来表示外，还可以用时序图来描述。设图 8-20 所示电路的初态为 $Q_3^n Q_2^n Q_1^n = 000$，可得到图 8-20 所示电路的时序图，如图 8-22 所示。

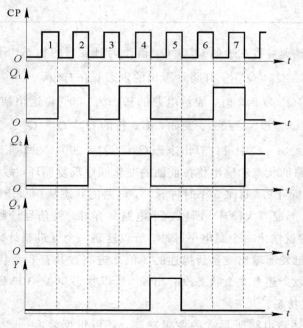

图 8-22　例 8-1 电路的时序图

由图 8-22 可见，在图 8-20 所示电路的 CP 输入端输入 5 个脉冲，输出信号 Y 输出 1 个脉冲，说明输出信号频率是输入信号频率的 1/5，即五进制的计数器电路可以当五分频器使用。五分频器电路可以实现将输入信号的频率降低到 1/5 后输出的目的。

由上面的分析过程可得时序逻辑电路的分析步骤为：

（1）根据电路列出驱动方程、状态方程和输出方程。

（2）根据状态方程列出特性表。

（3）画出状态转移图和工作时序图。

（4）说明电路可实现的逻辑功能。

2. 异步时序逻辑电路

在异步时序逻辑电路中，由于没有统一的时钟脉冲，分析时必须注意触发器只有在加到其 CP 端上的信号有效时，才有可能改变状态。否则，触发器将保持原有的状态不变。故在考虑各触发器状态转变时，除了要分析触发信号外，还必须考虑其 CP 端的情况，其他的方法和步骤与同步时序逻辑电路的分析方法相同。

【**例 8-2**】 分析图 8-23 所示电路所具有的逻辑功能，画出电路的时序图。

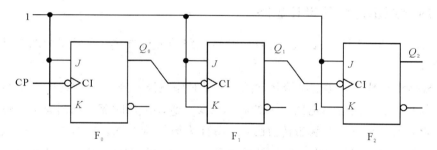

图 8-23 例 8-2 电路图

解 因图 8-23 所示电路各触发器的触发脉冲输入端没有连接在一起，触发器的状态翻转不同步，所以该电路是异步时序逻辑电路。

根据图 8-23 可得各触发器的驱动方程为

$$\begin{cases} J_0 = K_0 = 1 \\ J_1 = K_1 = 1 \\ J_2 = K_2 = 1 \end{cases} \tag{8-12}$$

将驱动方程代入触发器的状态方程，可得电路的状态方程为

$$\begin{cases} Q_0^{n+1} = \bar{Q}_0^n（\text{CP 的下降沿到来有效}）\\ Q_1^{n+1} = \bar{Q}_1^n（Q_0^n \text{ 的下降沿到来有效}）\\ Q_2^{n+1} = \bar{Q}_2^n（Q_2^n \text{ 的下降沿到来有效}）\end{cases} \tag{8-13}$$

画出时序图，如图 8-24 所示。

由图 8-24 可见，该电路中每个触发器的状态变化均发生在它们时钟信号的有效沿来临时，且电路每来 8 个时钟脉冲循环一次，所以此电路的逻辑功能是异步八进制计数器或 3 位二进制加法计数器。

　　由图 8-24 可见，计数器不仅有计数的功能，还可以当分频器使用。在计数器的 CP 控制端输入信号，从计数器 Q_0 输出端引出信号，可得到二分频的输出信号；从计数器的 Q_1 输出端引出信号，可得到四分频的输出信号；从计数器的 Q_2 输入端引出信号，可得到八分频的输出信号。

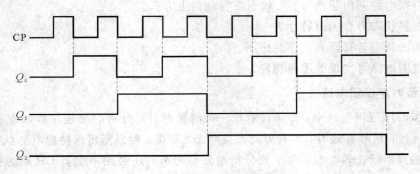

图 8-24　例 8-2 电路的时序图

8.2.3　时序逻辑电路的设计思路

　　例 8-1、例 8-2 详细地介绍了时序逻辑电路的分析方法，下面来介绍时序逻辑电路的一般设计方法。

　　(1) 根据设计要求，建立原始状态图。由于时序电路在某一时刻的输出信号不仅与当时的输入信号有关，而且与电路原来的状态有关，所以设计时序电路时首先必须分析给定的设计要求，画出其对应的状态转换图，此图称为原始状态图。具体方法是先根据给定的设计要求，确定输入变量、输出变量及该电路应包含的状态数；然后定义输入、输出逻辑状态和每个电路状态的含义，并将电路状态顺序编号；最后按照题意画出原始状态图。

　　(2) 对原始状态图进行化简。在原始状态图中若有两个或两个以上的状态，它们在输入相同的条件下，输出相同且转换到的次态也相同，那么这些状态称为等价状态。对电路外部特性来说，等价状态是可以合并的。将多个等价状态合并成一个状态，就可以化简状态图，从而使设计出来的电路更为简单。

　　(3) 选择触发器类型。根据电路的状态数确定所需的触发器的个数，然后导出状态方程和输出方程，最后求出触发器的驱动方程。

　　(4) 根据输出方程和驱动方程画出逻辑电路图。

　　(5) 检查电路能否自启动。

　　下面通过例题详细讨论时序逻辑电路的设计方法。

　　【例 8-3】　用下降沿触发的 JK 触发器设计一个 4 位同步二进制加法计数器(又称为十六进制计数器)。

　　解　能够实现二进制数计数功能的器件称为二进制计数器。二进制计数器有加法和减法、同步和异步之分。

　　1 位二进制数计数器只能对 0 和 1 两个状态进行计数，2 位二进制数计数器可计数 4

个状态，3 位二进制数计数器可计数 8 个状态，4 位二进制数计数器可计数 16 个状态。

根据计数器状态转换的特点可得十六进制加法计数器的状态转换图如图 8-25 所示。

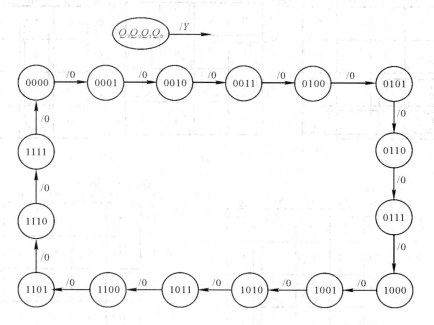

图 8-25　4 位同步二进制加法计数器的状态转换图

根据时序逻辑电路的状态转换图可画出时序逻辑电路状态变量末态的卡诺图，如图 8-26 所示。

Q_3Q_2＼Q_1Q_0	00	01	11	10
00	0001/0	0010/0	0100/0	0011/0
01	0101/0	0110/0	1000/0	0111/0
11	1101/0	1110/0	0000/0	1111/0
10	1001/0	1010/0	1100/0	1011/0

图 8-26　4 位同步二进制加法计数器的卡诺图

画图 8-26 的方法是：将纵、横坐标的变量当作触发器的初态，根据初态值找出初态值所对应的最小项位置，将触发器的末态写在最小项方框内分式的分子上，将时序逻辑电路的输出状态写在最小项方框内分式的分母上。例如，初态为 0111，在 0111 所对应的最小项位置上写出末态和输出状态的分式为 1000/0。

为了利用卡诺图进行逻辑函数式的化简，将图 8-26 所示的卡诺图拆成如图 8-27 所示的 5 个卡诺图，每一个卡诺图都表示一个触发器的末态随初态变化的逻辑函数关系，对这些卡诺图进行化简可得时序逻辑电路中各触发器的状态方程。

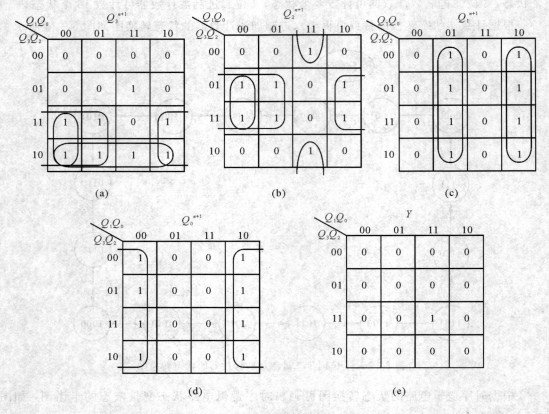

图 8-27 4 位同步二进制加法计数器各触发器的状态变量的卡诺图

根据图 8-27 可得各触发器的状态方程和输出方程为

$$
\begin{cases}
Q_3^{n+1}=Q_2^n Q_1^n Q_0^n \overline{Q}_3^n+(\overline{Q}_2^n+\overline{Q}_1^n+\overline{Q}_0^n)Q_3^n=Q_2^n Q_1^n Q_0^n \overline{Q}_3^n+\overline{Q_2^n Q_1^n Q_0^n}Q_3^n \\
Q_2^{n+1}=Q_1^n Q_0^n \overline{Q}_2^n+(\overline{Q}_1^n+\overline{Q}_0^n)Q_2^n=Q_1^n Q_0^n \overline{Q}_2^n+\overline{Q_1^n Q_0^n}Q_2^n \\
Q_1^{n+1}=Q_0^n \overline{Q}_1^n+\overline{Q}_0^n Q_1^n \\
Q_0^{n+1}=\overline{Q}_0^n \\
Y=Q_3^n Q_2^n Q_1^n Q_0^n
\end{cases}
\tag{8-14}
$$

若选择 JK 触发器来搭建电路，因为 JK 触发器的状态方程为 $Q^{n+1}=J\overline{Q}^n+\overline{K}Q^n$，所以利用比较系数法可得电路的驱动方程为

$$
\begin{cases}
J_3=K_3=Q_2^n Q_1^n Q_0^n \\
J_2=K_2=Q_1^n Q_0^n \\
J_1=K_1=Q_0^n \\
J_0=K_0=1
\end{cases}
\tag{8-15}
$$

根据式(8-15)搭建的逻辑电路图如图 8-28 所示。

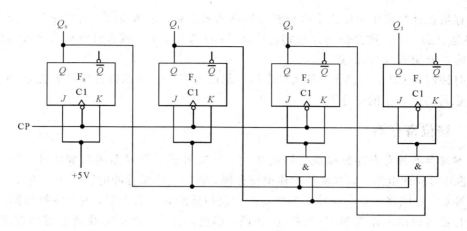

图 8 - 28　4 位同步二进制加法计数器逻辑电路图

8.3　寄　存　器

在数字电路中，用来存放二进制数据或代码的电路称为寄存器。寄存器是由具有存储功能的触发器组合起来构成的。一个触发器可以存储 1 位二进制代码，存放 n 位二进制代码的寄存器，需要用 n 个触发器来构成。

按照功能的不同，可以将寄存器分为基本寄存器和移位寄存器两大类。基本寄存器只能并行送入数据，需要时也只能并行输出。移位寄存器中的数据可以在移位脉冲作用下一次逐位右移或左移，数据既可以并行输入、并行输出，也可以串行输入、串行输出，还可以并行输入、串行输出，串行输入、并行输出，十分灵活，用途广泛。

8.3.1　基本寄存器

8 位 CMOS 寄存器 74374（器件名称）原理图如图 8 - 29 所示，电路由 8 个 D 触发器（器件标志 DFF）与每个触发器输出连接的 8 个三态门（器件标志 TR）组成。图中信号 ENB 为 8 个三态门的控制信号，低电平有效，CLK 为同步时钟。无论寄存器中原来的内容是什么，只要送数控制时钟脉冲 CP 上升沿到来，加在并行数据输入端的数据 $D_1 \sim D_8$ 就立即被送入寄存器中。但是，在 ENB＝1 的情况下，数据被每个触发器对应的三态门所阻塞，无法传送到数据线上去，只有在控制信号到来后，使 ENB＝0，数据才能在脉冲控制下送出。

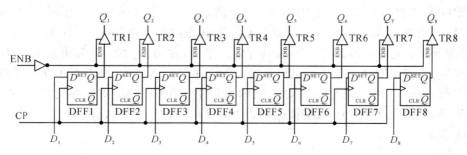

图 8 - 29　8 位 CMOS 寄存器芯片 74374 原理图

　　寄存器在计算机中可以用来存放参与运算的操作数，在需要时，由指令产生控制信号 ENB 导通三态门，使数据输出并送到运算器 ALU 参与运算，或在计算机与外设的接口电路中暂时存放输入/输出的数据。

　　在时钟信号 CP 的控制下，利用三态门控制信号 ENB，可以将寄存器扩展为 16 位、32 位、64 位甚至更多位的寄存器。

8.3.2　移位寄存器

　　基本寄存器只有寄存数据或代码的作用，如果将若干触发器级联成图 8-23 所示的 74164 芯片对应的电路，则构成基本移位寄存器。它们在同步脉冲的作用下，通过 n 个 CP 输入脉冲后，可以将一位一位输入的串行二进制数送到 n 个寄存器，变为并行数据。因此，移位寄存器可以用来作为串/并或并/串转换、移位、乘法、除法等数值运算的逻辑器件。移位寄存器属于同步时序逻辑电路。

1. 基本移位寄存器

1）原理

　　图 8-30 是 8 位右行移位寄存器芯片 74164 内部结构逻辑图。电路由 8 个 D 触发器并列组成，数据自左向右移位，也就是从低位向高位移位。

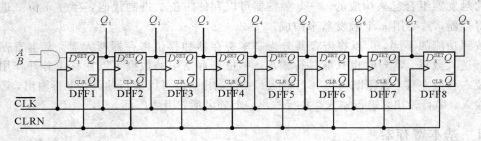

图 8-30　8 位右行移位寄存器芯片 74164 内部结构

　　在图 8-30 中，A、B 作为输入的与门，输入引脚 A 为数据位引脚，另一个引脚为控制数据位 B，当 $B=0$ 时，数据输入全为 0，阻止数据输入；当 $B=1$ 时，数据 A 在脉冲控制作用下输入触发器 DFF1，同时 DFF1 原先的数据送入 DFF2，依次向下传送，经过 8 个脉冲后，8 位数据送到 8 个触发器，完成了串并转换，以并行的数据进行存储，在需要时输出。

　　假定一串行数据 10010011，则 $B=1$ 为控制条件，数据才能输入。根据规定，在数字电路设计中，最左边触发器存放数据最低位，应该先从最高位移动。左边的 1，在第一个 CP 下降沿到来的时候，沿 D 进入触发器并输入至 Q_1 端和 D_2 端，下降沿消失，数据保存在这个位置上；在 CP 第二个下降沿到来时，Q_1 通过 D_2 送到 Q_2 输出端和 D_3，同时数据左边第 2 位 0 送入 DFF1 的输出端 Q_1，在脉冲上升沿消失后，01 被保存到 Q_1、Q_2 端；继续发送脉冲，通过 8 个脉冲，数据被送到 8 个触发器的输出端并被保存起来。其状态表如表 8-13 所示。

表 8 – 13　8 位右移寄存器状态表

n	Q_1^n	Q_2^n	Q_3^n	Q_4^n	Q_5^n	Q_6^n	Q_7^n	Q_8^n	Q_1^{n+1}	Q_2^{n+1}	Q_3^{n+1}	Q_4^{n+1}	Q_5^{n+1}	Q_6^{n+1}	Q_7^{n+1}	Q_8^{n+1}
1	0	0	0	0	0	0	0	1	1	0	0	0	0	0	0	0
2	1	0	0	0	0	0	0	0	0	1	0	0	0	0	0	0
3	0	1	0	0	0	0	0	0	0	0	1	0	0	0	0	0
4	0	0	1	0	0	0	0	0	1	0	0	1	0	0	0	0
5	0	0	0	1	0	0	0	0	0	1	0	0	1	0	0	0
6	0	1	0	0	1	0	0	0	0	0	1	0	0	1	0	0
7	0	0	1	0	0	1	0	0	0	0	0	1	0	0	1	0
8	1	0	0	1	0	0	1	0	1	1	0	0	1	0	0	1

2）单向移位寄存器的主要特点

（1）单向移位寄存器中的数码，在 CP 脉冲作用下，可以依次右移或左移。

（2）n 位单向移位寄存器可以寄存 n 位二进制代码。n 个 CP 脉冲即可完成串行输入工作，此后可从 $Q_1 \sim Q_n$ 端获得并行的 n 位二进制数码，再用 n 个 CP 脉冲又可以实现串行输出操作。

（3）若串行输入端状态为 0，则 n 个 CP 脉冲后，寄存器便被清零。

2．多功能双向移位寄存器

有时需要对移位寄存器的数据流加以控制，实现数据的双向移动，其中一个方向向右移，是从高位数据自左向右移，另一个方向左移，是从低位自右向左移，这种移位寄存器称为双向移位寄存器。这种寄存器移位的方向和计算机指令中的移位方向是相反的。

实际的双向移位寄存器是根据双向移位、保存数据、并行数据输入/输出四种功能集成在一起的芯片。典型的芯片是 CMOS 系列的 4 位寄存器 74194。

1）芯片 74194 的功能分析

根据双向移位寄存器的四种功能可知，这四种功能不能同时实现，某个时刻只能实现 1 种功能，因此需要控制信号控制工作过程，四种功能需要两位控制位 S_1、S_0 来实现，在计算机中，控制信息主要来自对指令操作码的译码而产生。这里采用 4 个 D 触发器，并行输入数据引脚变量用 A、B、C、D 来表示，左移输入变量用 DLSI 表示，右移输入变量用 DRSI 来表示，时钟用 CLK 表示，输出用 Q_A、Q_B、Q_C、Q_D 表示，CLRN 表示复位清 0 变量。$S_1 S_0 = 00$ 时，选择该触发器本身输出，即次态等于现态，触发器保持不变；$S_1 S_0 = 01$ 时，实现数据左移；$S_1 S_0 = 10$ 时，实现数据右移；$S_1 S_0 = 11$ 时，A、B、C、D 并行输入。根据分析，列出 74194 芯片的逻辑功能表，如表 8 – 14 所示。

表 8 – 14　74194 芯片的逻辑功能表

CLRN	S_1	S_0	DRSI	DLSI	CP	A	B	C	D	Q_A^{n+1}	Q_B^{n+1}	Q_C^{n+1}	Q_D^{n+1}
0	×	×	×	×	×	×	×	×	×	0	0	0	0
1	0	0	×	×	×	×	×	×	×	Q_A^n	Q_B^n	Q_C^n	Q_D^n
1	0	1	×	×	×	×	×	×	×	DRSI	Q_A^n	Q_B^n	Q_C^n
1	1	0	×	×	×	×	×	×	×	Q_B^n	Q_C^n	Q_D^n	DLSI
1	1	1	×	×	×	×	×	×	×	A	B	C	D

2）根据逻辑功能表求激励方程

根据表 8-14 所表示的逻辑功能可得，次态方程和激励方程是相同的，求出次态方程就是求出激励信号的逻辑表达式，即

$$\begin{cases} D_A = Q_A^{n+1} = \overline{S}_1 \cdot \overline{S}_0 Q_A^n + \overline{S}_1 S_0 \mathrm{DRSI} + S_1 \overline{S}_0 Q_B^n + S_1 S_0 A \\ D_B = Q_B^{n+1} = \overline{S}_1 \cdot \overline{S}_0 Q_B^n + \overline{S}_1 S_0 Q_A^n + S_1 \overline{S}_0 Q_C^n + S_1 S_0 B \\ D_C = Q_C^{n+1} = \overline{S}_1 \cdot \overline{S}_0 Q_C^n + \overline{S}_1 S_0 Q_B^n + S_1 \overline{S}_0 Q_D^n + S_1 S_0 C \\ D_D = Q_D^{n+1} = \overline{S}_1 \cdot \overline{S}_0 Q_D^n + \overline{S}_1 S_0 Q_C^n + S_1 \overline{S}_0 \mathrm{DLSI} + S_1 S_0 D \end{cases} \tag{8-16}$$

3）根据逻辑表达式绘制逻辑图

根据表 8-14 所示的真值表，绘制 74194 的逻辑电路图，如图 8-31 所示。

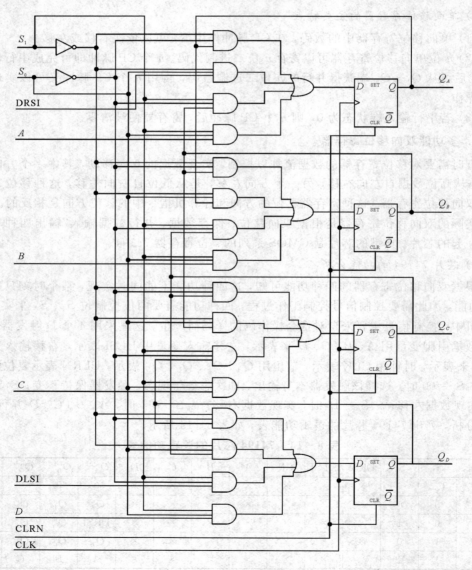

图 8-31　74194 逻辑电路图

通过图 8 - 31 可以看出，每个触发器的 4 项功能实际相当于由 1 个 4 路选择器来实现。

8.3.3　移位寄存器的应用

寄存器除了完成基本功能外，在数字系统中还能用来构成计数器和脉冲序列发生器等逻辑部件。

【例 8 - 4】　用一片 74194 和适当的逻辑门设计一个序列发生器，该电路在时钟脉冲作用下重复产生序列 01110100、01110100、…（右位先输出）。

解　序列信号发生器可由移位寄存器和反馈逻辑电路构成，其结构框图如图 8 - 32 所示。

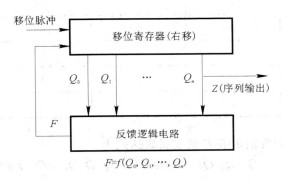

图 8 - 32　序列信号发生器结构框图

假定序列发生器产生的序列周期为 T_p，移位寄存器的级数（触发器个数）为 n，则应满足关系 $2^n \geqslant T_p$。本例的 $T_p = 8$，故 $n \geqslant 3$，选择 $n = 3$。设输出序列 $Z = a_0 a_1 a_2 a_3 a_4 a_5 a_6 a_7$，图 8 - 33 所示为所要产生的序列（以周期 $T_p = 8$ 重复，最右边信号先输出）与移位寄存器状态的关系。

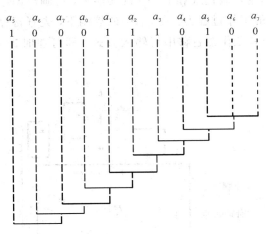

图 8 - 33　序列与移位寄存器状态的关系

图 8 - 33 中，序列下面的水平线段对应的数码表示移位寄存器的状态。将 $a_5 a_6 a_7 = 100$ 作为寄存器的初始状态，令 74194$Q_A Q_B Q_C = 100$，从 Q_C 产生输出，由反馈电路依次形成 a_4、a_3、a_2、a_1、a_0、a_7、a_6、a_5 作为右移串行输入端的输入，这样便可在时钟脉冲作用

下产生规定的输出序列。电路在时钟作用下的状态变化过程及右移输入值如表 8 - 15 所示。

表 8 - 15　例 8 - 4 的状态变化过程及右移输入值

CP	$F(D_R)$	Q_A	Q_B	Q_C
0	0	1	0	0
1	1	0	1	0
2	1	1	0	1
3	1	1	1	0
4	0	1	1	1
5	0	0	1	1
6	0	1	0	1
7	1	0	0	0

由表 8 - 15 可得到反馈函数 F 的逻辑表达式为

$$F = \overline{Q}_A\,\overline{Q}_B\,\overline{Q}_C + \overline{Q}_A Q_B \overline{Q}_C + Q_A \overline{Q}_B Q_C + Q_A Q_B \overline{Q}_C$$

$$= \overline{Q}_A \overline{Q}_C + Q_B \overline{Q}_C + Q_A \overline{Q}_B Q_C$$

$$= (\overline{Q}_A + Q_B)\overline{Q}_C + Q_A \overline{Q}_B Q_C$$

$$= (\overline{Q}_A + Q_B)\overline{Q}_C + \overline{(\overline{Q}_A + Q_B)}Q_C$$

$$= (\overline{Q}_A + Q_B)\oplus Q_C \tag{8-17}$$

根据反馈函数 F 的逻辑表达式和 74194 的功能表,可画出该序列发生器的逻辑电路如图 8 - 34 所示。该电路的工作过程为:在 $S_1 S_0$ 的控制下,先置寄存器 74194 的初始状态为 $Q_A Q_B Q_C = 100$,然后令其工作在右移串行输入方式,即可在时钟脉冲作用下从 Z 端产生所需要的脉冲序列。

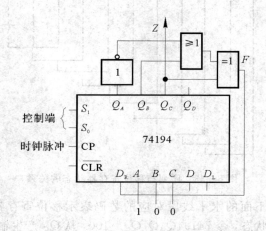

图 8 - 34　例 8 - 4 的逻辑电路图

8.4　计　数　器

计数器是一种能在输入信号作用下依次通过预定状态的时序逻辑电路。计数器中的"数"是用触发器的状态组合来表示的，在计数脉冲作用下使一组触发器的状态依次转换成不同的状态组合来表示数的变化，即可达到计数的目的。计数器在运行时，所经历的状态是周期性的，总是在有限个状态中循环，通常将一次循环所包含的状态总数称为计数器的"模"。

8.4.1　计数器的功能和分类

1. 计数器的功能

计数器的基本功能是记录输入脉冲的个数，其最大的特点是具有循环计数功能。不同的计数器只是状态循环的长度（也称模长）和编码排列不同。在用途上计数器可以记录特定事件的发生次数，产生控制系统中不同任务的时间间隔，可以说计数器是数字系统中用得最多的一种时序逻辑部件。

计数器的基本结构如图 8-35 所示。图中 CP 是计数脉冲，用作触发器的时钟信号。组合电路的输入取自触发器的输出状态，其输出作为触发器的激励信号。触发器的状态码 $Q_1 Q_2 \cdots Q_n$ 构成的代码表示输入脉冲 CP 的个数，Z 是进位输出。

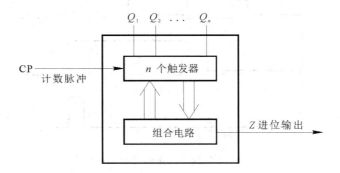

图 8-35　计数器基本结构框图

2. 计数器的分类

计数器的种类很多，可以按照不同的方法来分类。

（1）按照计数器计数的进位即按模长（用 M 表示）分类，可以分为二进制、十进制和任意进制计数器。二进制计数器的模长是 2 的整数次幂，如四进制、八进制、十六进制计数器等。十进制计数器的模长为 10。除二进制、十进制之外的计数器为任意进制计数器。

（2）按照计数器的时钟控制类型分类，可分为同步计数器和异步计数器。其中，同步计数器中所有触发器的时钟信号相同，都是输入计数脉冲，当输入计数脉冲到来时，所有触发器都同时触发；而异步计数器中触发器不受统一的时钟控制，不是同时动作，从电路结构上来看，计数器中各个触发器的时钟信号不同。

（3）按照计数器的计数增减规律分类，可分为加法计数器、减法计数器和可逆计数器。

其中，加法计数器每来 1 个计数脉冲，触发器组成的状态就按二进制代码规律增加；减法计数器每来 1 个计数脉冲，触发器组成的状态按二进制代码规律减少；而可逆计数器，计数规律可按加法规律，也可按减法规律，由控制端决定。

总之，计数器不仅应用十分广泛，分类方法多，而且规格品种也很多。

8.4.2　同步二进制计数器

例 8-3 已分析过，用 JK 触发器构成的 4 位二进制加法计数器的状态转换图为图 8-25，共 16 个状态，其时序图如图 8-36 所示。

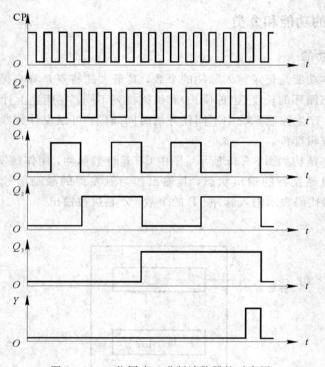

图 8-36　4 位同步二进制计数器的时序图

由图 8-36 和图 8-28 可知，若将 CP 当作输入的基准信号，从 Q_0 引出输出信号，因 Q_0 是触发器 F_0 的输出信号端，单个触发器组成二进制计数器，所以触发器 F_0 组成二分频电路，从 Q_0 引出信号的频率是 CP 信号频率的 $1/2$；若从 Q_1 引出输出信号，因 Q_1 是触发器 F_1 的输出信号端，两个触发器组成四进制计数器，所以触发器 F_0 和 F_1 组成四分频电路，从 Q_1 引出信号的频率是 CP 信号频率的 $1/4$；同理可得从 Q_2 引出信号的频率是 CP 信号频率的 $1/8$，从 Q_3 引出信号的频率是 CP 信号频率的 $1/16$，Y 是计数器中当 $Q_3Q_2Q_1Q_0=$ 1111 时产生的一位进位信号。

若将例 8-3 电路中的触发器 F_1、F_2 和 F_3 的驱动方程表达式(8-15)改为如下表达式所示，并按其表达式关系去连接电路，则可构成 4 位同步减法计数器。

$$J_3 = K_3 = \overline{Q_2^n Q_1^n Q_0^n}$$

$$J_2 = K_2 = \overline{Q_1^n Q_0^n} \tag{8-18}$$

$$J_1 = K_1 = \bar{Q}_0^n$$
$$J_0 = K_0 = 1$$

若在电路中将加法计数器和减法计数器的控制电路合并，再通过一根加/减控制线选择加计数或减计数，则可构成加/减计数器。

8.4.3　同步十进制计数器

能够实现十进制计数功能的器件称为十进制计数器。十进制计数器同样有加法和减法、同步和异步之分。

设计同步十进制计数器的第一步也是画出时序逻辑电路的状态转移图，同步十进制加法计数器的状态转换图如图 8 - 37 所示。

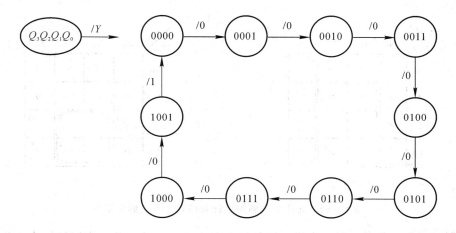

图 8 - 37　同步十进制加法计数器状态转换图

根据图 8 - 37 所示的状态转换图，可画出同步十进制加法计数器的卡诺图，如图 8 - 38 所示。

Q_3Q_2＼Q_1Q_0	00	01	11	10
00	0001/0	0010/0	0100/0	0011/0
01	0101/0	0110/0	1000/0	0111/0
11	×/×	×/×	×/×	×/×
10	1001/0	0000/1	×/×	×/×

图 8 - 38　同步十进制加法计数器的卡诺图

为了利用卡诺图进行逻辑函数式的化简，必须将图 8 - 38 所示的卡诺图拆成如图 8 - 39 所示的 5 个卡诺图。

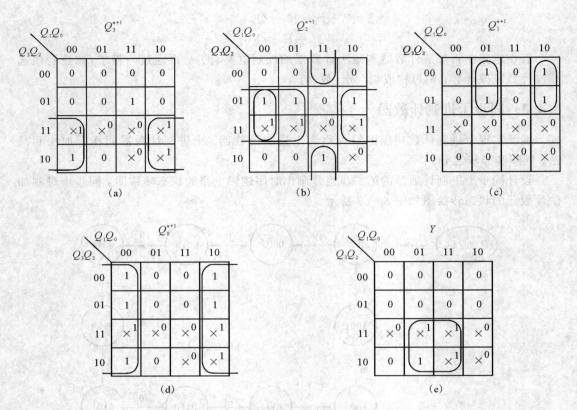

图 8-39　同步十进制加法计数器状态变量的卡诺图

根据卡诺图化简的方法，可得时序逻辑电路中各触发器的状态方程和输出方程为

$$\begin{cases} Q_3^{n+1}=Q_2^n Q_1^n Q_0^n \overline{Q_3^n}+\overline{Q_0^n}Q_3^n \\ Q_2^{n+1}=Q_1^n Q_0^n \overline{Q_2^n}+(\overline{Q_1^n}+\overline{Q_0^n})Q_2^n=Q_1^n Q_0^n \overline{Q_2^n}+\overline{Q_1^n Q_0^n}Q_2^n \\ Q_1^{n+1}=\overline{Q_3^n}Q_0^n \overline{Q_1^n}+(\overline{Q_0^n}+Q_3^n)Q_1^n=\overline{Q_3^n}Q_0^n \overline{Q_1^n}+\overline{\overline{Q_3^n}Q_0^n}Q_1^n \\ Q_0^{n+1}=\overline{Q_0^n} \\ Y=Q_3^{n+1}Q_0^{n+1} \end{cases} \quad (8-19)$$

在对 Q_1^{n+1} 进行化简时，最小项 m_{15}（Q_1^{n+1} 卡诺图中 $Q_3 Q_2 Q_1 Q_0 = 1111$）和 m_{11}（Q_1^{n+1} 卡诺图中 $Q_3 Q_2 Q_1 Q_0 = 1011$）应取 0，此时 Q_1^{n+1} 的最简表达式为 $Q_1^{n+1}=\overline{Q_3^n}Q_0^n \overline{Q_1^n}+\overline{Q_0^n}Q_1^n$，比式（8-19）中的 Q_1^{n+1} 更简单，但对称性不好。在搭建计数器电路时，为了使电路具有很好的对称性，通常令 JK 触发器的输入信号 $J=K$，在这种情况下，JK 触发器转化成 T 触发器，使用 T 触发器搭建电路可以实现电路的对称性。为了使 JK 触发器的状态方程与 T 触发器的状态方程 $Q^{n+1}=T\overline{Q^n}+\overline{T}Q^n$ 相对应，特将最小项 m_{15} 和 m_{11} 的值取 1，化简得到式（8-19）的结果。

根据前面介绍的知识可知，对 Q_3^{n+1} 进行化简时，最小项 m_{15} 若取"1"，则 Q_3^{n+1} 的最简表达式为 $Q_3^{n+1}=Q_2^n Q_1^n Q_0^n+\overline{Q_0^n}Q_3^n$，该式虽然比式（8-19）中 Q_3^{n+1} 的表达式更简单，但 Q_3^{n+1} 最简表达式的第一项中不含触发器的初态 Q_3^n 项，列触发器的驱动方程时需采用配项的方法将触发器的初态 Q_3^n 项前的系数求出，比较麻烦。为了避免配项的麻烦，在利用卡诺图进行触发器状态方程的化简时，不能盲目地追求状态方程的最简而将触发器的初态消掉。正确的化简方法是：注意保留触发器的初态，并使初态前的系数为最简。

在利用 T 触发器搭建电路时还要对 Q_3^{n+1} 的状态方程进行处理，使 Q_3^{n+1} 状态方程的形式与 T 触发器状态方程的形式相对应。处理的过程如下：

$$
\begin{aligned}
Q_3^{n+1} &= Q_2^n Q_1^n Q_0^n \overline{Q_3^n} + \overline{Q_0^n} Q_3^n = Q_2^n Q_1^n Q_0^n \overline{Q_3^n} + Q_0^n \overline{Q_3^n} Q_3^n + \overline{Q_0^n} Q_3^n \\
&= (Q_2^n Q_1^n Q_0^n + Q_0^n Q_3^n) \overline{Q_3^n} + \overline{Q_0^n} Q_3^n \\
&= (Q_2^n Q_1^n Q_0^n + Q_0^n Q_3^n) \overline{Q_3^n} + \overline{Q_0^n} Q_3^n + Q_0^n \overline{Q_3^n} Q_3^n \\
&= (Q_2^n Q_1^n Q_0^n + Q_0^n Q_3^n) \overline{Q_3^n} + (\overline{Q_0^n} + Q_0^n \overline{Q_3^n}) Q_3^n \\
&= (Q_2^n Q_1^n Q_0^n + Q_0^n Q_3^n) \overline{Q_3^n} + \overline{Q_0^n Q_3^n} Q_3^n \\
&= (Q_2^n Q_1^n Q_0^n + Q_0^n Q_3^n) \overline{Q_3^n} + \overline{Q_0^n Q_3^n} Q_3^n (\overline{Q_2^n Q_1^n Q_0^n} + Q_2^n Q_1^n Q_0^n) \\
&= (Q_2^n Q_1^n Q_0^n + Q_0^n Q_3^n) \overline{Q_3^n} + \overline{Q_0^n Q_3^n} Q_3^n \overline{Q_2^n Q_1^n Q_0^n} + \overline{Q_0^n Q_3^n} Q_3^n Q_0^n Q_3^n Q_2^n Q_1^n \\
&= (Q_2^n Q_1^n Q_0^n + Q_0^n Q_3^n) \overline{Q_3^n} + \overline{Q_0^n Q_3^n} Q_3^n \overline{Q_2^n Q_1^n Q_0^n} \\
&= (Q_2^n Q_1^n Q_0^n + Q_0^n Q_3^n) \overline{Q_3^n} + (\overline{Q_2^n Q_1^n Q_0^n + Q_0^n Q_3^n}) Q_3^n
\end{aligned}
\tag{8-20}
$$

根据式(8-19)和式(8-20)可得触发器的驱动方程为

$$
\begin{cases}
T_3 = Q_2 Q_1 Q_0 + Q_0 Q_3 \\
T_2 = Q_1 Q_0 \\
T_1 = Q_0 \overline{Q_3} \\
T_0 = 1
\end{cases}
\tag{8-21}
$$

根据式(8-21)搭建的逻辑电路图如图 8-40 所示。

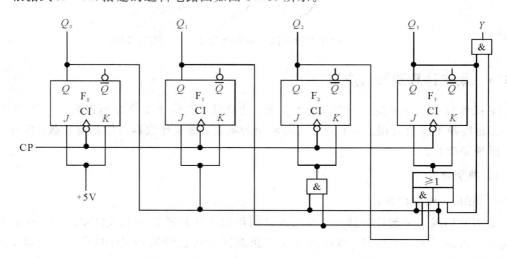

图 8-40　同步十进制计数器的逻辑电路图

十进制计数器内部含有 4 个触发器，4 个触发器可输出 4 位二进制数，4 位二进制数可描述 16 种状态。而十进制计数器仅用这 16 种状态中的 10 种，还有 6 种状态作为电路的无关项没有用。计数器在正常工作的状态下，电路的状态应处在有效循环的圈内，这些无关项不会出现。但是，计数器在刚接通电源工作的时候，这些无关项有可能出现。当无关项出现的时候，电路处在无效循环的工作状态，在触发脉冲的作用下，电路的状态可以从无效循环自动进入有效循环的过程称为自启动。

为了计数器工作的稳定，要求计数器应工作在能够自启动的状态下。为了保证所设计的计数器可以自启动，电路设计完之后，应对所设计的电路进行自启动的分析。当自启动分析证明所设计的电路具有自启动的功能时，所设计的电路才是合理的；电路没有自启动的功能，应改进电路的设计使电路具有自启动的功能。

根据例 8-1 所介绍的方法可得图 8-40 所示电路包含自启动过程的状态转换图，如图 8-41 所示。由图 8-41 可见，图 8-40 所示的电路具有自启动功能。

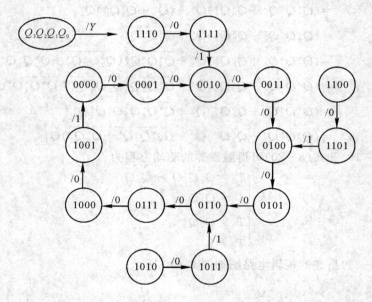

图 8-41　时序逻辑电路检查自启动过程的状态转换图

8.4.4　集成计数器及其应用

集成计数器具有功能较完善、通用性强、功耗低、工作速率高且可以自扩展等许多优点，因而得到了广泛应用。为了满足实际应用的需要，集成计数器一般具有计数、保存、清零、预置等功能。

1. 典型器件

1）集成二进制计数器

常用的集成二进制计数器有 4 位二进制同步加法计数器 74161、74163，单时钟 4 位二进制同步可逆计数器 74191，双时钟 4 位二进制同步可逆计数器 74193 等。下面以 74193 为例对其外部特性进行介绍。

二进制同步可逆计数器 74193 的引脚排列图及逻辑符号如图 8-42 所示。

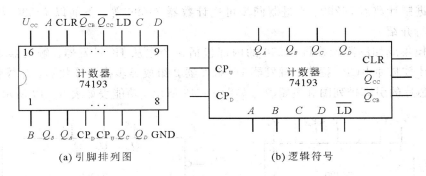

图 8-42　74193 的引脚排列图和逻辑符号

该芯片的输入/输出信号说明如表 8-16 所示，功能表如表 8-17 所示。

表 8-16　74193 的输入/输出信号说明

引脚名称		功能说明
输入端	CLR	清除
	$DCBA$	预置控制
		预置初值
	$CP_U \uparrow$	累加计数脉冲（正脉冲）
	$CP_D \uparrow$	累减计数脉冲（正脉冲）
输出端	$Q_D Q_C Q_B Q_A$	计数值
		进位输出脉冲（负脉冲）
		借位输出脉冲（负脉冲）

表 8-17　74193 的功能表

输　入								输　出			
CLR	$\overline{LD}$	D	C	B	A	CP_U	CP_D	Q_D	Q_C	Q_B	Q_A
1	d	d	d	d	d	d	d	0	0	0	0
0	0	x_3	x_2	x_1	x_0	d	d	x_3	x_2	x_1	x_0
0	1	d	d	d	d	$\uparrow$	1	累加计数			
0	1	d	d	d	d	1	$\uparrow$	累减计数			

由表 8-17 可知，当 CLR 为高电平时，计数器被"清零"；当 $\overline{LD}$ 为低电平时，计数器被预置为 D、C、B、A 端的输入值 x_3、x_2、x_1、x_0；当计数脉冲由 CP_U 端输入时，计数器进行累加计数；当脉冲由 CP_D 端输入时，计数器进行累减计数。

二进制计数器 74193 是模为 16 的计数器。在实际应用中，可根据需要用 4 位二进制计数器构成模为任意 R（R 小于 16 或大于 16）的计数器。

2）集成十进制计数器

常用的集成十进制计数器有同步十进制计数器 74162、可预置十进制计数器 74690、二-五-十进制计数器 74290、十进制同步可逆计数器 74696 等。下面以 74290 为例对其外部特性进行介绍。

中规模集成加法器计数器 74290 的内部包括 4 个主从 JK 触发器。触发器 0 组成模 2 计数器，计数脉冲由 CP_A 提供；触发器 1～触发器 3 组成异步模 5 计数器，计数脉冲由 CP_B 提供。该芯片的引脚排列图和逻辑符号如图 8-43 所示，功能表如表 8-18 所示。

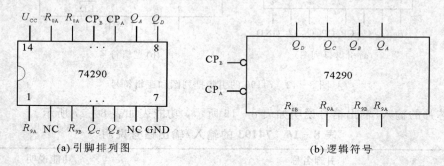

(a) 引脚排列图　　　　　　　　　　　　　(b) 逻辑符号

图 8-43　74290 的引脚排列图和逻辑符号

表 8-18　74290 的功能表

输　入						输　出			
R_{0A}	R_{0B}	R_{9A}	R_{9B}	CP_A	CP_B	Q_D	Q_C	Q_B	Q_A
1	1	0	d	d	d	0	0	0	0
1	1	d	0	d	d	0	0	0	0
d	d	1	1	d	d	1	0	0	1
d	0	d	0	↓	0	二进制计数			
0	d	0	d	0	↓	五进制计数			
0	d	d	0	↓	Q_A	8421 码十进制计数			
d	0	0	d	Q_D	↓	5421 码十进制计数			

集成异步计数器 74290 共有 6 个输入和 4 个输出。其中，R_{0A}、R_{0B} 为清零输入信号，高电平有效；R_{9A}、R_{9B} 为置 9(即二进制 1001)输入信号，高电平有效；CP_A、CP_B 为计数脉冲信号；Q_D、Q_C、Q_B、Q_A 为数据输出信号。由表 8-18 可以归纳出 74290 具有如下功能：

(1) 异步清零功能。当 $R_{9A} \cdot R_{9B} = 0$ 且 $R_{0A} \cdot R_{0B} = 1$ 时，不需要输入脉冲配合，电路可以实现异步清零操作，使 $Q_D Q_C Q_B Q_A = 0000$。

(2) 异步置 9 功能。当 $R_{9A} \cdot R_{9B} = 1$ 时，不论 R_{0A}、R_{0B} 及输入脉冲为何值，均可实现异步置 9 操作，使 $Q_D Q_C Q_B Q_A = 1001$。

(3) 计数功能。当 $R_{9A} \cdot R_{9B} = 0$ 且 $R_{0A} \cdot R_{0B} = 0$ 时，电路实现如下 3 种计数功能。

① 模 2 计数器：若将计数脉冲加到 CP_A 端，并从 Q_A 端输出，则可实现 1 位二进制加法计数。

② 模 5 计数器：若将计数脉冲加到 CP_B 端，并从 $Q_D Q_C Q_B$ 端输出，则可实现五进制加

法计数,状态转移表如表 8-19 所示。

表 8-19 74290 模与计数器状态转移表

序号	Q_D	Q_C	Q_B
0	0	0	0
1	0	0	1
2	0	1	0
3	0	1	1
4	1	0	0

③ 模 10 计数器:用 74290 构成模 10 计数器有两种不同的方法,一种是构成 8421 码十进制计数器,另一种是构成 5421 码十进制计数器。两种方法的连接示意图分别如图 8-44(a) 和 8-44(b) 所示。

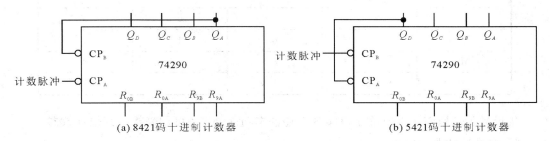

(a) 8421 码十进制计数器　　　　(b) 5421 码十进制计数器

图 8-44 用 74290 构成的两种模 10 计数器连接示意图

在图 8-44(a) 中,计数脉冲加到 CP_A 端,并将输出端 Q_A 接到 CP_B 端。在这种方式下,每来 2 个计数脉冲,模 2 计数器输出端 Q_A 产生一个负跳变信号,在该信号作用下模 5 计数器增 1,经过 10 个脉冲作用后,模 5 计数器循环一周,实现 8421 码十进制加法计数。状态转移表如表 8-20 所示。

表 8-20 8421 码模 10 计数器状态转移表

序号	Q_D	Q_C	Q_B	Q_A
0	0	0	0	0
1	0	0	0	1
2	0	0	1	0
3	0	1	1	1
4	0	0	0	0
5	0	0	0	0
6	0	1	1	0
7	0	1	1	1
8	1	0	0	0
9	1	0	0	1

在图 8-44(b)中，计数脉冲加到模 5 计数器的CP_B端，并将模 5 计数器的高位输出端 Q_D 接到模 2 计数器的CP_A端。在这种方式下，每来 5 个计数脉冲，模 5 计数器输出端 Q_D 产生一个负跳变信号，在该信号作用下模 2 计数器加 1，经过 10 个脉冲作用后，模 2 计数器循环一周，实现 5421 码十进制加法计数。状态转移表如表 8-21 所示。

表 8-21　5421 码模 10 计数器状态转移表

序号	Q_A	Q_D	Q_C	Q_B
0	0	0	0	0
1	0	0	0	1
2	0	0	1	0
3	0	0	1	1
4	0	1	0	0
5	1	0	0	1
6	1	0	0	0
7	1	0	1	1
8	1	0	1	0
9	1	1	0	1

集成异步计数器 74290 除了可实现上述基本功能外，还可用来构成其他计数器。

2. 集成计数器的应用

【例 8-5】　设计一个顺序脉冲发生器，电路工作波形图如图 8-45 所示。

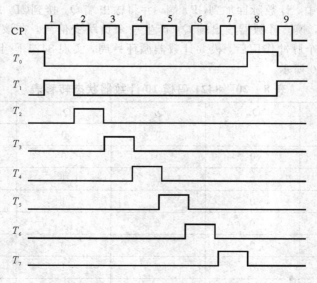

图 8-45　例 8-5 的电路工作波形图

解　顺序脉冲发生器又称为节拍脉冲发生器，用于产生一组在时间上有先后顺序的脉冲。用这样的节拍脉冲可以使数字系统中的控制器形成所需的各种控制信号，控制系统按照事先规定的顺序进行一系列操作。通常，顺序脉冲发生器可由计数器和译码器构成，也可由计数器外加适当的逻辑门构成。

由图 8-45 所示的工作波形可知，节拍脉冲的周期为 8，即以 8 个脉冲为一个循环。所以要求有一个模 8 计数器，可首先用二进制可逆计数器 74193 构成模 8 加 1 计数器，然后用 3 线-8 线译码器 74138 对计数器状态进行译码产生 8 个负脉冲信号，再经 8 个非门反相后即可产生要求的工作波形。其逻辑电路图如图 8-46 所示。

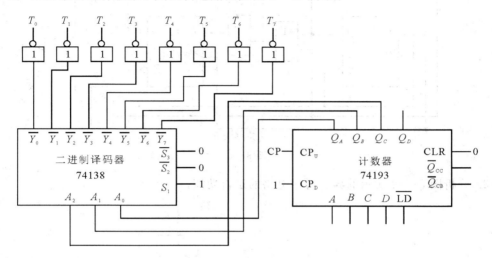

图 8-46 例 8-5 的逻辑电路图

习 题

一、选择题

1. 时序逻辑电路在结构上(　　)。

A. 必须有组合逻辑电路　　　　　　　　　　B. 必须有存储电路

C. 必须有存储电路和组合逻辑电路　　　　　D. 以上均正确

2. 同步时序逻辑电路和异步时序逻辑电路的区别在于异步时序逻辑电路(　　)。

A. 没有触发器　　　　　　　　　　　　　　B. 没有统一的时钟脉冲控制

C. 没有稳定状态　　　　　　　　　　　　　D. 输出只与内部状态有关

3. 由 n 个触发器构成的计数器，最多计数个数为(　　)。

A. n 个　　　　　　B. n^2　　　　　　C. $2n$　　　　　　D. 2^n

4. 对于 D 触发器，欲使 $Q^{n+1}=Q^n$，应使输入 $D=$(　　)。

A. 0　　　　　　　　B. 1　　　　　　　　C. Q　　　　　　　D. $\overline{Q}$

5. 下列哪项是钟控 RS 触发器的特征方程(　　)。

A. $\begin{cases} Q^{n+1}=S+\overline{R}Q^{n+1} \\ RS=0 \end{cases}$　　　　　　B. $\begin{cases} Q^{n+1}=\overline{S}+\overline{R}Q^{n+1} \\ RS=0 \end{cases}$

C. $\begin{cases} Q^{n+1}=S+RQ^{n+1} \\ RS=0 \end{cases}$　　　　　　D. $\begin{cases} Q^{n+1}=\overline{S}+RQ^{n+1} \\ RS=0 \end{cases}$

二、分析设计题

1. 分析图 8 - 47 所示的同步时序电路的逻辑功能。

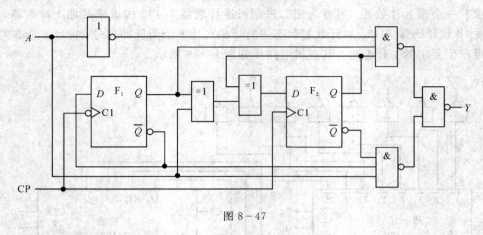

图 8 - 47

2. 分析图 8 - 48 所示的异步时序电路的逻辑功能。

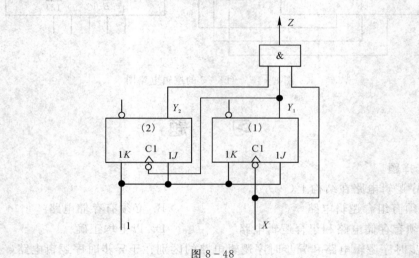

图 8 - 48

3. 试用 D 触发器设计一个满足图 8 - 49 所示的状态转移图的同步计数器，要求写出设计过程。

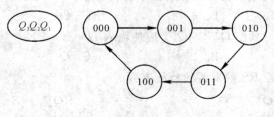

图 8 - 49

4. 用上升沿触发的 D 触发器设计一个串行数据检测电路，该电路在连续输入 3 个或 3 个以上 1 时输出为 1，其他的情况输出都是 0。

第二部分　电气安全

第 9 章　电气设备安全

在人们的日常生活和社会生产中，电力所发挥的重要作用是不容忽视的，它带给我们极大的便利，成为我们生产生活中的重要能源。在电厂和电网中，能够让电力系统正常运行和输送的最为关键的物质条件就是电气设备。因电气设备类型多样、构造复杂、应用广泛和使用环境复杂，为了保证使用安全，电气设备在运行过程中必须采取相应的安全措施，即电气设备需具备一定的直接和间接电击防护能力。只有电气设备选择适当，使电气设备本身的电击防护能力与用电环境危险性相适应，电气设备的安全性才有保障。

9.1　电气设备安全基础知识

电气设备(Electrical Equipment)是电力系统中，用于发电、变电、输电和配电的各类用电设备、开关设备和控制设备、测量仪器和保护器件等设备的统称，如发电机、变压器、电力线路、断路器等。电气设备又分为一次设备和二次设备。

电气一次设备是指直接用于电力生产、输送和分配电能的高压电气设备，电能经过这些设备从电厂输送到各用户。一次设备包括发电机、变压器、电动机、断路器(开关)、隔离开关(刀闸)、PT(电压互感器)、CT(电流互感器)等。由一次设备相互连接构成的用于发电、输电、配电或进行其他生产的电气回路，称为一次回路或一次接线。

电气二次设备是指对一次设备的工作进行监测、控制、调节、保护以及为运行维护人员提供运行工况或生产指挥信号所需的低压电气设备。二次设备包括测量仪表、控制和信号元件、继电保护装置、信号电源回路、控制电缆及连接导线、接线端子排及熔断器等。由二次设备互相连接构成的对一次设备进行监测、控制、调节和保护的电气回路称为二次回路或二次接线。

9.1.1　电气设备的运行

运行中的电气设备，是指全部带有电压或一部分带有电压以及一经操作即带有电压的电气设备。所谓一经操作即带有电压的电气设备，是指现场停用或备用的电气设备，它们的电气连接部分和带电部分之间只用断路器或隔离开关连接，并无拆除部分，一经合闸即带有电压。因此，运行中的电气设备具体指的是现场运行、备用和停用的设备，电气设备的状态包括运行、热备用、冷备用和检修四种。

电气设备的运行状态是指断路器及隔离开关都在合闸位置，电路处于接通状态。

1. 发电机的运行及事故处理

1) 发电机的允许运行方式

(1) 发电机的允许温度。发电机在运行过程中，须特别注意其温度，不能超过温度允许数值，以保证发电机的安全运行。

（2）进风温度变化时的运行。发电机的空气冷却器一般以循环水为冷却介质，循环水温度随环境温度的变化而变化。循环水温度变化时，发电机的进风温度也随之变化。当发电机进风温度变化时，若发电机保持出力不变，则发电机各部分的温度将会发生变化。一般规定发电机的进风温度不得高于 40℃。冷却空气的温度不能过低，最低进风温度应以空气冷却器的管子表面不结露为原则，一般要求进风温度不得低于 20℃。

（3）电压变化时的运行。发电机在运行时，电压往往不能始终保持在额定数值，会因电力系统的负荷变化而在一定范围内变动。电压过高或过低不但对用户不利，而且对电力系统以及发电机本身也不利。发电机的定子电压允许在额定电压的 ±5％ 范围内变动，此时，发电机仍能保证在额定功率因数下的额定出力。

发电机连续运行的最高允许电压应遵守厂商的规定，但最高不得超过额定值的 110％。当电压为额定值的 105％～110％ 时，发电机的允许定子电流值应按厂商的规定或经试验来确定。

（4）频率变化时的运行。一般规定频率的允许变动范围为额定值 ±0.2 Hz，在允许变动范围内，发电机可按额定容量运行。频率变化过大将会给用户和发电机带来有害的影响。

（5）功率因数变化时的运行。发电机的额定功率因数一般为滞相 0.85。正常情况下，为了保证发电机的稳定运行，功率因数不应大于滞相 0.95，即发电机的无功功率不应低于有功功率的 1/3。如果自动励磁调节器投入运行且系统电压水平允许，发电机可长时间运行于功率因数为 1.0 的情况下，并允许短时间内运行于功率因数为进相 0.95～1.0 的情况下。

2）发电机正常运行时的操作和巡视检查

（1）发电机启动前的准备工作。新安装或检修后的发电机在启动前，应收回发电机及有关设备的全部工作票，并索取试验数据，拆除全部临时安全措施，并且应详细检查表9-1中所列项目内容。

表 9-1　发电机启动前的检查内容

序号	检查内容
1	发电机各部分及其周围应清洁，现场照明充足，具备启动条件
2	发电机窥视孔玻璃完整无损，端部绑线无断裂，垫块无松动，发电机本体照明良好
3	发电机滑环电刷、大轴接地电刷及主励磁机电刷洁净，接触良好，压簧完整。电刷在刷握内无卡死、摇摆、跳跃、破损现象，电刷长度不小于 25 mm
4	发电机空冷室无杂物，地面干燥。空冷器应无漏水及结露现象，空冷室门关闭严密，窥视窗玻璃完整，照明良好
5	发电机电压引出线及励磁回路接线良好
6	灭磁开关、工作及备用磁场隔离开关、灭磁电阻均完好，位置正常

续表

序号	检 查 内 容
7	发电机(或发变组)主断路器油色、油位正常，无渗油、漏油现象，绝缘子清洁、无裂纹及破碎。引出线支持绝缘子、电流互感器、电压互感器完整，主断路器、出线隔离开关及各电压互感器隔离开关在断开位置
8	励磁调节器完整、好用
9	控制盘上的控制开关位置正常
10	仪表及保护装置齐全
11	对于双水内冷发电机，还应检查下列各项： (1) 发电机进水前，了解发电机反冲洗情况，水质符合规定值。 (2) 绝缘引水管无弯瘪、互相碰触及渗水、漏水现象

全部检查结束后，应测量发电机定子绕组和励磁回路的绝缘电阻。测量时，应使用性能良好且电压等级合适的兆欧表。测量定子绕组绝缘电阻时应使用 1000 V～2500 V 兆欧表，测量励磁回路绝缘电阻时应使用 500 V 兆欧表。用兆欧表测量绝缘电阻时必须注意表 9-2 中所列注意事项。

表 9-2　用兆欧表测量绝缘电阻注意事项

阶段	序号	注 意 事 项
测量前	1	必须检查被测设备的各侧电源都已隔绝，并验明确实无电；使用的兆欧表应完好。简单的测试方法：在兆欧表空载情况下，指针应能达到"∞"。接线端(L、E)短路时，指针指示应为"0"
测量时	2	应区分兆欧表接线柱的"线路"端(L 端)和"接地"端(E 端)，并先将"接地"端接地，然后将"线路"端接到另一接地点，看兆欧表指针是否指示为"0"，以测试"接地"端接地是否良好。若兆欧表指针指示为"0"，表示"接地"端接地良好；否则表示接地不良，测得的绝缘数据是虚假的
	3	应将两根连接导线拉直并分开，勿使两根连接导线缠绕在一起，以减少线间电容和对地电容对绝缘电阻的影响，提高测量准确性
	4	兆欧表的转速以 120r/min 为宜
测量结束后	5	应将被测设备对地放电

发电机定子绕组的绝缘电阻值没有明确的数值规定，若本次测得的数值比上次测得的数值明显降低(换算到同一环境温度)，应查明原因并加以消除。励磁回路的绝缘电阻值不应低于 0.5 MΩ。

对于双水内冷发电机，应测量通水前和通水后两种情况下的定子绕组和转子绕组的绝缘电阻，通水后的绝缘电阻值一般不应低于 0.2 MΩ，若低于此值，应对水质进行检查处理。转子绕组的绝缘电阻值在冷态(20℃)下且未装绝缘引水管前应不低 1 MΩ，在绝缘引水管装配后，一般应不低于 2 kΩ。

绝缘电阻测量结束后，在发电机启动前还应做表 9-3 中所列试验并保证试验合格。

表 9-3　发电机启动前所做试验

序号	试验内容
1	调速电动机的动作试验
2	主断路器与灭磁开关的连续试验
3	励磁系统有关连锁试验
4	大修、小修后会同继电保护人员进行整组跳合闸试验
5	大修、小修后做差动保护动作，关主汽门，关主汽门关闭联跳断路器和发电机断路器各一次

（2）发电机的启动。发电机启动前的准备工作完成后，电气班长应向值长汇报。值长接到报告后，即可通知汽机班长开启主汽门，冲动汽轮机转子。转子一经转动，即应认为发电机已带电压，此时禁止在发电机的一、二次回路上进行工作。

在发电机启动阶段，电气运行人员应按照现场规定进行表 9-4 中所列工作。

表 9-4　现场工作内容

序号	工作内容
1	将主变压器冷却系统投入运行，因为发电机组多采用发电机—变压器组单元接线，在发电机启动过程中，与之对应的主变压器也应具备启动条件
2	将发电机改为热备用，即将发电机的电压互感器改为运行状态。发电机出口装有隔离开关的，此时也应合上
3	将励磁系统改为热备用，即除灭磁开关不合上外，其余设备均投入使用
4	将高压工作厂用变压器改为热备用，因为对于采用单元接线的发电机组，高压工作厂用变压器一般在发电机与主变压器之间连接
5	将主变压器高压侧改为热备用，并合上其中性点接地隔离开关。因为大容量变压器多为分级绝缘，为保证运行中不会因单相接地时中性点电位升高而损坏变压器绝缘，一般采用中性点恒接地方式。但是当一个电厂同一电压母线上这种变压器超过一台或系统继电保护不允许多台恒接地时，则应采用变压器中性点经接地开关接地方式，以便根据调度要求或系统规程规定进行切换操作

当发电机转速达到 1500 r/min 左右时，应检查发电机滑环电刷、主励磁机电刷是否接触良好或有无跳动现象，双水内冷发电机本体有无渗水、滑水现象等。经检查一切情况正常后，发电机可继续提升速度。

（3）发电机的升压和并列。当发电机转速达到 3000 r/min 后，经值长同意，电气运行人员可合上发电机灭磁开关进行升压操作，将发电机定子电压升至额定值。在升压操作时要注意表 9-5 中所列注意事项。

表 9 - 5 升压操作注意事项

序号	注 意 事 项
1	应使发电机转子电流、电压和定子电压缓慢、均匀地上升
2	应密切注意三相定子电流是否接近于零
3	当定子电压升至额定值时，证实发电机转子空载电流、电压符合要求。通过对转子空载电流、电压的核对、分析、比较，判断发电机转子绕组有无匝间短路现象。正常情况下，多个数值应接近。如果发现转子空载电流升高而空载电压下降时，必须查明其原因

发电机升压操作正常，电压升至额定值后，可进行发电机的并列操作。发电机的并列操作是电气运行的主要操作之一，必须保证操作的正确性，否则将会导致严重危害。

发电机的并列操作必须经同期装置进行，可采用自动准同期方式或手动准同期方式。通常，手动准同期只在自动准同期失灵或系统发生故障时才使用。发电机并列操作时，为了避免电流的冲击和转轴受到扭转力矩的作用，必须满足表 9-6 中所列的并列条件，当发电机采用自动准同期并列操作时，其主要操作步骤如表 9-7 所示。

表 9 - 6 发电机并列操作满足的条件

序号	并列操作满足条件
1	发电机电压与系统电压相等
2	发电机频率与系统频率相等
3	发电机电压的相位与系统电压相位一致
4	发电机相序与系统相序一致

表 9 - 7 自动准同期并列操作步骤

序号	操 作 步 骤
1	合上待并机同期开关
2	使非同期闭锁开关切在"投入"位置
3	将组合同期表切换开关切至"粗略"位置
4	调节待并发电机电压、频率,使之与系统电压、频率接近相等
5	将组合同期表切换开关切至"精确"位置
6	调速使同步表指针向顺时针方向缓慢旋转
7	将自动准同期开关切至"试验"位置，试验装置正常
8	将自动准同期开关切至"投入"位置，发电机与系统并列
9	拉开待并发电机同期开关
10	将组合同期表切换开关切至"断开"位
11	将自动准同期开关切至"断开"位
12	复归主断路器控制开关至"合闸后"位置

（4）发电机的解列及停机。发电机解列是指将发电机与系统在电气回路上断开；停机是指在发电机已解列的前提下，将机组所属电气系统和热力系统停用。发电机组正常解列时，应由锅炉运行人员逐步降低机组的有功负荷，电气运行人员相应地降低无功负荷，以尽量维持发电机的功率因数在 0.85。当有功负荷降低到一定数值后，由值长通知，改由电气运行人员继续减负荷。

发电机一双绕组变压器单元接线的发电机组解列时，其主要操作步骤如表 9-8 所示。

表 9-8　发电机组解列主要操作步骤

序号	操作步骤
1	检查解列机组 6 kV 厂用电已倒换至备用电源供电。采用单元接线方式的发电机组解列前应先将机组的高压厂用电倒换至备用电源供电
2	检查发电机有功负荷已减至零，无功负荷已减至 5Mvar。无功负荷保留 5 Mvar 是为了防止调节过程中导致发电机进相运行而使失磁保护误动；另外，主变压器高压侧断路器一般为分相操作机构，如果发电机在解列时断路器三相没有全部断开，发生非全相运行时出现的负序电流可能烧坏转子；保留 5 Mvar 无功负荷，解列后可在三相定子电流表上反映出断路器三相是否全部断开。但发电机的有功负荷必须减至零，以防止拉开高压断路器后，汽轮机超速而发生飞车事故
3	拉开解列机组的主变压器高压侧断路器。断路器拉开后，应从断路器的位置信号和发电机的三相定子电流表上明确证实断路器三相都已拉开
4	通知机、炉，发电机已与系统解列
5	降低发电机电压至零
6	拉开灭磁开关
7	停用自动励磁调节器

发电机解列后，其冷却系统应继续运行，直到发电机停转为止。解列后应在热态下测量发电机定子、转子及励磁回路绝缘。

3）发电机运行中的监视与检查维护

（1）发电机运行中的监视。正常运行时，运行人员应每小时抄录发电机各运行工况参数，并与打印报表对照，若有异常，应进行分析并找出原因。若发现个别温度测点异常，应根据具体情况加强该部位的监视，缩短记录时间，并向有关部门汇报处理。应严格监视发电机运行工况，及时调整，使运行参数不超过规定值。应按照调度下达的负荷曲线，合理、经济地调整各发电机的有功负荷和无功负荷。

（2）发电机运行中的检查。正常运行时，运行人员每班应对发电机及其附属设备进行全面认真的检查并及时记录、汇报和处理。检查项目如表 9-9 所示。

表 9 - 9　发电机运行中的检查项目

设　备	检　查　项　目
发电机及附属设备	发电机及附属设备各部分的温度、温升应正常
	从发电机窥视孔内检查定子绕组端部不变形、无漏胶；未出现绝缘磨出黄粉现象；绑线垫块无松动；在灭灯情况下观察无电晕现象
	电刷及接地电刷连接牢固，无过热、卡住、破碎、跳动现象，压簧完整，引线良好，电刷长度不小于 20 mm，电刷无冒火现象
	空冷室照明良好，窥视窗玻璃完整，空气冷却器无漏风、漏水、结露现象
	整流柜运行正常，各元件完好
	各断路器、隔离开关及其连接母线应无过热现象，支持绝缘子、电流互感器、电压互感器及穿墙套管应无电晕放电现象；油断路器油位、油色应正常，无漏油、喷油现象
	SF6 断路器的气体压力、纯度、微水量应正常
	自动励磁调节器各指示灯、表计应正常，各插件无松动，各断路器投切符合要求
	机组所有保护运行正常，连接片位置正确
双水内冷发电机（补充检查）	发电机冷却水的压力、流量、温度、温升及进出风温正常
	发电机本体的冷却水系统应无渗水、漏水现象
氢冷发电机	轴承油温、轴瓦温度、轴承振动及其他运转部分应正常
	发电机氢气系统各阀门应处于规定的开、关位置
	励磁机小室内应无漏油、漏水现象
	对采用无刷励磁的发电机，应检查无刷励磁系统中的旋转整流
	氢气压力应在现场规定范围内，其纯度应大于 96%
	液位检测器工作应正常
	发电机空、氢侧密封油系统运行应正常

2. 变压器的运行与维护

　　运行值班人员应定期、定时对运行中的变压器进行巡视检查，以掌握变压器的运行工况，及时发现缺陷，及时处理，保证变压器的安全运行。对检查中所发现的问题，应认真填写在值班运行或设备缺陷记录本内。

　　1) 巡视检查

　　变压器的巡视检查项目内容如表 9 - 10 所示。

表 9 - 10　变压器巡视检查项目内容

项目	检查内容
运行监视	变压器负荷以电流表的指示来监视,看其是否超过允许值;变压器的一、二次额定电压通过电压表的指示,看其是否正常;通过监视三相电流表各相的数值及电压表各相的数值来判断三相负荷及三相电压是否平衡
	监视变压器上层的油温是通过变压器上盖的温度计或者是热电偶温度计来判断温度和温升是否超过允许值
	对于非自动记录计量表计,还要定时抄表以便累计电量。抄表内容包括电流、电压、功率、电能(kW·h)等数值
外部检查	油枕的油位指示是否符合周围介质温度所对应的刻度线,油的颜色是否正常。当油位过高时说明变压器内温度过高,其原因可能是冷却系统故障,也可能是变压器内部故障引起的;油位过低,其原因可能是有漏油现象;当油的颜色不是透明的微黄色,而是红棕色或更深的颜色时,其原因可能是油温过高,也可能是油位计本身脏污,若都不是,则为内部故障所致
	监听变压器的声音是否正常,正常运行时应为连续的嗡嗡声,是电流产生的轻微电动力所致
	检查变压器的绝缘套管是否清洁,有无裂纹及闪络放电现象;套管的连接端子的接触是否良好,有无放电和过热现象
	检查防爆管的防爆安全膜是否有破损
	检查呼吸器是否畅通,硅胶或活性氧化铝的潮解情况不宜过半
	检查变压器的油箱、散热器是否有漏油,各部温度是否均匀,外壳接地线是否牢固、可靠
	检查瓦斯继电器是否充满油,油色是否正常
	检查盘根、油门等部件,应无漏油、渗油现象
	检查变压器的蓄油池是否良好
	检查标志和相色是否清晰、正确
	检查室内变压器的通风系统是否良好
	检查室外变压器在雾、雨天气时,其套管是否有严重放电、闪络现象
	在大风天气时检查室外母线的摆动是否超过了电气净距离
	在过负荷或气温较高的情况下,应加强监视负荷、油温、油位的变化以及风扇的转动情况

2) 瓦斯保护装置及分接开关的运行

(1) 瓦斯保护装置的运行。变压器正常运行时,瓦斯保护与差动保护不得同时停用,因为它们都是变压器内部故障的保护,如果同时停用,则变压器就失去了内部故障保护,会导致严重的后果。

　　瓦斯保护是变压器内部故障的主保护。在正常运行情况下，重瓦斯保护动作压板投入到跳闸位置，轻瓦斯保护动作压板投入到信号位置；为了使备用变压器可靠地自动投入，在备用状态下其瓦斯保护应投入到信号位置。

　　瓦斯保护装置在表 9 - 11 所列情形下，应停止瓦斯保护运行；在表 9 - 12 所列的情况下，重瓦斯动作于跳闸的连接片应切换至信号位置；在表 9 - 13 所列的情况下，应将重瓦斯动作于信号的连接片切换至跳闸位置。

表 9 - 11　停止瓦斯保护运行的情形

序号	停止瓦斯保护运行的情形
1	瓦斯保护本身故障
2	变压器的大修和小修期间
3	对瓦斯保护装置进行校验时

表 9 - 12　动作于跳闸的连接片应切换至信号位置的情况

序号	连接片应切换至信号位置的情况
1	变压器带电进行加油、滤油之前
2	变压器的呼吸器需要畅通或更换硅胶工作之前
3	当油面计上的油面异常升高或油路系统有异常现象时，为查明原因，需要打开各放气或放油阀门之前
4	在关闭瓦斯继电器连接管的阀门之前
5	在采油样、瓦斯继电器放气以及打开放油和注油阀门之前
6	在瓦斯保护及二次回路进行工作之前
7	当油面低于轻瓦斯动作范围时，也将重瓦斯动作于跳闸连接片切换至信号位置，这是因为在这种情况下重瓦斯保护元件承受的浮力减小了，这样即使变压器内部发生很小的故障，也会使重瓦斯触点闭合而动作于跳闸
8	在地震预报期间，应根据变压器的具体情况和瓦斯继电器的类型，确定是否切换重瓦斯压板

表 9 - 13　动作于信号的连接片切换至跳闸位置的情况

序号	连接片切换至跳闸位置的情况
1	在变压器注油、带电滤油、更换硅胶以及处理呼吸器等工作结束之后，经过一定的运行时间，检查瓦斯继电器中无气体时，方可将重瓦斯动作于信号的连接片切换至跳闸位置
2	在采油、瓦斯继电器放气以及放油阀门、注油阀门恢复正常位置后，经检查瓦斯继电器中确无气体时，再将其连接片由信号位置切换至跳闸位置

　　（2）分接开关的运行与维护。对于无载调压变压器，在变换分接头时应正反方向各转动 5 周，以消除触头上的氧化膜及油污，同时要注意分接位置的正确性。变换分接头后应测量绕组直流电阻并检查锁紧位置，应对分接头变换情况作好记录。

变压器有载调压开关应按表 9-14 中所列要求进行维护。

表 9-14　变压器有载调压开关维护要求

序号	维 护 要 求
1	每 3 个月在开关中取油样做试验，均应合格。当运行时间满一年或变换次数达 4000 次时应换新油
2	新投入的调压开关，在变换 5000 次后，应将切换部分吊出检查
3	为防止开关在严重过负荷或系统短路时进行切换，应在变压器回路中加装电流闭锁装置，其整定值应不超过额定电流的 1.5 倍
4	开关应有瓦斯保护与防爆装置，当保护装置动作时，应查明原因
5	电动操作机构等应经常保持良好状态

3. 断路器的运行与维护

1）断路器正常运行

（1）断路器检修完毕，收回全部工作票，拆除安全措施，恢复遮栏，根据表 9-15 中所列内容进行检查。

表 9-15　断路器检修完毕后的检查

序号	检 查 内 容
1	断路器本身及附近无遗留工具及杂物
2	断路器本身及套管清洁，无裂纹及放电痕迹，真空断路器灭弧外壳无裂纹、放电、闪络痕迹
3	油位及油色正常，各部无渗、漏油现象
4	外壳接地线紧固，接触良好
5	分、合闸机械位置指示器指示正确
6	各元件接触紧固，螺丝无松动，小车插头应正常
7	本身各部分机械零件正常，无损坏现象，机械闭锁销子应打开
8	操作机构清洁，辅助触点及小车顶部触点良好，各部分接线无松动，有外盖的应盖好

（2）根据被测断路器的绝缘等级选择摇表电压一般为 3 kV～10 kV，可选用 1000 V 的摇表，绝缘电阻不小于 300 MΩ。

（3）送电前必须进行拉、合闸操作试验和保护跳闸试验，动作应灵活、良好。

（4）按继电保护要求，切换保护连接片。

（5）上述各项完成并证明良好后，即可操作送电。

（6）断路器合闸后，应查看有关的仪表，如发现异常应立即处理。

（7）运行中的断路器应定时检查，一般是每 4 h 一次，检查项目除上述所列的外，还应查看有无电晕或放电现象，有无异响和振动现象。

（8）运行中不论什么原因造成断路器跳闸，均应立即进行一次全面检查。

2）断路器运行操作注意事项

（1）在操作断路器的远方控制开关时，不要用力过猛，以防损坏控制开关；也不得返回太快，以防断路器机构未合上。

（2）就地操作断路器时，要迅速果断。有条件时应做好防止断路器故障威胁人身安全的必要措施。禁止运行中手动慢分、慢合断路器。

（3）在断路器操作后，应检查有关信号灯及测量仪表的指示，以判断断路器动作的正确性。但不得以此为依据来证明断路器的实际分、合位置，还应到现场检查断路器的机械位置指示器后，才能确定实际分、合位置，以防止操作隔离开关时发生带负荷误操作事故。

3）断路器事故处理

（1）断路器拒绝合闸。断路器合闸时，绿灯灭或闪光，红灯不亮发出警报，再次合闸查看直流系统有无变化，如直流母线电压太低，则应调整到规定值，如无变化可能的原因如表 9 - 16 所示。断路器合闸时绿灯灭，红灯亮又灭，发出警报，再次投入仍无效时的可能原因如表 9 - 17 所示。

表 9 - 16　绿灯灭或闪光，红灯不亮发出警报的原因

序号	原　　因
1	操作熔丝熔断
2	操作把手触点接触不良
3	合闸熔丝熔断
4	合闸辅助开关卡住
5	辅助触点接触不良
6	若有同期检查回路的，可能是同期开关或同步检查继电器闭锁开关没有投入等

表 9 - 17　绿灯灭，红灯亮又灭，发出警报的原因

序号	原　　因
1	操作把手返回太快
2	操作机构失灵，挂钩没挂上
3	继电保护误动或出口中间继电器触点闭合
4	联动跳闸触点没有打开
5	二次回路混线等

经上述检查，作一般性处理仍无效时，则应通知继电班处理。

（2）断路器拒绝跳闸。断路器跳闸时红灯灭或闪光，绿灯不表示，表计无变化；再次跳闸，应检查操作机构部分有无卡住，跳闸铁芯是否卡死，若无变化可能的原因如表 9 - 18 所示。若需立即切断断路器，可到现场手动打掉使断路器跳闸，然后再进行检查。

表 9 − 18　　无变化的可能原因

序号	原　　因
1	操作熔丝熔断
2	操作把手触点接触不良
3	操作回路断线等

（3）断路器缺油。断路器缺油时应按照表 9 − 19 中所列方法处理。

表 9 − 19　　断路器缺油处理

缺油情形	处理方法
少量漏油，从油标上还能看见油位	如果此时允许转移负荷，可将断路器停运处理，在油没有渗到危险程度前，可暂时继续运行，但应尽快联系维护班处理
大量漏油，从油标上已看不见油位	断开断路器的操作电源，在操作把手上挂"不准跳闸"警告牌
	转移负荷，如馈电线投入母联，厂用电投入备用电源等
	对于锅炉风机、给水泵等断路器，应报告车间研究后再决定如何处理。给水泵可以启动备用泵后用瞬停母线的方法来切断断路器，锅炉风机可以暂时降量瞬停母线后换用备用小车

（4）断路器异常运行。正常运行中发现断路器有表 9 − 20 中所列异常现象时，应立即报告车间，联系用户停止该断路器。

表 9 − 20　异 常 现 象

序号	异 常 现 象
1	断路器内部有严重异响
2	套管有裂纹
3	接触发热在 70℃ 以上
4	看不到油位

（5）断路器运行中立即切断。在表 9 − 21 所列的情况下，应立即切断断路器。

表 9 − 21　异 常 情 况

序号	异 常 情 况
1	套管炸裂
2	断路器爆炸或着火
3	触点式断路器本身烧红熔化
4	断路器大量往上喷油

4. 隔离开关的运行与维护

1）隔离开关正常运行

隔离开关正常运行时，其电流不得超过额定值，温度不能超过 70℃。若接触部分温度达到 80℃，应减少其负荷。隔离开关在运行中应检查表 9-22 中所列项目。

表 9-22　隔离开关在运行中应检查的项目

序号	检 查 项 目
1	绝缘子完整无裂纹，无电晕和放电现象
2	操作连杆及机械各部分应无损伤和锈蚀，各机械元件要紧固，位置应正确，无歪斜、松动、脱落等现象
3	闭锁装置应良好，销子锁牢，辅助触点位置正确
4	刀片和刀嘴的消弧角应无烧伤、无变形、无锈蚀、无倾斜
5	刀片和刀嘴无脏污、无烧痕，弹簧片、弹簧及铜辫子应无断股和折断现象
6	接地隔离开关应接地良好
7	触头应接触良好

2）隔离开关运行操作注意事项

（1）隔离开关进行合闸操作时必须迅速果断，但合闸终了时用力不可过猛。合闸后应使刀闸完全进入固定接触位置。

（2）隔离开关分闸开始要慢而谨慎，当刀片刚离开（如有电弧产生时应迅速果断合上隔离开关）时应迅速果断拉开，以迅速消弧。隔离开关拉开后应拉到闭锁位置。

（3）当隔离开关操作失灵时，不得强行合分，并应及时处理，以防操作机构损坏。

（4）当误合隔离开关时，在任何情况下均不得再次拉开，只有用断路器将这一回路断开，或用断路器跨接后才允许将隔离开关拉开。

（5）若在刚分闸时发现误拉隔离开关，应立即将隔离开关合上；若已拉开了，则不允许再合上，以免事故扩大。

3）隔离开关事故处理

（1）隔离开关接触部分过热。隔离开关接触部分过热，可以从变色漆、示温片、刀片的颜色来判断，处理时要按不同的接线方式分别进行，如表 9-23 所示。

表 9-23　隔离开关接触部分过热处理

序号	处 理 方 法
1	当双母线接线时，可将发热的隔离开关负荷转移，然后退出运行
2	当单母线接线时，则必须降低它的负荷，加强监视，条件允许就停用，若不允许，可用风扇进行吹风冷却
3	线路隔离开关的处理与本表 2 项基本相同，但由于它与断路器串联运行，获得断路器保护，可继续运行直到停电检修，但要加强监视
4	在可能的条件下尽量采用带电作业方法来处理，如拧紧螺丝、采用短路线等

（2）隔离开关拒绝分、合闸。隔离开关故障情形及处理如表 9-24 所示。

表 9 - 24　隔离开关故障情形处理

序号	故障情形	现象及处理
1	隔离开关拒绝合闸	这是轴销脱落、楔栓退出、铸铁断裂、刀杆与操作机构脱节或电气回路故障等导致的。此时，应用绝缘杆进行操作，或在安全有保障时用扳手转动每相的转轴
2	隔离开关拒绝分闸	如被冰冻，则应轻轻摆动，如是接触部分，则不应强拉，可采用改变运行方式来加以处理
3	自动掉落合闸	这多是操作机构闭锁装置失灵导致的，如弹簧的锁住弹力减弱、销子行程太短等。当遇到较小的振动使机械闭锁销子滑出来而造成隔离开关自动掉落合闸时，要及时修理处理

5. 互感器的运行与维护

1）电压互感器的运行与维护

（1）电压互感器投入前的检查如表 9 - 25 所示。

表 9 - 25　电压互感器投入前检查

序号	检查内容
1	设备周围应无影响送电的杂物
2	各接触部分良好，无松动、发热和变色现象
3	充油式的电压互感器油位正常，油色清洁，各部无渗、漏油现象
4	瓷瓶无裂纹及积灰
5	二次回路的 B 相或中性点接地良好

（2）电压互感器运行操作注意事项。电压互感器运行操作时应注意表 9 - 26 中所列事项，表 9 - 27 说明了电压互感器的操作步骤。

表 9 - 26　电压互感器运行操作注意事项

序号	注意事项
1	电压互感器在运行中，二次侧不得短路。因为电压互感器本身阻抗很小，短路会使二次回路通过很大电流，使二次熔断器熔断，影响表计的指示，甚至引起保护装置的误动
2	为了防止一、二次绕组间绝缘击穿时高压窜入二次绕组，危及人身和设备安全，二次侧必须有一端接地。电压互感器一、二次侧一般应装设熔断器作为短路保护

表 9 - 27　电压互感器的操作

序号	操作步骤
1	停电操作应先拉互感器隔离开关，后拔下二次熔丝；送电操作顺序与此相反
2	投入一次隔离开关时不要用力过猛，拉开时也应小心
3	电压互感器一次侧不在同一系统时，二次侧严禁并列切换
4	当二次熔丝熔断后，在未找出原因前，即使电压互感器在同一系统时，也不得进行二次切换

（3）电压互感器正常运行的检查。电压互感器在运行中，应每隔 4 h 检查一次，其检查项目除了投入前的检查项目外，还应检查表 9 - 28 中所列的内容。

表 9 - 28　电压互感器正常运行的检查

序号	检 查 内 容
1	熔丝接触良好与否
2	各部分有无放电声及烧损现象
3	限流电阻丝有无松动，接线是否良好

2）电流互感器的运行与维护

电流互感器运行操作应注意表 9 - 29 中所列事项。

表 9 - 29　电流互感器运行操作注意事项

序号	注 意 事 项
1	运行中的电流互感器二次回路不准开路，否则在二次绕组两端会产生很高的电压，可能烧坏电流互感器
2	为了防止一、二次绕组间绝缘击穿时高压窜入二次绕组，危及人身和设备安全，二次侧必需接地

电流互感器投入前应检查表 9 - 30 中所列内容。电流互感器在运行中每 4 h 应检查一次运行状况，其检查项目除了以上投入前的检查项目外，还应检查表 9 - 31 中所列内容。

表 9 - 30　电流互感器投入前检查

序号	检 查 内 容
1	按规定做必要的测量和试验工作
2	各部分接线正确，无松动及损坏现象
3	外壳、中性点接地良好
4	瓷瓶无放电、裂纹现象
5	试验端子接触牢固，无开放现象

表 9 - 31　电流互感器在运行中的检查内容

序号	检 查 内 容
1	运行声音是否正常
2	内外部有无放电现象及放电痕迹
3	干式电流互感器应无潮湿现象
4	二次回路有无开路现象

9.1.2　电气设备的重点技术检查

为保证电气设备安全运行，每年应根据季节特点组织专项检查，以便及时发现事故隐患和薄弱环节。例如：

（1）每年雷雨季节到来之前应进行防雷检查，检查防雷设施、接地装置、设备绝缘及瓷瓶清扫是否符合要求。

（2）夏季到来之前应进行降温、防风、防雨、防汛等检查。重点检查设备是否超负荷，温升情况是否正常，通风装置是否良好，线路杆塔、拉线、导线等有无缺陷，是否会受到洪水和大风的破坏；室内配电装置的防雨、防水等设施是否良好，以及备品备件的绝缘状况是否良好等。

（3）在冬季到来之前应及时检查防冻措施是否落实，取暖装置是否完好，设备的出力与预计的冬季最高负荷能否适应，防止小动物进入带电间隔的各种措施是否落实等。

表 9-32～表 9-38 分别给出了常见电气设备安全技术专项检查及重点检查内容。

表 9-32　发电机安全技术专项检查表

项目	序号	检查内容	检查方式	备注
发电机	1	周围无堆放易燃、可燃物品，照明良好	现场检查	
	2	转动平稳、无异常声音，振动不超标	现场检查	
	3	碳刷工况良好，无跳动、打火现象，刷握、刷架、滑环及周围无灰尘、粉末	现场检查	
	4	发电机进、出风温度正常	现场检查，查阅记录	
	5	空冷器两侧无结露、渗漏水现象，进水温度、压力正常	现场检查，查阅记录	
	6	轴承进出油温度、压力正常，轴瓦温度正常	现场检查，查阅记录	
	7	线棒间夹板、垫块无粉末、灰尘，无松动现象	现场检查	
	8	定子绕组、铁芯及转子绕组温升正常	现场检查，查阅记录	
	9	定子电压、电流平衡，频率正常，转子电压、电流正常，不超过允许值	现场检查，查阅记录	
	10	励磁系统各元件无过热、变形现象，输入、输出参数正常，通风正常	现场检查	
	11	保护配置合理、定值合适，正常投入运行，无异常报警，定期校验合格	现场检查、查阅试验记录	
	12	发电机出线连接导电部位连接紧密、接触良好，无发热现象	现场检查	
	13	灭磁开关、PT 等装置无异常现象，温升正常	现场检查	
	14	定期试验项目完整、试验合格	查阅试验记录	
	15	异常运行和事故处理预案完善	查阅文件	

续表

项目	序号	检 查 内 容	检查方式	备注
柴油发电机	1	外观良好，无渗漏现象	现场检查	
	2	电池无渗漏及鼓胀现象，端电压正常	现场检查	
	3	定期检查及试验合格	现场检查、查阅试验记录	
	4	试运转正常	查阅记录	

表 9 – 33　变压器安全技术专项检查表

项目	序号	检 查 内 容	检查方式	备注
主变压器	1	周围无堆放易燃、可燃物品，照明良好	现场检查	
	2	变压器运行声音正常，无放电声，各表计指示正常	现场检查	
	3	变压器外观良好，各部套管完整、无破损	现场检查	
	4	变压器温升符合规定，上层油温不超过 85°C	现场检查，查阅记录	
	5	变压器油温、油位、油色正常，各部无渗漏油	现场检查，查阅记录	
	6	呼吸器畅通，硅胶颜色正常，显示蓝色	现场检查	
	7	冷却器控制柜运行正常，冷却风机运转正常	现场检查	
	8	中性点接地运行时，接地刀闸应接触良好。放电间隙装置正常	现场检查	
	9	变压器外壳接地良好	现场检查	
	10	防爆设备应完好，事故油池鹅卵石敷设正常，无存油	现场检查	
	11	保护配置合理、定值合适，正常投入运行，定期校验合格（包括瓦斯继电器）	现场检查，查阅试验记录	
	12	定期预试合格	查阅试验记录	
	13	变压器油定期检验合格	查阅试验记录	
	14	异常运行和事故处理预案完善	查阅文件	
厂用变（油变）	1	周围无堆放易燃、可燃物品，照明良好	现场检查	
	2	变压器运行声音正常，无放电声，各表计指示正常	现场检查，查阅记录	
	3	变压器外观良好，各部套管完整、无破损	现场检查	
	4	变压器温升符合规定，上层油温不超过 85°C	现场检查，查阅记录	
	5	变压器油温、油位、油色正常，各部无渗漏油	现场检查，查阅记录	
	6	呼吸器畅通，硅胶颜色正常，显示蓝色	现场检查	
	7	变压器外壳接地良好	现场检查	

项目	序号	检查内容	检查方式	备注
厂用变 （油变）	8	保护配置合理、定值合适，正常投入运行，定期校验合格（包括瓦斯继电器）	现场检查，查阅试验记录	
	9	定期预试合格	查阅试验记录	
	10	变压器油定期检验合格	查阅试验记录	
	11	异常运行和事故处理预案完善	查阅文件	
厂用变 （干变）	1	变压器周围无堆放易燃、可燃物品，照明良好	现场检查	
	2	变压器本体应清洁无灰尘	现场检查	
	3	变压器声音应均匀且无异常杂音和放电声	现场检查	
	4	变压器各部位无局部过热现象，各部温度正常，各表计指示正常，无超过规定值	现场检查，查阅记录	
	5	变压器的冷却系统装置应正常	现场检查	
	6	保护正常投入运行，无异常报警，定期校验合格	现场检查，查阅试验记录	
	7	变压器外壳接地完好	现场检查	
	8	定期预试合格	查阅试验记录	
	9	异常运行和事故处理预案完善	查阅文件	

表 9 - 34　电动机安全技术专项检查表

项目	序号	检查内容	检查方式	备注
电动机	1	电动机周围无堆放易燃、可燃物品，照明良好	现场检查	
	2	外壳及防护罩完好，无锈蚀现象，接地良好	现场检查	
	3	保护正常投入运行，无异常报警，表计指示正常	现场检查，查阅记录	
	4	电动机振动和串动不应超过允许值，无异常声音	现场检查，查阅记录	
	5	电机本体温升正常，无异常焦臭味及烟气	现场检查，查阅记录	
	6	轴承润滑良好，油位正常，油环转动灵活	现场检查，查阅记录	
	7	就地紧急停止按钮（事故按钮）完好、可靠	现场检查	
	8	定期预试合格	查阅试验记录	
	9	直流电机电刷无冒火、摆动、卡死及严重磨损等现象，刷辫必须接触牢固，无碰壳现象。整流子表面整洁、光滑，无磨损及过热现象	现场检查	

表 9 - 35　母线设备安全技术专项检查表

项目	序号	检 查 内 容	检 查 方 式	备注
母线设备110 kV	1	周围无堆放易燃、可燃物品,照明良好	现场检查	
	2	设备标识清晰、工整,且不脱色、不脱落	现场检查	
	3	运行声音正常,无放电声	现场检查	
	4	气体密度正常,微水含量检测合格	现场检查,查阅试验记录	
	5	机构传动部件无锈蚀和松动,分、合闸指示牌转换位置正常	现场检查	
	6	开关定期校验合格	查阅试验记录	
	7	定期预试合格	查阅试验记录	

表 9 - 36　直流系统安全技术检查表

项目	序号	检 查 内 容	检 查 方 式	备注
直流系统	1	直流室通风、防火措施完备	现场检查	
	2	盘柜设备标识清晰、工整	现场检查	
	3	同一支路中空气断路器、熔断器应分级配置,上下级满足选择性配合要求	现场检查,查阅记录	
	4	充电装置及整流模块运行正常	现场检查	
	5	蓄电池组表面清洁,无漏液、鼓胀现象	现场检查,查阅记录	
	6	绝缘监察装置运行正常,无绝缘异常报警	现场检查,查阅记录	
	7	巡视记录完整	现场检查,查阅记录	
	8	直流系统专项维护、定检按期执行,电池容量合格	现场检查,查阅记录	

表 9 - 37　配电室配电柜及检修电源安全技术专项检查表

项目	序号	检 查 内 容	检 查 方 式	备注
配电室配电柜	1	配电室通风、防火措施完备	现场检查	
	2	配电室配电柜电缆间隔封堵完善	现场检查	
	3	配电室内安全用具、标识牌完备	现场检查	
	4	高压开关柜"五防"措施完备、可靠	现场检查,查阅试验记录	
	5	双电源切换应动作可靠,相序一致,相色标示明显	现场检查	
	6	各配电开关无超负荷,电流、电压指示正常,屏柜无积灰现象	现场检查	

项目	序号	检 查 内 容	检查方式	备注
配电室配电柜	7	配电柜及就地操作柜按钮完好、灵敏；各表计、信号指示正确，标示完善	现场检查	
	8	各开关连接导电部位连接紧密、接触良好，无发热现象	现场检查	
	9	各配电开关保护正常投入运行，定检合格	现场检查，查阅试验记录	
	10	母线、电缆绝缘无破损，导体温度正常，无放电声，无异常焦臭味及烟气	现场检查	
	11	配电系统接地良好	现场检查	
	12	配电室防小动物措施完备	现场检查	
检修电源	1	检修电源是否装设漏电保护，漏电保护开关良好、动作灵敏	现场检查，查阅试验记录	
	2	移动电气设备外壳良好、接地良好，定期检验合格	现场检查，查阅试验记录	
	3	电缆绝缘良好、无破损	现场检查，查阅试验记录	
	4	临时电缆敷设符合要求	现场检查	

表 9 - 38　保护设备安全技术专项检查表

项目	序号	检 查 内 容	检查方式	备注
保护及励磁	1	一、二次设备台账、图纸资料、厂家说明书齐全，与现场一致	查阅文件、资料	
	2	保护定值单、定值整定执行单、定期检验报告规范完整	查阅文件、资料、试验记录	
	3	继电保护工作交代记录本书写规范、清晰	查阅文件、记录	
	4	盘柜及压板标识清晰、工整，且不脱色、不脱落，所有标识不得手写	现场检查	
	5	继电保护、自动装置及励磁系统运行正常，信号表计指示正确，运行定值与定值通知单相符，装置时间无误差	现场检查、查阅试验记录	
	6	励磁各主要限制环节定值应和继电保护有配合关系并投入运行，AVR 与保护装置的联系设置合理，至 DCS 的信号准确可靠	现场检查、查阅试验记录	
	7	运行操作说明、巡视要求、异常处理方法完备；事故处理原则合理、有效	查阅文件、记录	
	8	事故分析报告规范完整，有真实可靠的原始资料	查阅文件、记录	

续表

项目	序号	检查内容	检查方式	备注
防雷接地	1	建筑物防雷设施完好，引下线完好，无开断、锈蚀现象	现场检查，查阅记录	
	2	接地检测良好，接地电阻符合规范要求	现场检查，查阅记录	
	3	高低压避雷器正常投入运行，外绝缘良好，主接线无过热现象，定期检验合格	现场检查、查阅试验记录	
	4	避雷器放电计数器定期检验并进行动作次数记录	现场检查，查阅记录	

9.1.3　电气设备的定级

对设备定期评级是设备技术管理的一项基础工作，它可以使我们全面掌握设备的技术状况，以便做好对设备的运行监督、维护和检修，使电气设备经常保持在完好状态下运行。设备定级主要根据设备在运行和检修中发现的缺陷，结合试验和校验的结果进行综合分析，根据其对安全运行的影响程度，以及设备技术管理状况来评定设备的技术状况等级。根据评级标准，可将设备分为一级设备、二级设备和三级设备三类。

一级设备指技术状况全面良好，外观整洁，技术资料齐全、正确，能保证安全、经济运行的设备。

二级设备指设备个别次要部件或次要试验结果不合格，但尚不致影响安全运行或仅有较小影响，外观尚可，主要技术资料具备并基本符合实际，检修和预防性试验周期已超过但不足半年的设备。

三级设备指有重大缺陷，不能保证安全运行，外观很不整洁，主要技术资料残缺不全，检修和预防性试验周期超过一个周期仍未修、试、校的设备，以及上级规定的重大反事故措施项目未完成的设备。

下面介绍主要电气设备定级标准。

1. 主变压器（包括消弧线圈）

主变压器评级标准如表 9 - 39 所示。

表 9 - 39　主变压器评级标准

设备等级	评级标准
一级设备	可以随时投入运行，能持续地达到铭牌出力或上级批准的出力，温升符合设计数值或上层油温不超过 85℃
	预防性试验项目齐全合格
	部件和零件完整齐全，分接开关的电气和机械性能良好，无接触不良或动作卡涩现象，动作次数及检修周期未超过规定
	冷却装置运行正常，散热器及风扇齐全
	电压表、电流表、温度表等主要表计部件完好准确，差动保护、瓦斯保护、过流保护、防爆装置等主要保护装置和信号装置完备，部件完好，动作可靠

设备等级	评 级 标 准
一级设备	一次回路设备绝缘及运行状况良好
	变压器(消弧线圈)本身及周围环境整洁,照明良好。必要的标志、编号齐全
	不漏油或稍有轻微的渗油,但外壳及套管无明显油迹
	资料齐全,数据正确。总体评价无严重缺陷,运行正常
二级设备	经常能达到铭牌出力或上级批准的出力,温升符合设计数值或上层油温不超过 95℃
	线圈、套管试验符合规定,绝缘油的介损比规程规定的稍有增大或呈微酸反应
	线圈轻微变形
	部件和零件齐全,分接开关的电气和机械性能良好,无接触不良或动作卡涩现象,或接触电阻稍有变化,但不影响安全运行
	冷却装置有整组故障,但不影响变压器出力
	一次回路设备运行正常
	资料不齐,但可以分析主要数据,保证安全运行
	主要表计部件完好、准确。主要保护装置和信号装置完备,部件完好,动作可靠
三级设备	达不到二级设备的标准(或具有下列状况之一者)
	有严重缺陷,达不到铭牌出力
	线圈或套管绝缘不良,因而需降低预防性耐压试验标准
	线圈严重变形
	漏油严重
	部件、零件不全,影响出力或安全运行
	分接开关的电气或机械性能不良,接触电阻不合格
	差动保护或过电流保护不可靠
	有其他威胁安全的重大缺陷

2. 调相机

调相机评级标准如表 9 - 40 所示。

表 9 - 40　调相机评级标准

设备等级	评 级 标 准
一级设备	能持续达到铭牌出力,并能随时投入运行
	机组垂直方向振动(轴或轴承)达到"良"标准
	部件、零件完整齐全;定子绕组没有油迹、磨损或变形,垫块、绑线或夹紧装置紧固;定子铁芯、转子锻件、套箍、槽楔等良好
	绝缘良好,预防性试验合格;定子无层间短路或短路轻微,不影响调相机空载特性及转子电流的变化,也未造成不正常振动

续表

设备等级	评 级 标 准
一级设备	调相机的漏氢率等符合规程规定
	电刷完整良好，不跳动，不过热，整流子无火花；各种主要测量表计完好、准确
	强行励磁、自动灭磁、差动、接地、过流、负序等主要保护装置和信号装置部件完好，动作准确，自动调整励磁装置能正常投入运行
	机组本身及周围环境整洁，照明良好，必要的标志、编号齐全
	一、二次回路及励磁回路的设备技术状况良好。轴承和密封瓦运行正常，不漏油。设计图纸、运行及检修试验资料齐全，并符合现场实际
二级设备	经常达到铭牌出力，并能随时投入运行，或采取了降低风温的措施，绝对温度仍在规定值之内，温升与规定值相差不大
	机组垂直方向振动（轴或轴承）合格
	部件、零件完整；定子绕组无严重油垢、变形，绕组端部垫块、绑线或夹紧装置无松动，定子铁芯及槽楔仅有局部、轻微松动；转子锻件、套箍无严重影响安全的缺陷
	电气绝缘基本良好（包括定子绝缘虽老化，但交流耐压仍合格），定子、转子绕组的各项试验中虽有个别项目不完全符合规定，但数值较稳定，并且不降低交流耐压试验标准；转子虽有层间短路，但未引起异常运行，无必须处理的问题
	电刷运行情况基本正常，整流子火花不大于 1.5 级
	主要测量仪表基本完好、准确，温度表测温元件虽有个别损坏，但仍能满足正常监视需要
	强行励磁、自动灭磁、差动、接地、过电流等主要保护装置和信号装置、灭火装置动作可靠
	一、二次回路及励磁回路的设备基本完好，运行可靠
	主要技术数据及常用图纸尚齐全、正确，运行及检修试验资料基本完整
三级设备	达不到二级设备的标准（或具有下列状况之一者）
	不能达到铭牌出力
	定子绕组绝缘不良，因而必须降低交流耐压试验标准
	转子绕组有一点接地（原设计接地的除外）
	转子绕组层间短路严重，影响正常运行（调相机不正常振动，空载特性曲线及励磁电流有明显变化须处理的）
	定子绕组直流电阻变化，必须处理才能安全运行
	转子锻件及套箍有严重缺陷，必须监督使用
	励磁机系统有严重缺陷，影响调相机出力
	调相机漏氢严重，不能保证安全运行
	有其他威胁安全运行的重大缺陷

3. 开关

开关评级标准如表 9 - 41 所示。

表 9 - 41　开关评级标准

设备等级	评 级 标 准
一级设备	预防性试验合格，油质、SF6 气体合格，真空开关真空度符合要求
	各项技术参数满足实际运行需要
	开关安装地点的短路容量小于开关实际开断容量，不超负荷
	导电回路接触良好，无发热现象
	部件完好，零件齐全，瓷件无损，接地良好
	操作机构灵活，无卡涩现象
	油位、气压、油色正常
	无漏油、漏气现象
	开关整洁，油漆完整，标志齐全、正确、清楚，分、合标志正确、清楚
	资料齐全、正确，与实际相符
二级设备	达到一级设备前 7 条标准
	有轻微的渗油、漏气现象
	油质呈微酸性
三级设备	达不到二级设备标准

4. 电压互感器和电流互感器

电压互感器和电流互感器评级标准如表 9 - 42 所示。

表 9 - 42　电压互感器和电流互感器评级标准

设备等级	评 级 标 准
一级设备	各项参数满足实际运行要求
	部件完整，瓷件无损伤，接地良好
	油质、绝缘良好，各项试验项目齐全，符合规程要求
	油位正常，无渗油现象
	整体清洁，油漆完整，标志正确、清楚
	资料齐全，数据正确，与现场实际相符
二级设备	能达到一级设备前 3 条标准，但有下列缺陷之一者为二级设备
	油位低于正常油位线，有轻微渗油但无漏油现象
	油漆轻微脱落，有锈蚀现象
	资料不齐，但满足运行分析要求
三级设备	套管严重损坏，绝缘水平降低
	严重渗漏油，看不到油面

5. 电力电容器

电力电容器评极标准如表 9 - 43 所示。

表 9 - 43　电力电容器评级标准

设备等级	评 级 标 准
一级设备	定期进行试验，并符合规程要求
	瓷件完好无损
	密封良好，外壳无渗油、无油垢、无变形、无锈蚀，油漆完好
	资料齐全、正确，与现场实际相符
	设备标志齐全、清楚、正确
	设备安装场地通风良好
二级设备	试验数据稍有变化，但仍符合规程规定
	瓷件虽有小块损伤，但不影响安全运行
	外壳有轻微渗油和轻微变形
三级设备	达不到二级设备标准

6. 电抗器

电抗器评级标准如表 9 - 44 所示。

表 9 - 44　电抗器评级标准

设备等级	评 级 标 准
一级设备	定期进行试验，符合规程要求。各项参数符合实际运行需要
	线圈无变形，混凝土支柱无裂纹，瓷件无损伤
	通风良好，通道清洁，无积水，无杂物
	本体清洁，油漆完好，标志正确、清楚
	资料齐全、正确，并与实际相符
二级设备	达到一级设备第 1 条规定的标准
	线圈稍有变形，混凝土支柱稍有裂纹，瓷件稍有损伤，但不影响安全运行
	通风基本良好，资料齐全
三级设备	达不到二级设备标准

7. 刀闸、母线、熔断器

刀闸、母线、熔断器评级标准如表 9 - 45 所示。

表 9 – 45　刀闸、母线、熔断器评级标准

设备等级	评 级 标 准
一级设备	定期进行检修试验，符合规程的要求
	各项参数满足实际运行需要
	带电部分的安全距离符合规程要求
	高压熔断器无腐蚀现象，接触可靠，动作灵活
	刀闸操作机构灵活，辅助接点闭锁装置良好，三相同期、转开度符合规范要求
	母线接头无过热现象
	部件完整，瓷件无损伤，接地良好
	资料齐全、正确，与实际相符
二级设备	试验数据基本符合规程规定，各项参数基本能满足运行需要
	带电部分的安全距离符合规程要求
	刀闸操作机构不太灵活，三相同期稍有不一致，但辅助接点闭锁装置良好，转开角度符合安装要求
	瓷件虽有损伤，但不影响安全运行
三级设备	达不到二级设备标准

8. 电力电缆

电力电缆评级标准如表 9 – 46 所示。

表 9 – 46　电力电缆评级标准

设备等级	评 级 标 准
一级设备	规格能满足实际运行的需要，无过热现象
	无机械损伤，接地正确可靠
	绝缘良好，各项试验符合规程要求
	电缆头无漏胶、渗油现象，瓷套管完整无损
	电缆的固定和支架完好
	电缆的敷设途径、中间接线盒位置有标志
	电缆头分相颜色和标志牌正确、清楚
	技术资料完整、正确
二级设备	仅能达到一级设备前 4 条和第 7 条标准
三级设备	达不到二级设备标准

9. 蓄电池

蓄电池评级标准如表 9 – 47 所示。

表 9 - 47　蓄电池评级标准

设备等级	评 级 标 准
一级设备	达到铭牌出力；旧电池虽达不到铭牌出力，但维护得好，仍能继续使用且能满足开关合闸要求
	电解液化验合格
	极板无弯曲变形，颜色正常，玻璃缸完整无倾斜现象，无严重沉淀物
	蓄电池整洁，标志正确清楚，绝缘符合规程要求
	接头连接牢固可靠，无生盐现象
	防酸、防日光、采暖、通风等设备良好
	资料齐全，数字正确与实际相符
二级设备	仅能达到一级设备前 5 条
三级设备	达不到二级设备标准

10. 整流装置及直流盘

整流装置及直流盘评级标准如表 9 - 48 所示。

表 9 - 48　整流装置及直流盘评级标准

设备等级	评 级 标 准
一级设备	整流元件特性良好，参数符合运行要求，在正常及事故情况下能满足蓄电池充电及继电保护、开关动作的要求
	整流元件运行无异响、过热现象
	各开关、元件安装牢固、整齐，接点接触良好、不发热
	各保护装置、信号装置、指示仪表动作正确可靠、指示正常
	资料齐全、正确
二级设备	仅能达到一级设备前 4 条标准
三级设备	达不到二级设备的标准，或设备存在严重缺陷

11. 过电压保护及接地装置

过电压保护及接地装置评级标准如表 9 - 49 所示。

表 9 - 49　过电压保护及接地装置评级标准

设备等级	评 级 标 准
一级设备	防雷接线及过电压保护各项装置的装设符合"过电压保护规程"和安装标准要求
	防雷设备预防性试验项目齐全，试验合格，接地装置接地电阻测试合格；避雷计结构完整，并具有足够的机械强度
	瓷件完整无损伤，密封、接地良好
	放电记录器完好，指示正确

设备等级	评 级 标 准
一级设备	避雷针引线及接地良好
	避雷器支架牢固
	清洁,油漆完好,标志正确清楚
	设计、安装和运行资料齐全
二级设备	仅能达到一级设备前 5 条标准
三级设备	达不到二级设备标准

12. 继电保护、自动装置、远动装置及二次回路

继电保护、自动装置、远动装置及二次回路评级标准如表 9 - 50 所示。

表 9 - 50　继电保护、自动装置、远动装置及二次回路评级标准

设备等级	评 级 标 准
一级设备	各种继电器、仪表、信号装置和各种部件安装端正、牢固,清洁,外壳密封良好,并有名称标志
	配线整齐美观,电缆、各类端子编号齐全。导线、电缆截面符合有关规程要求
	各元件、部件的端子螺丝紧固可靠、闲置元件、导线不带电
	各元件、部件和二次回路等的绝缘符合有关规程规定。互感器二次回路无两点接地
	回路接线合理,安装接线图与实际相符
	各种装置、元件、部件的检查、试验周期、特性和误差符合有关规程规定
	各种装置整组动作试验正确、可靠
	定值有依据,试验记录(包括原始记录)、技术资料数据齐全
	非经常启盖之元件铅封良好
二级设备	各种继电器、仪表、信号装置和各种部件安装端正、牢固,清洁,名称标志齐全
	配线齐全,电缆、各类端子编号基本齐全,导线、电缆截面基本符合有关规程要求
	各元件、部件的端子螺丝紧固可靠
	二次回路及各元件、部件绝缘符合规程规定
	回路接线合理,安装接线图基本与实际相符
	各元件、部件的检查、试验超过周期不满一年,特性和误差符合有关规程规定
	各种装置整组试验正确可靠
	元件铅封不全
	定值有依据,试验记录(包括原始记录)、技术资料基本齐全
三级设备	达不到二级设备标准

13. 架空线路

架空线路评级标准如表 9 - 51 所示。

表 9-51　架空线路评级标准

设备等级	评 级 标 准
一级设备	杆塔构架基础完好,铁件仅有局部轻微锈蚀,水泥杆仅有轻微裂纹,杆塔倾斜符合规程要求,拉线装置完好。杆塔全部连接紧密牢固,螺丝完整无缺。6 m 以下铁塔螺帽点焊并完成拉线防盗措施
	导线、地线仅有局部轻微腐蚀,弛度正常,有断股已做处理,电气连接良好,能在额定容量下安全运行
	绝缘子良好,金具无变形损伤,铁件的锌层、漆层仅有轻微脱落和腐蚀现象
	导线对地距离、对杆塔构件的空间距离、相间距离及交叉跨越距离符合规程要求。防雷、防震设施健全良好,接地装置完好,接地电阻符合要求
	已采取有效的防污措施,绝缘子泄漏比距满足规程要求的数值,并按规定的周期进行清扫
	各项预防测试检查都已按规定周期进行
	线路标志齐全、正确、醒目
	线路图纸、资料、记录齐全、正确
二级设备	杆塔结构完好,铁塔及横担虽有腐蚀、水泥杆虽有裂纹但对强度影响不大,尚能安全运行。杆塔倾斜稍超规程要求,但不致造成倒杆,拉线腐蚀不甚严重
	导线、架空地线有一般性腐蚀,不影响安全运行
	绝缘子有轻微损伤,绝缘子串顺线偏斜不超过 15°,泄漏比距基本满足防污要求
	防雷、接地装置基本完好,接地电阻基本符合规程要求
	导线对地距离、对杆塔构件距离、相间距离基本符合规程要求,个别交叉跨越距离虽不符合规程要求,但对线路安全运行无重大影响
	图纸资料、记录基本齐全
三级设备	铁塔、横担及其他铁件锈蚀严重,水泥杆弯曲、有裂纹,水泥脱落严重,杆塔基础沉陷,被冲刷严重又未采取加固措施,杆塔倾斜度超过规程规定,不能保证安全运行
	导线、架空地线及位线严重断股或腐蚀超过规程要求
	导线对地、对周围建筑物的距离与电力线、通信线等交跨物的距离小于规程规定,随时有发生故障的可能
	绝缘子破损,瓷釉龟裂、老化,铁件、金具锈蚀变形,对强度有较大影响,污损严重,未采取措施,威胁安全运行
	铜铝相接未使用铜铝过度线夹,强干线引下线,未使用合格的连接金具
	接地装置大量损坏,接地电阻大于规程规定,输电线中防雷、防震措施不全
	超过检修、测试周期,图纸资料不全

9.1.4　电气设备检修与管理

1. 电气设备检修

1）电气设备检修流程

（1）工作前必须做好充分的组织工作，交待安全措施及注意事项，并明确分工。

（2）电气操作人员应思想集中，电气线路在未经测电笔确定无电前，应一律视为"有电"，不可用手触摸。

（3）电气设备及线路的检修工作，遇特殊情况需要带电作业时，应经领导同意，做好安全措施，有专人监护方可进行。

（4）在作业旁边有裸露的带电体时，必须采取安全措施，方能进行作业。

（5）对电气设备或线路进行停电检修时，必须指定具体负责人，严格按电气设备检修工作制度进行。

（6）对电气设备或线路停电检修时，要按表 9 - 52 所列要求操作。

表 9 - 52　电气设备或线路停电检修操作事项

序号	操 作 事 项
1	断开有关的电源开关
2	验明工作部分确无电压，对电缆、电容器组、高压电气设备及线路，停电后须先放电
3	在有关的开关手柄上挂上警示牌
4	根据具体情况确定是否需要设三相短路接地线，方可进行工作
5	工作结束后，全部工作人员必须撤离工作地段，拆除警告牌，所有材料、工具、仪表等随之撤离，原有防护装置随时安装好

（7）对电气设备或线路的停送电操作必须遵循下面的基本原则：停电时先断开能带负荷拉合的断路器（如接触器、空气断路器等），后断开闸刀（如刀开关、隔离开关）；送电时则先合刀闸，后合断路器。

（8）高空作业时必须先检查所用工具是否完好，高空作业传递工具、材料严禁抛掷。使用梯子时，梯子脚处应有专人监护。

（9）夜间或雷雨天禁止露天登高作业，特殊情况必须有妥善的安全措施。

（10）新安装的电器设备、金属外壳及金属配线管必须做好接地、接零保护。设备及线路绝缘水平应达到有关规定的标准。

（11）若发生人身或设备事故，应立即停止工作，先抢救伤者，并保护现场，及时报告领导处理。

（12）发生火警时，应立即切断电源，用干式灭火器扑救，严禁用水扑救。

2）电气故障检修的一般步骤和技巧

电气故障检修的一般步骤如下：

（1）观察和调查故障现象，电气故障现象是多种多样的，每当遇到一个故障就要求认真查看现场，找出故障现象中最主要、最典型的方面就是要搞清故障发生的时间、地点、环境等，层层分析查找故障产生的根本原因。

（2）深入分析故障原因，初步确定故障范围，缩小故障部位，在众多原因中找出导致设备不能运行的根本原因。

（3）确定故障的部位，分析判断故障点，确定故障部位可以理解成确定设备的故障点，如常见的短路点、明显损坏的元器件等；也可理解成确定某些运行参数的不正常变化，如电压、电流波动，三相不平衡等。要辅之以多种仪器仪表和其他专业方法和手段。

电气故障检修的技巧如下：

（1）熟悉电路原理，确定检修方案。当设备的电气系统发生故障时，不要急于动手拆卸。首先要了解产生故障的现象、经过、范围、原因，然后深入分析其中每个具体电路，结合自身经验周密思考和分析，确定一套检修方案。

（2）先机械，后电路。电气设备一般都以电气机械原理为基础，机械部件出现故障往往会影响到电气系统，从而使许多电气部件功能不起作用，因此在遇到设备故障时不要被表面现象迷惑，要先检修机械系统所产生的故障，再排除电气部分故障，这样往往会收到事半功倍的效果。有时为排除一个故障，开始只顾检查电器元件及控制线路，但反复查找却始终不能排除，最终在检查其机械部位时发现仅是由于一只垫片或销钉松动，或润滑不够造成的，简单处理后很快可以恢复正常。

（3）先简单，后复杂。故障检修中要先用最简单易行、自己最拿手的方法，再用复杂、精确的方法。排除故障时先排除直观、简单的常见故障，后排除难度较高、没有处理过的疑难故障。如在检查电气控制回路故障时，先查看有无元件烧毁或接头松动，并一一排除，再逐步深入检查，直至全部故障排除为止。

（4）先检修通病，后攻疑难杂症。电气设备经常容易产生相同类型的故障，即故障通病，经验较为丰富者能快速加以排除。这样可以集中精力和时间排除比较少见、难度高、不易发现的疑难杂症，简化步骤，缩小范围，提高整体检修速度。

（5）先外部调试，后内部处理。要在不拆卸电气设备的情况下，利用电气设备面板上的开关、旋钮等调试检查，以缩小故障范围。首先排除由外部器件引起的故障，再进一步检修设备内部故障，尽量避免不必要的拆卸。

（6）先不通电测量，后通电测试。首先在不通电的情况下对电气设备进行检修，然后通电进一步查找问题。许多发生故障的电气设备在进行检修时，不能立即通电，否则会扩大故障范围，烧毁更多的电气元件，造成不应有的损失。因此，在设备通电前应先进行必要的测量，并采取措施后，方能通电试验、检修。

（7）先公用电路，后专用电路。若任何电气系统的公用电路出现故障，其能量、信息就无法传送、分配到各具体专用电路，从而造成专用电路的功能、性能不起作用。如一个电机控制回路，若电源出现故障，整个控制系统就无法正常运转，专用控制要求也就无法实现，因此就要先解决电源回路问题，也就是遵循先公用电路后专用电路的检修顺序，这样能更加快速、准确地排除电气设备的故障。

3）电气故障检修的一般方法

（1）直观法。直观法是通过"问、看、听、摸、闻"来发现设备异常情况，从而初步找出故障电路或故障所在部位。

问：询问现场操作人员故障发生前后的情况，如故障发生前是否过载、频繁启动和停止电气设备，故障发生时是否有异常声音和振动，有无冒烟、冒火等现象。

看：仔细查看各种电气元件的外观变化情况，如看触点是否烧融、氧化，熔断器熔体熔断指示器是否跳出，热继电器是否脱扣，导线和线头是否烧焦，热继电器整定值是否合适，瞬时动作整定电流是否符合要求等。

听：主要听有关电器在故障发生前后声音有无差异，如电动机启动时是否只"嗡嗡"响而不转动，接触器线圈通电后是否噪声很大等。

摸：故障发生后，断开电源，用手触摸或轻推拉导线及电气各部件以察觉其异常变化，如摸电动机、自耦变压器和电磁线圈表面，感觉湿度是否过高；轻拉导线，看连接导线是否松动、脱落；轻推电气活动机构，看移动是否灵活等。

闻：出现故障后先断开电源，将鼻子靠近电动机、自耦变压器、继电器、接触器、绝缘导线等处，闻闻是否有焦味。若有则表明电气绝缘层已经被烧坏，再分析其主要原因是否是过载、短路或三相电流严重不平衡等故障造成的。

（2）状态分析法。设备发生故障时，根据其所处的状态进行分析的方法称为状态分析法，它是当前设备检修中运用的较为先进的设备故障状态分析法理念。任何设备都会处在一定的状态下工作，如电动机的工作过程可分解为启动、运转、正转、反转、低速、高速、制动、停止等工作状态。

电气故障总是会表现出其中的某一状态，而在这一状态中各种元件处于什么状态，这正是我们分析故障的重要依据。例如，电动机在启动时，查看哪些元件工作，哪些触点闭合等，电动机启动故障的检修，往往只需要注意这些元件的工作状态即可。状态分析得越细，对电气故障的检修越有利。

（3）图形变换法。电气图是用以描述电气装置的构成、原理、功能，提供装接和使用维修信息的重要工具。检查电气故障，常常需要将实物和电气图对照进行。然而电气图种类繁多，因此需要从故障检修方便的角度出发，将一种形式的图变换成另一种形式的图。其中最常用的是将设备布置接线图变换成原理电路图，将集中式布置电路图变换成分开式布置电路图。设备布置接线图是一种按设备大致形状和相对位置画成的图，这种图主要用于设备的安装和接线，对检修电气故障十分有用。但从这种图上不易看出设备和装置的工作原理及工作过程，而了解其工作原理和工作过程是检修电气故障的基础，对检修电气故障是至关重要的。因此，需要将设备布置接线图变换成原理电路图，主要用来描述设备和装置的电气工作原理。

（4）单元分割法。一个复杂的电气装置通常是由若干个功能相对独立的单元构成的，检修电气故障时，可将这些单元分割开来，然后根据故障现象将故障范围限制于其中一个或多个单元，经过单元分割后，查找电气故障就比较方便了。对于当前一般电气设备故障，基本上全部都可以以中间单元的元器件为基准，向前或向后一分为二地检修电气设备的故障，在第一次分段后确定故障所在的前段、后段，仍可再一分为二地确定故障所在段，这样就能较快地寻找到故障点，有利于提高检修工作效率，达到事半功倍的效果。

（5）回路分割法。一个复杂的电路总是由若干个回路构成的，每个回路具有其特定功能，电气有故障意味着某项功能的丧失，因此电气故障也总是发生在某个或某几个回路中。将回路分割，实际上是简化电路，缩小故障的查找范围。

（6）类比法和替换法。当对故障设备的特性、工作状态等不十分了解时，可与同类完好设备进行比较，即通过与同类非故障设备的特性、工作状态等进行比较，从而确定设备产生故障的原因，此即类比法。如一个线圈是否存在匝间短路，可通过测量线圈的直流电阻来判定，但直流电阻多大才是完好的却不易判断，这时可通过与一个同类型且线圈完好的直流电阻进行比较来判别。替换法即用完好的电器替换可疑电器，以确定故障原因和部位。如某装置中的一个电容和电动机的具体参数一时无法判别，可以用一个同类型的完好电容替换，如果换后设备恢复正常，则故障部位就是这个电容。用于替换的电器应与原电器的规格、型号一致，且导线连接应正确、牢固，以免发生新的故障。

（7）推理分析法。推理分析法是根据电气设备出现的故障现象，由表及里，寻根溯源，层层分析和推理的方法。电气装置中各组成部分和功能都有其内在的联系，在分析电气故障时，常常需要从这一故障联系到对其他部分的影响，或由某一故障现象找出故障的根源。推理分析法分为顺推理法和逆推理法。顺推理法一般是根据故障设备，从电流、控制设备及电路一一分析和查找；逆推理法则采用相反的程序推理，即由故障设备倒推至控制设备及电路、电源等，从而确定故障。这两种推理法都比较常用，在某种情况下，逆推理法能够更快地查到故障，只要推理到故障部位，也就不必再往下查找了。

2. 电气设备检修管理制度

（1）检修管理是保持设备良好的技术状态，保证安全经济运行的重要技术管理工作。检修工作必须坚持"状态检修"和"应修必修、修必修好"的原则。

（2）坚持计划检修。必须按时编制年度检修和更新改造计划，并且根据年度计划安排月度检修计划，减少直至杜绝无计划检修。

（3）重要设备检修要拟定专门的检修实施技术方案，并经电网主管部门批准后，方可实施。其主要内容包括：检修项目、进度安排、质量要求；检修的安全、组织、技术措施；主要材料、设备及必要的工具、器械。

（4）坚持检修设备验收制度。检修完工后要组织领导、检修、运行三方均参加的验收，验收要有报告，有结论。

（5）电网检修包括周期性大修、临故检修、消缺及事故处理四个方面。

（6）电网检修的主管部门和生产计划编制部门为生产计划部，停电计划和运行方式的编制部门为调度通讯部，但必须征得生产计划部的审核同意。从事电网生产的任何部门和单位未经同意，不得擅自进行检修工作。

（7）电气产品加工、制造部门不得参与设备检修。如属装置性缺陷，消缺单位需要加工、制造部门协助工作，检修责任单位应履行监护职责。

（8）电网检修包括变电和线路两大部分。

（9）局属电网设备检修计划由检修部门提报，生产计划部编制下达。用户配电室和线路检修，由检修单位自行掌握。

（10）电网检修管理程序如表9-53所示。

表 9 - 53　电网检修管理程序

序号	项 目	工 作 内 容
1	周期性大修	周期性大修项目每年由检修单位提报，经生产计划部审核，生产会讨论通过后，列入年度计划
		主变压器、35 kV 及以上断路器、环网断路器、110 kV 电压（电流）互感器、消弧线圈周期性大修须履行开工、竣工和验收手续，并在生产计划部技术专工、设备专工的监督下进行。验收情况应向调度员及时汇报
2	临故检修	临故检修系指设备虽未到大修期，但其疲劳参数已接近其性能极限，或因设备异常影响安全运行，必须予以处理的检修
		临故检修项目由检修单位按月提报，经生产计划部审核批准后，列入月度生产计划；需要停电处理的项目，必须提报停电申请
3	消缺	电网运行缺陷由运行单位直接向生产计划部提报
		各单位提报的电网设备运行缺陷，经生产计划部设备、技术专工分析形成消缺意见，并经主任批准后，下发有关检修单位。消缺单位完成消缺后，应将消缺情况书面回执反馈给生产计划部设备专工。如不反馈，以未按期完成生产任务考核
4	事故处理	事故处理的基本原则为高效快捷、机动准确
		事故处理时，分管局长、总工（副总工）、生产计划部主任、调度通讯部主任、技术专工、设备专工、安全专工必须到场。处理方案协商产生，由总工（副总工）决断，分管局长批准后执行
		事故处理前，运行责任单位应妥善保护事故现场，待局安全员做出音像或文字记录后，方能许可工作
		严格防止事故扩大和引发二次事故
		事故处理结束后，由总工（副总工）组织验收，调度通讯部主任负责将验收情况汇报调度员

（11）检修工作必须严格执行《安全规范》的各项要求。无论何种情况，工作票必须提前一天送达变电运行管理中心，否则运行人员有权拒绝操作。

（12）严禁无票和使用草票进行倒闸操作。

（13）10 kV 线路分支线检修、安装工作必须履行必要的许可手续，办理工作票后，方能开始工作。

（14）严肃"三种人"的管理职责和制度。电网设备主人、检修主人、运行主人每年由生产计划部平衡确认一次。设备本体非外力而引起的事故，主人要负主要运行、检修责任。

9.2　电气设备安全防护

电气设备在正常工作和出现故障情况下，都必须具有保护人身安全、防止电击的能力，以防护电气设备的自身安全。正常情况下的电击防护称为基本防护，它是用来预防人身直接接触带电部分而产生的危险。除此之外，还需要采取其他措施防止间接接触触电事故。

9.2.1　外壳与外壳防护

1. 外壳

外壳(Enclosure)是指用于支承、连接电动机、传动机构、开关、手柄及附属装置，使之成为一个完整的电动工具实体的最外层结构件。外壳可防止设备受外界来自任何方向的影响。包括防止或限制有关标准规定的试具进入的隔板、形成孔洞或其他开口的部件，不论是附在外壳上的还是包覆设备的，都算作外壳的一部分。但是，不用钥匙或工具就能移除的部件除外，外壳外部但不附在外壳上的栅栏以及为人身安全单独提供的障碍物都不应作为外壳的一部分。

2. 外壳防护(72.5 kV 以下)

外壳防护是指电气设备外壳具有防止靠近危险部件、外界固体异物进入壳内或防止水(含湿气)进入壳内的防护能力。这里所指的固体异物包含工具、人的手指等，均不能进入壳内触到壳内之带电部分，以免触电。

外壳防护能力可以归纳为以下几点：防止人体接近壳内危险部件；防止固体异物进入壳内设备；防止由于水(或湿气)进入壳内对设备造成有害的影响。

1) 基本概念

(1) 直接接触(Direct Contact)：人身或家畜与带电部件的接触。

(2) 危险部件(Hazardous Part)：接近或接触有危险的部件，包括：① 危险带电部件(Hazardous Live Part)，即在某种外界影响下会触电的带电部件；② 危险的机械部件(Hazardous Mechanical Part)，即对接触有危险的运动部件，但光滑旋转的轴除外。

(3) 外壳对接近危险部件的防护：电气设备通过外壳防止接近危险部件的人受到伤害，包括：① 接触危险的低压带电部件的防护；② 接触危险的机械部件的防护；③ 在外壳内没有足够空间的情况下，防止接近危险高压带电部件。以上防护可借助于外壳本身避免人体的一部分或人手持物体接近危险部件，也可通过作为外壳一部分的隔板或通过壳内安全距离来达到这种防护。

(4) 防止接近危险部件的适当的电气间隙：防止触及试具接触和靠近危险部件的距离，即触及试具和危险部件之间必须保证足够的电气间隙，以确保由人持着触及试具来检验距离危险部件是否有足够空间。

(5) 对固体异物的防护：防止固体异物(包括灰尘)进入外壳的防护。电气设备通过外壳防止固体异物进入外壳内部，给设备造成损坏，或危及周围环境。

(6) 防止水进入壳内的防护：由于水的进入对设备有害影响较大，需要电气设备根据具体实际情况，采用相应的外壳对电气设备进行防水保护。

2）外壳防护等级

防护等级是按标准规定的检验要求，确定外壳对人接近危险部件、防止固体异物进入或水进入壳内所提供的防护程度。

外壳提供的防护等级用采用 IP 代码方式来表示。IP 代码是一种表明外壳对人接近危险部件提供的防护程度，防止外界固体异物或水进入的防护程度的防护等级编码系统，并且给出与这些防护相关的额外信息。

IP 代码的配置如图 9-1 所示。

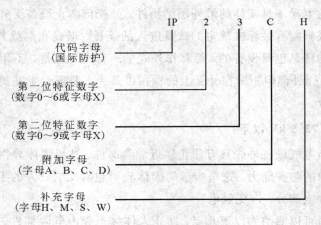

图 9-1　IP 代码配置示意图

IP 代码配置说明：不要求规定特征数字时，由字母"X"代替（如果两个字母都省略则用"XX"）。附加字母和（或）补充字母可省略，不需要代替。当使用一个以上的补充字母时，应按字母顺序排列。当外壳采用不同安装方式提供不同的防护等级时，厂商应在相应安装方式的说明书上表明该防护等级。

以下给出 IP 代码的应用及字母配置示例。

IP44：无附加字母，无可选字母。

IPX5：省略第一位特征数字。

IP2X：省略第二位特征数字。

IP20C：使用附加字母。

IPXXC：省略两位特征数字，使用附加字母。

IPX1C：省略第一位特征数字，使用附加字母。

IP3XD：省略第二位特征数字，使用附加字母。

IP23S：使用补充字母。

IP21CM：使用附加字母和补充字母。

IPX5/IPX7/IPX9：外壳标注三重标志（表示满足可防喷水、防短时间浸水又能防高温/高压喷水三种防护等级的要求）。

IP 代码各要素的简要说明如表 9-54 所示。

表 9 – 54　IP 代码各要素的简要说明

组　成	数字或字母	对设备防护的含义	对人员防护的含义
代码字母	IP	—	—
第一位特征数字		防止固体异物进入	防止接近危险部件
	0	（无防护）	（无防护）
第一位特征数字	1	直径≥50 mm	手背
	2	直径≥12.5 mm	手指
	3	直径≥2.5 mm	工具
	4	直径≥1.0 mm	金属线
	5	防尘	金属线
	6	尘密	金属线
第二位特征数字		防止进水造成有害影响	
	0	（无防护）	
	1	垂直滴水	
	2	15°滴水	
	3	防淋水	
	4	防溅水	—
	5	防喷水	
	6	防猛烈喷水	
	7	防短时间浸水	
	8	防连续浸水	
	9	高温/高压喷水	
附加字母（可选）		—	防止接近危险部件
	A		手背
	B		手指
	C		工具
	D		金属线
补充字母（可选）		专门补充的信息	
	H	高压设备	
	M	做防水试验时试样运行	—
	S	做防水试验时试样静止	
	W	气象条件	

（1）第一位特征数字所表示的防止接近危险部件和防止固体异物进入的防护等级。

标识中的第一位特征数字表示对接近危险部件的防护和对固体异物进入的防护这两个条件都能满足。

第一位特征数字意指：外壳通过防止人体的一部分或人手持物体接近危险部件对人提供防护；外壳通过防止固体异物进入设备对设备提供防护。

如果外壳符合低于某一防护等级的所有较低防护等级，那么就只用该数字标识这个防护等级。

倘若试验明显满足符合较低防护等级中任何一个等级的试验，则低于该等级的试验并非必须要做。

① 对接近危险部件的防护。表 9-55 给出了对接近危险部件的防护等级的简要说明及含义。表 9-55 所列的防护等级只通过第一位特征数字规定，而不是通过简要说明和含义来作为防护等级的规定。

表 9-55　第一位特征数字所表示对接近危险部件的防护等级

第一位 特征数字	防 护 等 级	
	简要说明	含　义
0	无防护	—
1	防手背靠近危险部件	直径为 50 mm 的球形试具与危险部件之间应有足够的间隙
2	防手指靠近危险部件	直径为 12 mm、长度为 80 mm 的铰接试具应与危险部件之间应有足够的间隙
3	防止工具接近危险部件	直径为 2.5 mm 的试具不得进入壳内
4	防止金属线接近危险部件	直径为 1.0 mm 的试具不得进入壳内
5	防止金属线接近危险部件	直径为 1.0 mm 的试具不得进入壳内
6	防止金属线接近危险部件	直径为 1.0 mm 的试具不得进入壳内

注：对于第一位特征数字为 3、4、5 和 6 的情况，如果试具与壳内危险部件保持足够的间隙，则认为符合要求。足够的间隙由产品标委会根据 GB/T 4208—2017 中 12.3 节进行规定。由于同时满足表 9-56 的规定，所以表 9-55 规定"不得进入"。

按照第一位特征数字的规定，试具与危险部件之间必须保持足够的电气间隙。试验见 GB/T 4208—2017 中第 12 章中的规定。

② 对固体异物的防护。表 9-56 给出了防止固体异物（包括灰尘）进入外壳的防护等级的简要说明和含义。

本表所列的防护等级只通过第一位特征数字规定，而不是通过简要说明和含义来作为防护等级的规定。

防止固体异物进入外壳的保护，是指物体探针小于表 9-56 中第一位特征数字为 1 或 2 时，指物体试具不得完全进入外壳，也即球体的整个直径不得通过外壳上的开口。第一位特征数字为 3 或 4 时，物体试具完全不得进入外壳内。数字为 5 的防尘外壳，允许在某些规定条件下进入数量有限的灰尘。数字为 6 的尘密外壳，不允许任何灰尘进入。

表 9 - 56 第一位特征数字所表示的防止固体异物进入的防护等级

第一位表征数字	防护等级	
	简要说明	含义
0	无防护	—
1	防止直径不小于 50 mm 的固体异物	直径为 50 mm 的球形物体试具不得完全进入壳内[a]
2	防止直径不小于 12.5 mm 的固体异物	直径为 12.5 mm 的球形物体试具不得完全进入壳内[a]
3	防止直径不小于 2.5 mm 的固体异物	直径为 2.5 mm 的球形物体试具不得完全进入壳内[a]
4	防止直径不小于 1.0 mm 的固体异物	直径为 1.0 mm 的球形物体试具不得完全进入壳内[a]
5	防尘	不能完全防止尘埃进入壳内，但进入的灰尘量不得影响设备的正常运行，不得影响安全
6	尘密	无尘埃进入
[a] 表示物体试具的直径部分不得进入外壳的开口		

注：通常情况下，当第一位特征数字为 1～4 时，物体的三个垂直方向的尺寸超过表 9 - 56 第 3 列规定的相应的值时，无论是规则或不规则形状的固体异物都不能进入外壳。试验见 GB/T 4208—2017 中第 13 章中的规定。

（2）第二位特征数字所表示的防止水进入壳内的防护等级。

第二位特征数字表示外壳防止由于进水对设备造成有害影响的防护等级。

第二位特征数字的实验用清水进行。如果清洁操作使用超过特征数字 9 要求的高温/高压喷水和（或）溶剂，将可能影响实际的防护等级。

表 9 - 57 给出了第二位特征数字代表的防护等级的简要说明和含义，简要说明和含义不作为防护等级的规定。

表 9 - 57 第二位特征数字所表示的防止水进入的防护等级

第二位特征数字	防护等级	
	简要说明	含义
0	无防护	—
1	防止垂直方向滴水	垂直滴水应无有害影响
2	防止当外壳在 15°倾斜时垂直方向滴水	当外壳的垂直面在 15°倾斜时，垂直滴水应无有害影响
3	防淋水	当外壳的各垂直面在 60°范围内淋水时，应无有害影响
4	防溅水	向外壳各方向溅水应无有害影响
5	防喷水	向外壳各方向喷水应无有害影响

续表

第二位特征数字	防护等级	
	简要说明	含义
6	防强烈喷水	向外壳各个方向强烈喷水应无有害影响
7	防短时间浸水影响	浸入规定压力的水中经规定时间后，外壳进水量应不致达到有害的影响
8	防潜水影响	按生产厂和用户双方同意的条件（应比特征数字为7时严酷）持续潜水后外壳进水量应不致达到有害程度
9	防高温/高压喷水的影响	向外壳各方向喷射高温/高压水无有害影响

试验见 GB/T 4208—2017 中第 14 章中的规定。

第二位特征数字为 6 及低于 6 的各级，其标识的等级也表示符合低于该级的各级的要求。因此，如果运用这些试验明显适用于任一低于该级的所有各级，则低于该级的试验不必进行。

第二位特征数字为 9 的外壳被考虑了是否适合暴露给喷水（第二位特征数字为 5 或 6）和浸水（第二位特征数字为 7 或 8），因此不必符合数字为 5、6、7 或 8 的要求，除非它有如表 9-58 中所列的多标志。

表 9-58　防水多标志示例

外壳通过试验		标识和标志	应用范围
喷水 第二位特征数字	短时/持续浸水 第二位特征数字		
5	7	IPX5/IPX7	多用
5	8	IPX5/IPX8	多用
6	7	IPX6/IPX7	多用
6	8	IPX6/IPX8	多用
9	7	IPX7/IPX9	多用
9	8	IPX8/IPX9	多用
5 和 9	7	IPX5/IPX7/IPX9	多用
5 和 9	8	IPX5/IPX8/IPX9	多用
6 和 9	7	IPX6/IPX7/IPX9	多用
6 和 9	8	IPX6/IPX8/IPX9	多用
一	7	IPX7	受限的
一	8	IPX8	受限的
9	一	IPX9	受限的
5 和 9	一	IPX5/IPX9	多用
6 和 9	一	IPX6/IPX9	多用

表 9-58 中，"多用"指外壳应满足既可防喷水又能防浸水的要求，"受限"指仅适用于所规定的试验条件。

（3）附加字母所表示的防止接近危险部件的防护等级。

附加字母表示对人接近危险部件的防护等级。附加字母仅用于：

① 接近危险部件的实际防护等级高于用第一位特征数字代表的防护等级。

② 第一位特征数字用字母"X"代替，仅需表示对接近危险部件的防护等级。

表 9-59 列出了能方便代表人体的一部分或者人持着的物体以及对接近危险部件的防护等级的简要说明和含义，这些内容均由附加字母表示。

表 9-59　对接近危险部件的防护等级

额外字母	防护等级	
	简要说明	含义
A	防止手背接近	直径为 50 mm 的球形试具与危险部件之间应保持足够的间隙
B	防止手指接近	长度为 80 mm、直径为 12 mm 的铰接试具与危险部件之间应保持足够的间隙
C	防止工具接近	长度为 100 mm、直径为 2.5 mm 的试具与危险部件之间应有足够的间隙
D	防止金属线接近	长度为 100 mm、直径为 1.0 mm 的试具与危险部件之间应有足够的间隙

如果外壳适用于低于某一等级的各级，则仅要求用该附加字母标识该等级。如果实验明显地适用于任何低于该等级的所有各级，则低于该等级的试验就并非必须要做。

试验见 GB/T 4208—2017 中第 15 章中的规定。

（4）补充字母。

在有关产品标准中，可由补充字母表示补充的内容。补充字母放在第二位特征数字或附加字母之后。

表 9-60 给出了补充内容标识字母及含义。

表 9-60　补充内容标识字母及含义

字母	意义
H	高压设备
M	测试当设备可移动部件发生运动时（如旋转电机的转子）由于水的进入而产生的有害效果
S	测试当设备可移动部件静止时（如旋转电机的转子）由于水的进入而产生的有害效果
W	在特殊天气条件下的适用性，以及提供的额外保护特征和保护步骤

若无字母 S 和 M，则表示防护等级与设备部件是否运行无关，需要在设备运行和静止时都做实验。但如果试验在另一个条件下明显可以通过，则一般做一个条件的试验即可。

9.2.2　电气设备电击防护方式分类

电气设备的电击防护措施主要有绝缘、屏护和间距。其中绝缘是电气设备的主要电击防护措施，屏护和间距则主要针对电气装置而言。这些措施均为力图消除接触到带电体的可能性，属于直接电击防护措施，是预防而非补救措施。

电击防护措施要求：第一是直接接触防护，即防止人体与危险的带电部件产生危险的一种防护；第二是间接接触防护，即防止人体与外露可导电部件产生危险的一种防护。

1. 设备分类

分类的数字只表示设备防触电保护所采用的方式，并不反映设备的安全等级。按照这一分类，防触电保护是由周围环境、设备本身或供电系统提供的。低压电气设备按其电击防护方式可分为四类，分别为 0、I、II、III 类，如表 9-61 所示。

表 9-61　电气设备按其电击防护方式分类表

类别设备	特　征
0 类	基本绝缘、无保护连接手段
I 类	基本绝缘，有保护连接手段
II 类	基本绝缘和附加绝缘组成的双重绝缘或相当于双重绝缘的加强绝缘，没有保护接地手段
III 类	由安全特低电压供电，设备不会产生高于安全特低电压的电压

1）0 类设备

0 类设备采用基本绝缘作为基本防护措施，而没有故障防护措施，无保护连接手段。需要说明的是国家标准建议取消该类设备，该类设备一般不再生产，如 2008 年前可以生产 0 类灯具，现在已不允许。另外，按照国际电工委员会的触电防护原则，0 类设备只能用于不导电场所或电气隔离系统。

2）I 类设备

I 类设备采用基本绝缘作为基本防护措施，保护连接作为故障防护措施，与保护接地相连接。将易触及的导电部件连接到设施固定布线中的接地保护导体上，以使得万一基本绝缘失效，易触及的导电部件不会带电。

对 I 类设备的定义虽符合 IEC 的触电防护原则，但大大限制了该类设备的使用范围。实际上目前大多数 I 类设备设备采用"接地"或"接零"作为保护措施，为了也能符合 IEC 的触电防护原则（要有两个独立的单项防护措施），实际上 I 类设备常常采用"自动切断电源"作为故障防护措施。适用场合如 IT、TT、TN 等系统，设备端的保护线连接方式都是针对 I 类设备而言的。在我国日常使用的电器中，I 类设备占大多数，因此，做好对 I 类设备的电击防护意义重大！

此类设备电源接线通常设有保护线。如采用软线连接，应在受到机械张力拉伸时，保证保护线最后不被扯断。与等电位连接端子连接的导线或部件应用保护接地符号、PE 字母或黄绿双色进行标识，保护接地符号如图 9-2(a)所示。

（a）Ⅰ类设备　（b）Ⅱ类设备　（c）Ⅲ类设备

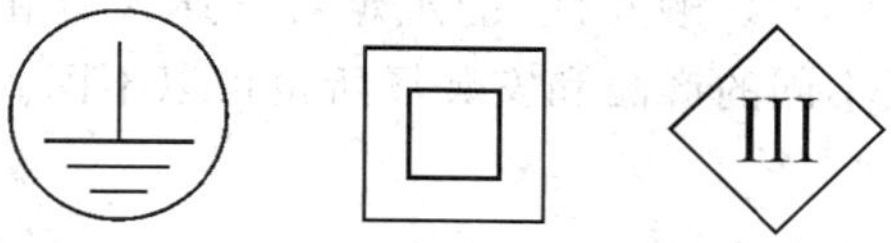

图 9-2　设备分类符号

3）Ⅱ类设备

Ⅱ类设备采用基本绝缘作为基本防护，附加绝缘作为故障防护措施，即采用双重绝缘或采用防护效果相当于双重绝缘的加强绝缘进行防护。该防护没有保护接地或依赖安装条件的措施。

Ⅱ类设备可以是下述类型之一：

（1）具有一个耐久的且基本连续的绝缘材料外壳的设备（不含铭牌、螺钉和铆钉等小零件），其外壳能将所有的带电部件包围起来。该外壳提供了至少相当于加强绝缘的防护措施，将设备附带小金属零件与设备的带电部件隔离。该类型器具被称为带绝缘外壳的Ⅱ类器具。

（2）具有一个基本连接的金属外壳，其内各处均使用双重绝缘或加强绝缘的设备，该类型设备被称为有金属外壳的Ⅱ类设备。

（3）由带有绝缘外壳的Ⅱ类设备和有金属外壳的Ⅱ类设备组合而成的设备。这里带绝缘外壳的Ⅱ类器具的壳体可构成附加绝缘或加强绝缘的一部分或全部。

与Ⅰ类设备最大的不同在于Ⅱ类设备的故障防护措施就设在设备上，即该类设备本身就具有两个"独立的单项防护措施"，而Ⅰ类设备的故障防护措施是在设备之外设置的，设备本身只是设置了利用故障防护措施的连接线。但是，如果Ⅱ类设备采用双重或加强绝缘后仍采用了保护连接，则此类设备仍归类于Ⅰ类设备。

Ⅱ类设备的电击防护全靠设备本身的技术措施，电击防护完全不依赖于供配电系统，也不依赖于使用场所的环境条件，是一种安全性能很好的设备类别。Ⅱ类设备的标志符号如图 9-2(b)所示。

4）Ⅲ类设备

Ⅲ类设备经电压限制在特低电压作为防护措施，而它不具有故障防护措施，接于安全特低电压。此类设备采用特低电压作为基本防护措施的含义是：

（1）设备采用标称电压不超过 50 V 的交流或不超过 120 V 的无波纹直流供电；

（2）设备的内部在正常状态下不会形成超过特低电压的电压；

（3）在设备内部出现单一故障的情况下，可能出现或产生的稳态接触电压不应超过特低电压。

Ⅲ类设备只能在安全特低电压（Safety Extra-Low Voltage，SELV）或保护特低电压（Protective Extra-Low Voltage，PELV）系统中使用。Ⅲ类设备的标志符号如图 9-2(c)所示。

2．电击防护基本准则

在下列两种情况下，易触及的可导电部分均应是无危险的。在正常情况（正常操作和无故障情况)或单故障情况下，"易触及性"的规定对普通人员和对熟练人员或受过培训人员来说可以是不同的，对于不同的产品和安装场所也可以不同。

1) 正常情况

为符合上述基本准则，需要有基本电击防护，它可由一种防护措施来提供。这样的防护措施例子有基本绝缘、限制稳态接触电流、限制电压和外护物等。基本绝缘在 IEC364 和 CB/T 12501 中被作为直接接触防护。

2) 单故障情况

如果出现以下情况之一，就需考虑是某种单故障。

(1) 正常情况下不带电的易触及的可导电部分变为危险的带电部分(例如，加到外露可导电部分的基本绝缘失效时)；

(2) 易触及的无危险的带电部分变为危险的带电部分(例如，稳态接触电流的限制失效)；

(3) 正常不易触及的危险的带电部分变为易触及的(例如，外壳的机械性损坏)。

为符合上述基本准则，需要有基本防护和附加防护，它们可通过下述方式之一实现，即两个独立的防护措施和一个加强的防护措施。附加防护在 IEC364 和 GB/T12501 中被作为间接接触防护，主要是针对基本绝缘失效时的防护。

(1) 由两个独立的防护措施提供的防护。

两个独立防护措施中的任何一个，在设计、制造、测试和安装时均应能保证在该设备规定的条件(如外部影响、使用条件、设备的预期寿命)下不会失效。两个独立的防护措施应互不影响，这样，一个措施失效就不会使另一个也失效。鉴于两个独立的防护措施同时失效的可能性不大，因此可不需考虑，但应认定其中的一项防护措施仍保持有效。

使用基本绝缘和附加绝缘即双重绝缘是这两个独立的防护措施的例子之一。

(2) 由一个加强的防护措施提供的防护。

加强的防护措施在设计、制造、测试和安装时应能保证在比为该设备规定的条件严酷得多的情况下不会失效。估计这种严酷情况不会经常发生。这种加强的防护措施在性能上相当于两个独立的防护措施。

加强的防护措施的例子有加强绝缘和保护阻抗器等措施。

3. 间接接触防护措施

1) 自动切断供电的防护(Ⅰ类设备)

(1) 基本防护由在危险的带电部分与外露可导电部分之间的基本绝缘提供。

(2) 附加防护由在基本防护失效可能对人体产生有害的生理效应危险时的自动切断供电提供。

自动切断供电通过下述方法实现：

① 为故障电流提供一个包括装置中的保护导体和设备的保护连接构成的返回通路；

② 在装置中或在考虑了装置特性的设备中提供一个可切断供电的保护电器。

2) 使用Ⅱ类设备或等效绝缘的防护

(1) 基本防护由在危险的带电部分与易触及部分(易触及的可导电部分和易触及的绝缘材料表面)之间的基本绝缘提供；

（2）附加防护由基本绝缘之外的附加绝缘提供。

基本防护和附加防护由下述方法提供：

① 在危险的带电部分与易触及部分（易触及的可导电部分和易触及的绝缘材料表面）之间的加强绝缘；

② 通过结构配置提供等效的防护。

注：这些防护措施可设在设备内，或安装时设在装置内。

3）安全特低电压（SELV）的防护

（1）基本防护由以下措施提供：

① 将电路（SELV 电路）的电压限制在无危险水平；

② 将 SELV 电路与除 SELV 电路以外的所有电路隔离。

（2）附加防护由以下措施提供：

① 将 SELV 电路与除 SELV 电路以外的所有电路之间作保护隔离；

② 将 SELV 电路与大地之间作基本隔离。

不允许有意外露可导电部分连接到保护导体或接地导体上。

注：这些防护措施可设在设备内，或安装时设在装置内。

4）保护特低电压（PELV）的防护

（1）基本防护由以下措施提供：

① 将接地电路（PELV 电路）的电压限制在无危险水平；

② 将 PELV 电路与除本系统以外的所有电路隔离。

（2）附加防护由在 PELV 电路与除本系统以外的所有电路之间的保护隔离提供。

注：这些防护措施可设在设备内，或安装时设在装置内。

如果经相应产品标准认可，则允许将外露可导电部分（Ⅲ类设备除外）与保护导体或接地导体相连接。

5）限制稳态电流和电荷的防护

（1）基本防护由限流电源电路供电提供；

（2）附加防护由在危险的带电部分与限流电源电路之间的保护隔离提供。

6）非导电场所的防护

（1）基本防护由在危险的带电部分与外露可导电部分之间的基本绝缘提供；

（2）附加防护由工作场所的绝缘地面和墙壁提供。

7）电气隔离防护

（1）基本防护由在危险的带电部分与外露可导电部分之间的基本绝缘提供。

（2）附加防护由下述措施提供：

① 该电路与其他电路间的保护隔离；

② 该电路与大地间的基本隔离。

注：这些防护措施可设在设备内，或安装时设在装置内。

8）不接地的局部等电位连接防护

（1）基本防护由在带电部分与外露可导电部分之间的基本绝缘提供。

（2）附加防护由下述措施提供：

① 设备内作保护连接；

② 装置中的所有外露可导电部分和装置外可导电部分均稍低，而是用不接地的局部等电位连接导体相互连接。

4. 设备分类与电击防护的关系

（1）0 类设备：仅依靠基本绝缘作电击防护，属于电击防护条件较差的一种，只能用于非导电场所。

（2）Ⅰ类设备：基本绝缘和附加安全措施，日常使用电器中Ⅰ类设备占绝大多数，做好对Ⅰ类设备的电击防护意义重大。

（3）Ⅱ类设备：具有双重绝缘或加强绝缘，设有附加安全措施。

（4）Ⅲ类设备：使用安全特低电压。

9.2.3　安全电压

1. 概念

安全电压是为防止触电事故而采用的由特定电源供电的电压系列。该电压系列的上限值，在任何情况下，两导体间或任一导体与地之间均不得超过交流（工频 50 Hz～500 Hz）有效值 50 V（这一限值是根据人体电流 30 mA 和人体电阻 1700 Ω 的条件确定的）；直流（无波纹）安全电压的限值为 120 V。

安全电压是属于兼有直接接触电击和间接接触电击防护的安全措施。其保护原理是：通过对系统中可能作用于人体的电压进行限制，从而使触电时流过人体的电流受到抑制，将触电危险性控制在没有危险的范围内。

2. 特低电压限值

限值是指任何运行条件下，任何两导体间不可能出现的最高电压值。特低电压（Extra-Low Voltage，ELV）限值可作为从电压值的角度评价电击防护安全水平的基础性数据。我国国家标准 GB 3805—1983《安全电压》规定，工频有效值的限值为 50 V、直流电压的限值为 120 V。

国家标准 GB/T 3805—2008 中，电压限值的规定是针对正常和故障两种状态的。这些限值与直接和间接接触概念无关，也不用于区分接地和非接地电路。可以认为这些限值及低于限值的电压在规定的条件下对人体不构成危险。

特低电压限值考虑了以下各种环境状况的影响因素：

环境状况 1：皮肤阻抗和对地电阻均可忽略不计（例如人体浸没条件）。

环境状况 2：皮肤阻抗和对地电阻降低（例如潮湿条件）。

环境状况 3：皮肤阻抗和对地电阻均不降低（例如干燥条件）。

环境状况 4：特殊状况（例如电焊、电镀）。

电压限值对于接触面积不大于 80 cm^2 的情况是保守的。对于频率不大于 100 Hz 交流电的小接触面积情况，规定了更高的限值，但对于更高频率或对直流电情况，尚无可用的数据。

直流的电压限值是无纹波直流电压，无纹波直流通常是指纹波量的方均根值不大于10％的直流。例如，对一个 120 V 的无纹波直流系统，其峰值不超过 137 V。

表 9 – 62 给出了正常状态和故障状态下，环境状况为 1～3 的稳态直流电压和频率范围为 15 Hz～100 Hz 的稳态交流时的电压限值；对于接触面积小于 1 cm² 的不可握紧部分，给出了更高的电压限值。

表 9 – 62　稳态电压限值

环境状况	电压限值/V					
	正常（无故障）		单故障		双故障	
	交流	直流	交流	直流	交流	直流
1	0	0	0	0	16	35
2	16	35	33	70	不适用	
3	33ᵃ	70ᵇ	55ᵃ	140ᵇ	不适用	
4	特殊应用					

ᵃ 表示对接触面积小于 1 cm² 的不可握紧部分，电压限值分别为 66 V 和 80 V。

ᵇ 表示在电池充电时，电压限值分别为 75 V 和 150 V。

3. 安全电压额定值

我国将安全电压额定值（工频有效值）的等级规定为：42 V、36 V、24 V、12 V 和 6 V。当电气设备采用 24 V 以上安全电压时，必须采取直接接触电击的防护措施。具体选用时，应根据使用环境、人员和使用方式等因素确定。

（1）凡特别危险环境使用的携带式电动工具应采用 42 V 安全电压；

（2）凡有电击环境使用的手持照明灯和局部照明灯应采用 36 V 或 24 V 安全电压；

（3）金属容器内、隧道内、水井内以及周围有大面积接地导体等工作地点狭窄、行动不便的环境应采用 12 V 安全电压；

（4）水下作业的特殊场所应采用 6 V 安全电压。

安全电压是指在各种不同环境条件下，人体接触到带电体后各组织部分（如皮肤、心脏、呼吸器官和神经系统等）不发生任何损害的电压。它是制定安全措施的依据。安全电压取决于人体允许的电流和人体电阻。因此，当电气设备采用 24 V 以上安全电压时，必须采取直接接触电击的防护措施。

4. 特低电压防护的类型及安全条件

1）特低电压防护的类型

特低电压电击防护的类型分为特低电压（ELV）和功能特低电压（Functional Extra-Low Voltage，FELV）。其中，ELV 防护又包括安全特低电压（SELV）和保护特低电压（PELV）两种类型的防护。

根据国际电工委员会相关的导则中有关慎用"安全"一词的原则，上述缩写仅作为特低电压保护类型的表示，而不再有原缩写字的含义，即不能认为仅采用了"安全"特低电压电源就能防止电击事故的发生。因为只有同时符合规定的条件和防护措施，系统才是安全的。可将特低电压保护类型分为以下三类：

（1）SELV：只作为不接地系统的安全特低电压用的防护。

（2）PELV：只作为保护接地系统的安全特低电压用的防护。

（3）FELV：由于功能上的原因（非电击防护目的），采用于特低电压，但不能满足或没有必要满足 SELV 和 PELV 的所有条件。FELV 防护是在这种前提下，补充规定了某些直接接触电击和间接接触电击防护措施的一种防护。

上述三类中以 SELV 应用最广，国家标准 GB 3805—1983《安全电压》中的安全电压相当于 SELV。

2）安全条件

要达到兼有直接接触电击防护和间接接触电击防护的保护要求，必须满足以下条件：

（1）线路或设备的标准电压不超过标准所规定的安全特低电压值。

（2）SELV 和 PELV 必须满足安全电源、回路配置和各自的特殊要求。

（3）FELV 必须满足其辅助要求。

5. SELV 和 PELV 的安全电源及回路配置

SELV 和 PELV 对安全电源的要求完全相同，在回路配置上有共同要求，也有特殊要求。

1）SELV 和 PELV 的安全电源

安全特低电压必须由安全电源供电。可以作为安全电源的主要有：

（1）安全隔离变压器或与其等效的具有多个隔离绕组的电动发电机组，其绕组的绝缘至少相当于双重绝缘或加强绝缘。安全隔离变压器的电路图如图 9 - 3 所示。

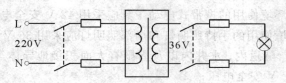

图 9 - 3　安全隔离变压器的电路图

安全隔离变压器的一次与二次绕组之间必须有良好的绝缘，其间还可用接地的屏蔽隔离开来。安全隔离变压器各部分的绝缘电阻不得低于表 9 - 63 所列数值。额定容量不得超过表 9 - 64 所列容量。

表 9 - 63　安全隔离变压器的绝缘电阻值

序号	绝缘部分及绝缘形式	绝缘电阻值/MΩ
1	带电部分与壳体之间的工作绝缘	2
2	带电部分与壳体之间的加强绝缘	7
3	输入回路与输出回路之间	5
4	输入回路与输入回路之间	2
5	输出回路与输出回路之间	2
6	Ⅱ类变压器的带电部分与金属物件之间	2
7	Ⅱ类变压器的带电部分与壳体之间	5
8	绝缘壳体上内、外金属物件之间	2

表 9 - 64　安全隔离变压器的额定容量

序号	变　压　器	容量/VA
1	单相变压器	10 000
2	三相变压器	16 000
3	电铃用变压器	100
4	玩具用变压器	200

安全隔离变压器的输入和输出导线应有各自的通道。导线进、出变压器处应有护套。固定式变压器的输入电路中不得采用接插件。

此外，安全隔离变压器各部分的最高温升不得超过允许限值。例如：金属握持部分的温升不得超过 20℃；非金属握持部分的温升不得超过 40℃；金属非握持部分的外壳，其温升不得超过 25℃；非金属非握持部分的外壳，其温升不得超过 50℃；接线端子的温升不得超过 35℃；橡皮绝缘的温升不得超过 35℃；聚氯乙烯绝缘的温升不得超过 40℃。

(2) 电化电源或与高于安全特低电压回路无关的电源，如蓄电池及独立供电的柴油发电机等。

(3) 即使在故障时仍能够确保输出端子上的电压（用内阻不小于 3 kΩ 的电压表测量）不超过特低电压值的电子装置电源等。

2) SELV 和 PELV 的回路配置

SELV 和 PELV 的回路配置都应满足以下要求：

(1) SELV 和 PELV 回路的带电部分相互之间、回路与其他回路之间应实行电气隔离，其隔离水平不应低于安全隔离变压器输入与输出回路之间的电气隔离。尤其是有些电气设备，如继电器、接触器、辅助开关的带电部分，与电压较高线路的任何部分的电气隔离不应小于安全隔离变压器的输入和输出绕组的电气隔离要求，但此要求不排除 PELV 回路与地的连接。

(2) SELV 和 PELV 回路的导线应与其他任何回路的导线分开敷设，以保持适当的物理上的隔离。当此要求不能满足时，必须采取诸如将回路的导线置于非金属外护物中，或将电压不同的回路的导线以接地的金属屏蔽层或接地的金属护套分隔开等措施。回路电压不同的导线置于同一根多芯电缆或导线组中时，其中 SELV 和 PELV 回路的导线的绝缘必须单独地或成组地按能够耐受所有回路中的最高电压考虑。

6. SELV 及 PELV 的特殊要求

1) SELV 的特殊要求

(1) SELV 回路的带电部分严禁与大地或其他回路的带电部分或保护导体相连接。

(2) 外露可导电部分不应有意地连接到大地或其他回路的保护导体和外露可导电部分，也不能连接到外部可导电部分。若设备功能要求与外部可导电部分进行连接，则应采取措施，使这部分所能出现的电压不超过安全特低电压。

如果 SELV 回路的外露可导电部分容易偶然或被有意识地与其他回路的外露可导电部分相接触，则电击保护就不能再仅仅依赖于 SELV 的保护措施，还应依靠其他回路的外露可导电部分的保护方法，如发生接地故障时自动切断电源。

（3）若标称电压超过 25 V 交流有效值或 60 V 无纹波直流值，应装设必要的遮栏或外护物，或者提高绝缘等级；若标称电压不超过上述数值，除某些特殊应用的环境条件外，一般无须直接接触电击防护。

2）PELV 的特殊要求

实际上，可以将 PELV 类型看作是由 SELV 类型进行接地演变而来的。PELV 允许回路接地。由于 PELV 回路的接地，有可能从大地引入故障电压，使回路的电位升高，因此，PELV 的防护水平要求比 SELV 高。

（1）利用必要的遮栏或外护物，或者提高绝缘等级来实现直接接触电击防护。

（2）如果设备在等电位联结有效区域内，以下情况可不进行上述直接接触电击防护：

① 当标称电压不超过 25 V 交流有效值或 60 V 无纹波直流值，而且设备仅在干燥情况下使用，且带电部分不大可能同人体大面积接触时；

② 在其他任何情况下，标称电压不超过 6 V 交流有效值或 15 V 无纹波直流值。

7．FELV 的辅助要求

（1）装设必要的遮栏或外护物，或者提高绝缘等级来实现直接接触电击防护。

（2）当 FELV 回路设备的外露可导电部分与一次侧回路的保护导体相连接时，应在一次侧回路装设自动断电的防护装置，以实现间接接触电击的防护。

8．插头及插座

为了避免经电源插头和插座将外部电压引入，必须从结构上保证 SELV、PELV 及 FELV 回路的插头和插座不致误插入其他电压系统或被其他系统的插头插入。SELV 和 PELV 回路的插座还不得带有接零或接地插孔，而 FELV 回路则根据需要决定是否带接零或接地插孔。

9.3　电气火灾的预防

电气火灾一般是指由于电气线路、用电设备、器具以及供配电设备出现故障性释放的热能（如高温、电弧、电火花）以及非故障性释放的能量（如电热器具的炽热表面），在具备燃烧条件下引燃本体或其他可燃物而造成的火灾，也包括由雷电和静电引起的火灾。简言之，就是电能通过电气设备及线路转化成为热能，并成为火源所引发的火灾。

9.3.1　电气火灾的起因

电流通过导体总要克服电阻，消耗一些电能，这些电能主要转化为热能，即电流通过导体的热效应。除了电热设备以外，这些热能都是无益的，而且不利于安全输配电、安全用电。为了减少电能的损耗、防止导体发热，人们采取了多种办法，如高电压、低电流送电；电气设备上采用散热措施，也有采取强制冷却措施的。在正常情况下，其发热量被控制在允许的范围内，一般不会引起火灾事故。只有在异常情况下，发热量才会迅速增加，从而导致火灾。电气火灾的成因是多种多样的，例如过载、短路、接触不良、电火花与电弧、漏电、雷电或静电等都能引起火灾。从电气角度看，电气火灾大都是因电气工程、电器产品质量以及管理等问题造成的。另外，安装、维修不当、使用不慎以及麻痹大意也是发生电气火灾的主要原因之一。电气火灾的原因归纳起来主要有以下几种。

1. 短路引发的火灾

电气线路中的裸导线或绝缘导线的绝缘体破损后，相线与相线、或相线与零线（或接地）在某一点相碰在一起，引起电气回路中电流突然大量增加的现象就叫短路，俗称碰线、混线或连电。短路是电气设备最严重的一种故障状态。短路常常发生在电气线路中，分为相间短路和单相接地短路两大类。

相间短路一般能够产生较大的短路电流，该短路电流使空气开关或其他过流保护装置能够及时动作，及时切断电源，因而较少引发由电弧性短路导致的火灾。

单相接地短路分为金属性短路和电弧性短路。金属性短路起火的危险并不大，主要因为短路电流大，空气开关或其他过流保护装置在短路电流的作用下短时间内就已经切断了电源，消除了事故隐患。

接地电弧性短路是最危险且多发的电气火灾事故起因。电弧性短路由于故障点接触不良，未被熔融而迸发出电弧或电火花。由于发生电弧性短路的故障点阻抗较大，它的短路电流并不大，空气开关或其他过流保护装置难以动作（保险丝一般不会被熔断），从而使电弧持续存在。

电气设备发生短路故障时，一方面是电流急剧增加、短路电流比正常工作电流大数倍，甚至上百倍，产生大量的热量使电气设备的温度迅速上升，当温度达到绝缘材料的燃点时就会导致燃烧。另一方面在短路时，在短路点或导线连接松弛的电气接头处，会产生电弧或火花。短路点不仅产生强烈的电火花、电弧，能使绝缘层迅速燃烧，且温度更高时可使金属熔化，导致附近的易燃可燃物、蒸汽和粉尘引燃造成火灾。

据测，仅略大于 0.5 A 的电流产生的电弧温度即可高达 2000℃～3000℃，足以引燃任何可燃物，而且电弧的维持电压低至 20 V 时仍可使电弧连续稳定存在，难以熄灭。这种短路电弧常成为电气火灾的点火源。因此，接地电弧性短路是最危险且多发的电气火灾事故起因。这一论点不仅见于文献，也为许多电气火灾事故所证实。

造成短路的主要原因有：

（1）电气设备的选用或安装与使用环境不符，致使其绝缘体在高温、潮湿、盐碱环境条件下受到破坏。绝缘导线由于拖拉、摩擦、挤压、长期接触硬物体等，对绝缘层造成机械性损伤。而乱拉乱接，接错线路，均会直接导致短路。

（2）电气设备使用时间较长，超过使用寿命，绝缘老化或受损脱落，耐压与机械强度下降。对于有绝缘层的电线来说，一方面绝缘层使用一段时间后会自然老化；另一方面，在高温、潮湿、有腐蚀气体的场所没有选择相应型号的电缆，容易使绝缘层受到损害。

（3）对于裸体导线来说，主要是安装太低，过分松弛，弧垂太大，或者线间距离太近，风吹时使两线相碰，风雨中与树枝接触；车辆装运物件过高，碰到电线；随便在高处抛金属物坠落在电线上；小动物跨接在两根电线上。此外，绝缘子污染，产生"污闪"事故，也可能引起短路。

（4）金属等导电物质或鼠、蛇等小动物，跨接在输电裸线的两相之间或相对地之间。

（5）电线与金属等硬物质长期摩擦使绝缘层破裂。错误操作、接线等错误或把电源投向故障线路，通电时发生短路。

（6）过电压使绝缘层击穿，发生短路起火事故。

（7）错误操作等。

引起接地电弧性短路的原因是导线或电气设备对地绝缘破坏造成的，而造成导线或电气设备对地绝缘破坏的原因有：

（1）线路安装不规范、乱拉乱接；

（2）房屋装修时，忽视电气线路的布置；

（3）电气设备或导线绝缘老化损伤；

（4）施工工艺不良，导线或保护线接触不良；

（5）当严重超负荷时，导线的温度会不断升高，加快了导线绝缘层的老化变质；

（6）由于气候条件造成的自然泄漏电流过大。

电弧还可能由于接地装置不良或电气设备与接地装置间距过小，过电压时使空气击穿而引起。切断或接通大电流电路时或大截面熔断器爆断时，也会产生电弧。

2. 漏电引发的火灾

线路的某一个地方因为某种自然或人为原因（如风吹雨打、潮湿、高温、碰压、划破、摩擦、腐蚀等）使电线的绝缘或支架材料的绝缘能力下降，在一定条件（如阴雨天、空气潮湿等）下，电线与电线之间（通过损坏的绝缘、走线架等）、导线与大地之间（电线通过墙壁内的钢筋等）有一部分电流通过，这种现象即为漏电。

当漏电发生时，漏泄的电流在流入大地途中，如遇电阻较大的部位，会产生局部高温，致使附近的可燃物着火，从而引起火灾。此外，在漏电点产生的漏电火花（该火花是由极间放电产生的），大量密集的电火花构成了电弧。这种电火花和电弧的温度可高达 3000℃ 以上，能引起任何可燃物质燃烧。

3. 过载引发的火灾

所谓过载（或超负荷）是指电气设备或导线的功率或电流值超过了其额定值。过载分为线路过载和设备过载。一定材质、一定截面、一定绝缘层的导线所能连续通过的电流是有限的，这个限值也叫安全载流量。在这个安全载流量的范围内用电比较安全，超过这个安全载流量即为过载（超负荷）。由于电线的发热量与电流的平方成正比，如果电流过载时，电气设备的保护装置不能及时动作切断电源，长期运行引起的发热量往往超过允许限度，导线的温度超过正常工作温度，绝缘层加速老化，变质损坏，当严重过载时，会导致导线的温度不断升高，甚至会引起导线的绝缘发生燃烧，并能引燃导线附近的可燃物，从而造成火灾。

电气设备或导线的绝缘材料，大都是可燃的绝缘材料，如油、纸、麻、丝和棉的纺织品、树脂、沥青、漆、塑料、橡胶等，只有少数属于无机材料，如陶瓷、云母和石棉等。所以过载使导体和绝缘物局部过热，达到一定温度时，就会引起火灾。

每一电气设备的容量、功率也是额定的。例如，变压器有一定的容量，用电量超过了，就是过载；电动机缺相运行要带动超过它能量的机械，也是过载。过载的结果也是发热，烧毁机组；若附近有可燃物，则会引燃或扩大成灾。变压器过载，主要是用电量增加而没能及时调换大容量的变压器；电动机过载的原因则有多种：带动的机械设备超过它的功率，三相电动机缺相运行（成为电动机单向运行），轴承磨损、润滑不足，电压过低以及设备故障等。

造成设备和导线过载的原因可以归纳以下几个方面：

（1）设计、安装时选型不正确，使电气设备的额定容量小于实际负载容量；

（2）设计、安装时选用的导线过细，使导线通过的电流大于实际额定电流；

（3）同一线路上使用过多电器，或接装功率过载的电气设备；

（4）用电设备或导线随意安接，增加负荷，造成超载运行；

（5）检修、维护不及时，使设备或导线长期处于带病运行状态。

4. 接触不良引发的火灾

凡是导线与导线，导线与开关、熔断器、仪表、电气设备等连接处都有接头，在接头的接触面上形成的电阻称为接触电阻。接触不良，实际上就是接触电阻过大，当有电流通过接头时会发热，这是正常现象，但有时会形成局部过热，甚至也会出现电弧和电火花，从而造成了潜在点火源。

如果接头处理良好，接触电阻不大，则接头点的发热就很少，可以保持正常温度；如果接头中有杂质，连接不牢靠或其他原因使接头接触不良，造成接触部位的局部电阻过大，当电流通过接头时，就会在此处产生大量的热，形成高温，这种现象即为接触电阻过大。

所以，当有较大电流通过电气线路时，如果在某处出现接触电阻过大，则会在接触电阻过大的局部范围内产生极大的热量，使金属变色甚至熔化，引起导线的绝缘层发生燃烧，并引燃烧附近的可燃物或导线上积落的粉尘、纤维等，从而造成火灾。另外，如果连接松动，甚至若接若离，就有可能出现电弧、电火花，极易引起附近可燃物燃烧。

接触不良的常见原因有：

（1）电气接头表面污损，接触电阻增加；

（2）电气接头长期运行，产生导电的氧化膜未及时清除；

（3）电气接头因振动或由于热的作用，在连接处发生松动、氧化；

（4）铜铝连接处未按规定方法处理，发生电化学腐蚀，也会导致接触电阻增大；

（5）接头没有按规定方法连接、连接不牢。

5. 其他原因引发的火灾

（1）机械摩擦。发电机和电动机等旋转型电气设备，转子与定子相碰，或轴承出现润滑不良、干枯产生干磨发热或者润滑正常但高速旋转时，会导致电气设备局部温度升高，也会引发火灾。

（2）雷电。雷电是自然界的一种大气放电现象，如果避雷措施不到位，会造成雷击事故，雷电放电、反击引发、感应过电压都可能引发火灾。

（3）电热设备使用不当，附近堆放易燃易爆物品，使用后忘记切断电源而使之长时间工作发热引燃周围易燃物燃烧成灾。这种火灾事故常见于突然停电忘记断电的情况。

9.3.2　电气火灾的危害

1. 电气火灾的隐患具有很强的隐蔽性

由于电气线路通常敷设在隐蔽处（如吊顶、电缆沟内），火灾初期时不易被火灾报警系统发现，也不易为肉眼所观察到。电气火灾的危险性还与用电情况密切相关，而用电量需要设备监控，无法靠人感观来观察监控，当用电负荷增大时，容易因过电流而造成电气火灾。

2. 电气火灾燃烧范围大

由于电气系统分布广泛，电气设备起火时，一般周边可燃物较多，电气系统的安装范围较大，火势蔓延相对容易，蔓延速度较快，燃烧的范围也大。

3. 发烟量大，扑救困难

电气设备中的绝缘体多数为有机材料，当有机材料燃烧时会发出大量浓烟，浓烟除了会危及人的生命、污染环境外，还会导致火场能见度低，火场上的设备有可能带电，这样就给人员的疏散、火灾的扑救带来了困难。

4. 电气火灾具有行业性

电气火灾多集中在商贸、集市、娱乐、宾馆等第三产业经营生产场所，一旦发生火灾往往都是重、特大电气火灾，常伴有人员伤亡。而工业系统电气火灾造成的损失一般较严重，工矿企业生产、照明用电多，用电时间长，用电设备多，安装不合理、管理维修不善、违反规章制度等都可能引发火灾。工业系统是财富比较集中的部门，而电气火源本身能量大，是强点火源，且电气线路、电缆本身在一定事故条件下就是火势蔓延的途径，所以一旦起火，火势蔓延迅速，损失惨重。

5. 电气火灾具有地域不平衡性

经济发展快的省份电气火灾的发生及损失明显高于经济发展滞后的省份，且农村电气火灾比较突出。在一个地区，城市和农村相比较，农村火灾更为突出，而由电气原因引起的火灾次数一般占总次数 60% 以上。随着农村经济的大发展，这种形势还会继续增长，企业数量逐年增多，用电量也在上升。

总之，电气火灾的发生，总是伴随着大量的人员伤亡和财产损失。它所造成的人员伤亡、财产损失和社会震荡都是巨大的。电气火灾主要发生在建筑物内，建筑物内人员密集、疏散困难、排烟不畅，极容易造成群死群伤的重大事故。因此，预防电气火灾是安全生产的重中之重。

9.3.3　电气火灾的预防措施

引起电气火灾的原因主要有电气设备和线路的过载、短路、接触不良，电火花与电弧，漏电及雷电或静电，等等。另外，电气火灾大都是因电气工程、电器产品质量以及管理等问题造成的，还有安装、维修不当，使用不慎以及麻痹大意也是发生电气火灾的主要原因。所以，电气火灾的预防需要针对以上安全隐患采取相应的预防措施。

1. 防短路

电线短路有三种情况：接地短路、线间短路、完全短路。要防止短路，必须做到以下几点：

（1）安装使用电器设备时，应根据电路的电压、电流强度和使用性质，正确配线，电气线路应选用绝缘线缆。在酸性、高温或潮湿的场所中，要配用耐酸、防腐蚀、耐高温和防潮电线。

（2）确保电气线路的安装施工质量，导线安装牢固，防止脱落，不能将导线成捆打结或将电线紧紧挂在铁丝或铁钉上。

（3）移动电力工具的导线，要有良好的保护层，以防受机械损伤而脱落。

（4）插座和开关等设备应保持完好无损，在潮湿场所应采取防水、防溅措施，严禁导线裸端插在插座上。

（5）低压配电装置和大负荷开关安装灭弧装置，如灭弧栅、灭弧触头、灭弧罩、灭弧绝缘板等。在配电箱、插座、开关等易产生电弧打火的设备附近不要放置易燃物品。

（6）安装漏电监测与保护装置，及时发现线路和用电设备的绝缘故障，并提供保护。

（7）电源总开关、分开关均应安装电流强度合适的保险装置，并定期检查电流运行情况，及时消除隐患。

（8）加强日常安全检查，注意电气线路的线间、线与其他物体间保持一定安全间距，并防止导线机械性损伤导致绝缘性能降低。

2. 防过载

各种电气设备和导线都有一定的额定负载，当电流强度超过额定负载时，电气设备局部和导线温度骤升，可导致绝缘层着火，并可能引燃附近可燃烧物，造成火灾。防止电气设备和导线过载引发火灾，必须注意以下几点：

（1）所有电气设备都应严格按照电器安全规程选配相应的导线，要根据使用负荷正确选择导线的截面，并正确安装，不得乱拉乱接。

（2）确保低压配电装置不能超负荷运行，其电压、电流指示值应在正常范围，需要正确选用和安装过载保护装置。

（3）凡超负荷的电路，应改换合适负荷的导线或去掉电路上过多的电力工具，或根据生产程度和需要，分出先后，控制使用。

（4）对于需用电动机的场合，要正确选型，避免"小马拉大车"导致过载；同时，为防止三相电动机单相运行，要在三相开关配电板上安装单相运行的信号灯。

（5）电开关和插座应选用合格产品，并不能超负荷使用。电路总开关、分开关均应安装与导线安全载流量相适应的易熔断的保险器。

3. 防电气连接不牢

电气连接一定要紧固牢靠，接头与端子之间的连接，除了受到导线本身的应力作用外，还受到邻近电流产生的磁场的电磁力作用。因电流是交变的，故受到的作用力也是交变的，相当于机械振动。

导线的各种连接均要确保牢固可靠，接头应具有足够的机械强度，并耐腐蚀。

4. 防电火花

电器设备产生火花或电弧，极易引发易燃易爆气体、粉尘的燃烧乃至爆炸。预防电气设备电火花引起火灾的主要措施有：

（1）经常用外部检查和检查绝缘电阻的方法来监视绝缘层的好坏。

（2）防止裸体电线和金属体相接触，以防短路。

（3）在有易燃、易爆液体、气体的房屋内，要安装防爆或密封隔离式的照明灯具、开关及保险装置。如确无这种防爆设备，也可将开关、保险装置、照明灯具安装在屋外或单独安装在一个房屋内，禁止在带电情况下更换电灯泡或修理电器。

（4）一定要严格保证 TN‑S 系统中 N 线与 PE 线在系统中性点以外的电气隔离，这既是电击防护的要求，也是电气火灾防范的要求。

5. 防接触电阻

若一根导线与另一根导线或导线与开关、保险装置、仪表以及电器用具连接的地方接触不良，使接触电阻增大，当电流通过时，在接触处会引起发热，直至使电线绝缘层着火，金属导线熔断，产生火花，烧着附近可燃物，造成火灾。另外，由于接触不良，在接头处易产生电火花或电弧，也会引燃附近的易燃物引发电气火灾。为避免接触不良，导致接触电阻增大必须注意以下几点：

（1）凡导线与导线或导线与开关、保险装置、电器用具连接时，先要将导线的氧化层、油脂等杂质清除干净，而且连接要牢靠。

（2）6～102 mm^2 截面积的导线，应用焊接方法连接。102 mm^2 截面以上的导线，应采用接线片连接。

（3）铜铝线连接要防止接触面松动、受潮、氧化，应经常对线路连接部位进行检查，发现接点松动、氧化、发热时，要及时处理。

（4）检查或检测线路和设备的局部过热现象（包括直观检查、红外测温、热成像、温度监测报警系统等手段），及时消除隐患。

6. 防漏电

剩余电流保护电器（RCD）也被称漏电保护器，主要用来对危险的并且可能致命的电击提供防护，以及对持续接地故障电流引起的火灾危险提供防护。因此，RCD 可以在防电气火灾中发挥重要的防护作用，目前在发达国家和国内都广泛用于电气火灾的防范。RCD 主要用于对因绝缘损坏产生的泄漏电流和单相接地故障电流引起的火灾进行保护。对泄漏电流和电弧性接地故障，过电流保护装置一般是无法保护的，而电气短路火灾又以电弧性接地故障火灾居多，RCD 的设置正好弥补了这一缺陷。

7. 照明灯具防火

1）灯泡防火

灯泡（包括白炽灯、碘钨灯、高压汞灯），通电后，表面温度相当高。灯具的功率越大，连续使用的时间越长，温度就升得越高。如果散热条件不良，在它们强烈的辐射热作用下，可以引起周围可燃物燃烧。防止灯泡引起火灾应注意做到：

（1）严禁用纸灯罩，或用纸、布包灯泡；在可能受到撞击的地方，灯泡应该有牢固的金属网罩。

（2）不能让灯泡过分靠近衣服、蚊帐、板壁、稻草、棉花及其他可燃物，起码要保持30 cm 以上的距离。

（3）绝对不可把灯泡放在被窝里取暖，这样做不但会受热起火，还有触电的危险。

2）日光灯防火

日光灯引起火灾的罪魁祸首是镇流器。其防火要领是：

（1）安装日光灯要注意通风散热，不要紧贴木板并防止漏雨、潮湿。

（2）安装镇流器时，镇流器底部要朝上，不能朝下，更不能竖装，以防沥青熔化外溢；

使用中如听到镇流器发出响声,手摸时温度很高,或者闻到焦味时,要及时切断电源检查。

(3)人离开房间时,要将电源切断。

总之,照明灯具应根据环境场所的火灾危险性来选接,并且照明装置与可燃物、可燃结构之间应保持一定的距离,严禁用纸、布或其他可燃物遮挡灯具。

8. 电热设备防火

使用电炉、电烙铁、干燥箱等电热设备时需要注意以下几点:

(1)电热设备功率应当与电路导线截面积相适应,防止过负荷。

(2)不能将电热设备安装在可燃基座上,并且与周围可燃物须保持一定的安全距离,导线与电热元件接线处应牢固,引出线处要采用耐高温绝缘材料予以保护。

(3)插头要完整,禁止用导线裸端直接插在插座上。

(4)电热设备通电后,应有专人看管,用完后要切断电源。使用中遇到停电,应先关闭电路,待复电后再接通。

(5)电热设备安装中使用的辅助材料,如绝缘胶带、穿线塑料管、塑料线槽等,最好使用阻燃类型的。

9. 其他防火措施

1) 防止异常电压升高

在低压系统中防止异常电压升高最常见的为中心点位移。中心点位移的大小与两个因素有关,一是三相负荷不平衡的程度,二是中心点是否完好。

2) 防止摩擦和静电

防止摩擦是指阻止两物体接触表面发生切向相互滑动或滚动的现象。发电机和电动机等旋转电气设备,转子与定子相碰或轴承出现润滑不良、干枯产生干磨发热,或虽润滑正常但出现高速旋转时,都会引起火灾。最危险的是轴承摩擦,轴承磨损后会发出不正常的声音,引起局部过热,以致润滑脂变稀而溢出轴承室,从而使温度更高。如果轴承球体被碾碎,电动机轴承被卡住,即电动机会因过载而被烧毁。选择、安装和运行保护是预防电动机火灾的几个主要方面,忽视任一个方面都可能引起事故,造成火灾。

根据形成静电火灾的基本条件,若控制任意一条件,则会防止静电火灾事故。

(1)控制静电场合的危险程度。用非可燃物取代易燃介质(在清洗机器设备的零件时和在精密加工去油过程中,用非燃烧性的洗涤取代煤油或汽油,会减少静电危害的可能性);降低爆炸混合物在空气中的浓度;减少氧气含量或通风措施(减少空气中的氧含量可使用惰性气体,在一般的条件下,氧含量不超过 8% 就不会使可燃烧物引起燃烧或爆炸。一旦可燃物接近爆炸浓度时采用强制通风的办法,使可燃物被抽走,新空气得到补充)。

(2)减少静电荷的产生。正确地选择材料(选择不容易起电的材料、根据带电序列选用不同材料、选用吸湿性材料);改革工艺的操作方法、操作程序等;降低摩擦速度和流速;减少特殊操作中的静电;减少静电荷的累积(增加空气的相对湿度、采用抗静电添加剂、采用静电消除器防止带电);防止人体静电(人体接地、防止穿衣和佩戴物带电)。

3) 防雷

雷电的破坏性极大,不仅能击毙人畜、劈裂树木、击毁电气设备、破坏建筑物及各种设施,还能引起火灾和爆炸事故。

雷电的破坏作用主要有电效应、热效应和机械效应。防雷主要指防直击雷、雷电感应和防雷电波(流)侵入等。

(1)防直击雷的措施。防直击雷的措施主要有：设置避雷针或避雷线、带(网)，使建筑物及突出屋面的物体均处于接闪器的保护范围内。

(2)防雷电感应的措施。由于雷电影响，在距直接雷击处一定范围内，有时会产生"静电感应"所引起的电荷放电现象。为了避免雷电电磁感应的危害，应将屋内的金属回路连接成一个闭合回路(接触电阻越小越好)，形成静电屏蔽。

(3)防雷电波(流)侵入的措施。为了防止雷电的高压沿架空线侵入室内，除了在供电系统中加强过电压保护外，最简单的方法是将线路绝缘瓷瓶的铁脚接地。在居住的房屋中如果有电视机或收音机的天线，要防止由天线引进的雷电高压电，应装避雷器或装以防雷用的转换开关，在雷雨即将来临前，将天线转换到接地体上，使雷电流泻入大地中。

4)设备器材选择

(1)电气设备选择。在火灾危险性大或扑救困难的场所，尽可能选用无油或少油设备；一般选用干式变压器、真空或 SF6 断路器，电流和电压互感器也常选择树脂浇注形式，因为这些介质本身就是难燃、不燃物质，这就从根本上消除了火灾隐患。

(2)开关电器及成套配电装置的选取。应考虑开关电器在操作时的飞弧问题，应选择有防误操作的成套配电设备，避免因误操作产生电弧引发火灾。

(3)线路材料的选择。应在不同的场所选用不同级别的阻燃线缆，还要考虑一旦绝缘介质着火以后，是否会产生有毒气体的问题。

(4)电气线路规格的选择。使线路具有足够的耐压水平和绝缘电阻；应正确计算线路载流量以免使线路因过载而产生高温。

5)加强预防电气火灾管理

(1)加强宣传，提高防火意识。要向各单位和从业人员广泛宣传安全用电知识，普及安全用电常识，提高人们的安全用电意识，扭转只用不管的用电状况。对电气防火设计、施工、安装人员进行必要的消防安全培训，学习电气防火常识及有关规定、标准，做到持证上岗，责任到人，严禁违章操作，提高电气防火设计、安装施工队伍的整体技术水平。在新建、改建和扩建过程中，要严格执行设计规范，把好设计关，对老住宅建筑应按当前的住宅建筑电气设计标准加以彻底改造，新住宅电气设计应有超前意识，充分考虑居民用电量的增长因素，留有足够的设计余度，对不符合质量要求的，坚决改正或予以更换，以减少电气火灾发生的可能。

(2)不违章用电。违章用电火灾主要是由乱拉乱接、超负荷用电、电线老化、电气设备带故障运行和违章使用电热设备造成的。在实际操作中，许多人只考虑到使用方便，熔断器保险丝用铜丝、铝丝、铁丝代替。随意增加用电设备，导致用电负荷超过设计容量，从而引发火灾。一些单位在对电气线路安装和施工时，没有按照操作规程和要求；有的甚至无证操作。

9.3.4　电气火灾的扑救

发生电气火灾时，首先应该断电，如果有充分的灭火器可供选择，可选二氧化碳、泡沫或干粉灭火器。最好用二氧化碳灭火器，因为二氧化碳灭火后不会对电气设备产生腐蚀，而水和泡沫都会对电气设备产生一定的损伤。如只有水和泡沫灭火器这两种选择，则选泡沫灭火器。特别是没断电的情况下，用水是绝对错误的。

工作着的电动机应慢速转动，用喷雾水枪、1211 或二氧化碳灭火器扑救，不能用黄沙、干粉。充油设备外部着火且火势不大，可用二氧化碳、1211 灭火器。如火势大，应立即切断电源，可用水扑救。如果喷油，切断电源后，放油进储油坑，坑里油用沙或泡沫灭火。地面的油不能用水。电缆沟里只能用泡沫覆盖灭火。

1. 及时切断电源

当电力线路、电气设备发生火灾，并燃着附近的可燃物时，都应首先考虑采取断电灭火的方法，即根据火场的不同情况，及时切断电源，然后进行扑救。切断电源时注意不要慌，不能因带负荷拉隔离开关造成弧光短路扩大事故。若仅个别因电器短路起火，可立即关闭电器的电源开关，切断电源。若整个电路燃烧，则必须拉断总开关，切断总电源。如果离总开关太远，来不及拉断，则应采取果断措施将远离燃烧处的电线用正确方法切断。注意切勿用手或金属工具直接拉扯或剪切，而应站在木凳上用有绝缘柄的钢丝钳、斜口钳等工具剪断电线，操作时戴绝缘手套、穿绝缘靴，注意安全距离。切断电源后方可用常规的方法灭火，选用 1211、干粉、二氧化碳灭火器，没有灭火器时可用水浇灭。

2. 不能直接用水冲浇电器

电气设备着火后，不能直接用水冲浇。因为电气设备一般来说都是带电的，而泼上去的水是能导电的，进入带电设备后易引发触电，会降低设备的绝缘性能，甚至引起设备爆炸，危及人身安全，达不到救火的目的，损失会更加惨重。只有确定电源已经被切断的情况下，才可以用水来灭火。在不能确定电源是否被切断的情况下，可用干粉、二氧化碳、四氯化碳等灭火器扑救。遭遇意外停电时一定要注意关闭电源开关。

变压器、油断路器等充油设备发生火灾后，可将水喷成雾状灭火。因水雾面积大，水珠强小，易吸热汽化，故可迅速降低火焰温度。

3. 使用安全的灭火器具

当电器设备在运行中着火时，必须先切断电源，再行扑灭。如果不能迅速断电，可使用二氧化碳、四氯化碳、1211 或干粉灭火器等器材。使用时，必须保持足够的安全距离，对 10 kV 及以下的设备，该距离不应小于 40 cm。

注意绝对不能用酸碱或泡沫灭火器，因其灭火药液有导电性，手持灭火器的人员会触电。这种药液会强烈腐蚀电气设备，且事后不易清除。

4. 显示器失火扑救

如果显示器着火，即使关掉设备，甚至拔掉插头，机内的元件仍然很热，仍会迸出烈焰并产生毒气，荧光屏、显像管也可能爆炸，应付的方法如下：

（1）显示器开始冒烟或起火时，马上拔掉电源插头或关闭电源总开关，然后用湿毛毯或棉被等盖住显示器，这样既能阻止烟火蔓延，也可挡住荧光屏的玻璃碎片。

（2）切勿向失火显示器泼水，即使是已关掉电源的显示器，因为温度突然降下来，会使炽热的显示管爆裂。此外，显示器内仍有剩余电流，泼水可能会引起触电。

（3）切勿揭起覆盖物观看，灭火时，为防止显示管爆炸伤人，只能从侧面或后面接近显示器。

9.4　静电防护

静电就是物体表面过剩或不足的静止电荷。可以从以下三个方面理解：

(1) 静电是一种电能，它留存于物体的表面；

(2) 静电是正电荷和负电荷在局部范围内失去平衡的结果；

(3) 静电是通过电子或离子的转移而形成的。

静电防护就是为防止静电积累所引起的人身电击、火灾和爆炸、电子器件失效和损坏，以及对生产的不良影响而采取的防范措施。其防范原则主要是抑制静电的产生，加速静电的泄漏，进行静电中和等。

9.4.1　静电的产生及危害

1. 静电的产生

静电是通过摩擦引起电荷的重新分布而形成的，也有由于电荷的相互吸引引起电荷的重新分布形成的。静电产生的方式常见的有直接接触、摩擦、静电感应、电压差、电解、温湿差等。

1) 摩擦起电

在日常生活中所说的摩擦实质上是一种不断接触与分离的过程。任何两个不同材质的物体接触后再分离，即可产生静电，而产生静电的普遍方法是摩擦生电。两物体接触时，在接触面由于两个作用面能态的差异，如电子逸出功(功函数)、温度、电荷载体浓度等不同，发生转移而形成偶电层。这种转移可能是电子，也可能是离子。

2) 感应起电

导体或介电质处在静电场中均会感应起电。导体在静电场的作用下，表面不同部位将感应出不同电荷或使导体表面上原有电荷发生重新分布，引起带电。

在电场中介电质会发生极化，极化后的介电质在电力线方向的两面出现大小相等而极性相反的束缚电荷，并形成新的电场源。当外部电场消失后，介电质上的束缚电荷将逐渐消失，最后恢复到中性介电质。如果束缚电荷之一因某种原因而消失，则介电质上的剩余束缚电荷将使它处于带电状态。

2. 人体静电

人体静电主要是由人的肢体运动(包括人体与衣服、鞋袜等其他物体摩擦、接触、分离、静电感应等)或直接接触静电体(要想使人体静电电位值降低，主要是通过降低人体对地的电阻来实现的)而产生的。人体带电的方式有：

1) 摩擦起电

(1) 由衣服、鞋子与其他物体、地面摩擦，使衣服和鞋子带电，再通过传导和感应，使人体各部分带电。人体可以看作一个导体。

(2) 脱衣帽手套等使物体与人体间或物体与物体间剥离起电，通过传导和感应使人体带电。

2）感应起电

当不带电的人体进入带电体的电场时，会因静电感应而起电，称为感应起电。

3）传导起电

人体直接接触带电体，或与带电体发生静电放电，人在有静电的微尘粉体和雾状颗粒空间活动，使带电微粒附着在人体及衣服上产生静电。

在电子产品的生产过程中，作为操作者的人是主要的静电发生源之一。人体的静电放电是导致元器件损伤的主要原因之一。表 9 - 65 列举了人体带电电位与电击程度。

表 9 - 65　人体带电电位与电击程度

人体带电电位/V	电击程度	现象说明
1000	完全无感觉	发出微弱的放电声
2000	手指外侧有感觉，但不疼	
3000	有被针刺的感觉，微疼	
4000	有被针深刺的感觉，手指微疼	见到放电的微光
5000	从手掌到手前腕感到疼	指尖延伸出微光
6000	手指感到剧疼，手后腕感到沉重	
7000	手指和手掌感到剧疼，稍有麻木感觉	
8000	从手掌到手前腕有麻木的感觉	
9000	手腕感到剧疼，手感到麻木沉重	
10000	整个手感到疼，有电流过的感觉	
11000	手指剧麻，整个手感到被强烈电击	
12000	整个手感到被强烈地打击	

3. 静电的危害

静电的特点是：高电压、低电流、小电量、作用时间短。静电受环境条件的影响，特别是受湿度的影响特别大。

静电危害的形式主要有：

（1）力学作用：吸引或排斥。静电吸附灰尘、杂物和潮气，会改变线路板之间的阻抗，降低元器件绝缘电阻（缩短寿命），影响元器件的绝缘性、安全性，直接影响产品的功能和寿命。

（2）电学作用：静电破坏。静电放电（Electrostatic Discharge，ESD）破坏造成静电击穿，使电子元器件失效或功能退化（即时失效或潜在失效）。

在电子元器件生产过程中，如元器件的传送、老化、筛选、测试、插装、焊接、清洗以及单板测试、总装、调试、三防、包装运输、贮存等过程，由于接触—分离、摩擦、碰撞、感应等作用，都会使与元器件、组件、整件接触或接近的操作人员、工具及工作台面等带电，加之在生产和工作环境中广泛使用合成橡胶、塑料、化纤等高分子绝缘材料制品，而使带电加剧，随时可能发生对器件的 ESD 损害。

随着大规模集成电路和微波器件的大量生产和广泛应用，由于集成度和速度的迅速提高，器件尺寸的变小和绝缘层的变薄，使器件承受静电放电的能力降低。目前，在一般电子装配厂房内，不致使静电敏感器件发生 ESD 损害的静电安全电压为 100 V。

ESD 对元器件的损害后果是导致其硬击穿和软击穿。所谓硬击穿，是一次性造成器件的永久性失效；所谓软击穿，是造成器件的性能劣化或参数的下降。软击穿的危害比硬击穿更为严重。对于硬击穿，一般可在产品的测试、调试过程中发现并及时更换。软击穿在初期很难发现，往往器件的参数没有变化或稍微有点变化，但仍在正常范围内，并可正常工作，所以极易通过出厂前的检验而流入用户手中。在使用过程中随着时间的推移，软击穿会逐步发展成为元器件的永久性失效，给用户造成损失，也影响了厂家的声誉。

（3）电磁作用：电磁干扰。静电放电产生的电磁场幅度很大（达几百伏/米），频谱极宽（从几十兆赫兹到几千兆赫兹），对电子产品造成干扰甚至损坏。

9.4.2　静电危害的防护

1. 静电控制的原理

静电控制的原理是将各种操作运行过程中产生的静电荷迅速泄漏和耗散，静电泄漏是通过替换电子生产过程中接触到的各类绝缘物而改用静电材料并使之接地来完成的。

从防静电控制原理方面，我们可以将防静电材料分为三类：导静电类、静电耗散类和电磁屏蔽耗散复合类。静电耗散材料受到摩擦时，在其表面产生的电荷可以较快地扩散和泄漏；导静电材料置于静电场所中时，其表面累积的静电荷，必须将其接地才能将表面的静电荷泄漏，这就是为什么要接地的原因。当接地时，织物上的静电除因导电纤维的电晕放电被中和，还可经由导电纤维向大地泄漏。

2. ESD 防护的基本原则

（1）抑制静电荷的积聚，严格控制静电源。

（2）迅速、安全、有效地消除已经产生的静电荷。

（3）防静电工作区应按电子元器件静电放电灵敏度确定保护程度。一般情况下静电压不超过 100 V。

3. 防静电工作区

1）地面材料

（1）禁止直接使用木质地板或铺设毛、麻、化纤地毯及普通地板革。

（2）应该选用由静电导体材料构成的地面，例如防静电浮动地板或在普通地面上铺设防静电地垫并有效接地。

（3）允许使用经特殊处理过的水磨石地面，例如事先敷设地线网后，采用渗碳工艺或在地面喷涂防静电剂等。

2）接地

（1）防静电系统必须有独立可靠的接地装置，接地电阻一般应小于 4 Ω，接入时应增加限流电阻。

（2）防静电地线不得接于电源零线上，不得与防雷地线共用。

（3）使用三相五线制供电，其大地线可以作为防静电地线（零线、地线不可混接）。

（4）防静电设备连接端子应确保接触可靠，易装拆，允许使用各种夹式连接器，如鳄鱼夹、插头座等。

（5）静电地：软接地；硬接地：电源地、设备地。

（6）接地系统泄漏电流不超过 5 mA，限流电阻的下限阻值取 1 MΩ。

3）天花板材料

天花板材料应选用抗静电型材料制品，如石膏板制品。

4）墙壁材料

墙壁材料应使用抗静电型墙纸，例如石膏涂料、石灰涂料。

5）湿度控制

湿度控制是指保持环境有一定的湿度。实践证明，在北方地区或在干燥的冬季，因静电产生故障的事例要远远大于在东南沿海地区或其他季节，所以在一些重要场所，如计算机机房、实验室、电子仪器的装调车间等应考虑保持一定湿度的问题，特别是对那些封闭型的空调房间，更应有一定控制湿度的设备。防静电工作区的环境相对湿度以不低于 50%为宜。

4. 防静电设施

1）静电安全工作台

静电安全工作台由工作台、防静电桌垫、腕带接头和接大地线等组成。工作台通过限流电阻接地，不可串联接地。静电安全工作台上不允许堆放塑料盒（片）、橡皮、纸板、玻璃等易产生静电的杂物，图纸资料应装入防静电文件袋内。

2）防静电腕带

直接接触静电敏感器件的人员均应佩戴防静电腕带，腕带应与人体皮肤良好接触，腕带系统对地电阻应在 1 MΩ～10 MΩ 范围内。

3）防静电容器

电子元件、产品、设备等在研制生产过程中，一切贮存、周转用的 ESD 容器（元件袋、转运车、存放盒等）应具备静电防护性能。不允许使用金属和普通塑料容器，必要时，存放部件用的周转车（箱）应接地。

4）防静电工作服装

防静电工作服、防静电工作帽、防静电工作鞋应使用防静电布料制作。要正确穿戴防静电工作服装。

5）工位

工作台面、工作凳面应采用 ESD 保护材料。

6）包装

对静电敏感的元器件、产品应采用对应的保护性包装，包装的器具必须采用防静电存放盒、防静电塑料袋等。

5. 生产企业一般防静电要求

（1）防静电腕带使用前一定要先检查（每天一次）。

（2）所有元器件、基板在不使用的状态下，一定要用防静电袋或防静电箱包起来或装起来。

（3）未戴静电腕带时不可接触工作台面。

（4）基板所用的垫子和气泡袋应该是粉红色的和防静电的。

（5）工作人员要保护自己的地盘，不让无防静电措施人员接触自己的台面、基板和元件。

（6）把所有的元器件都当作静电元器件看待。

（7）工作台上不可放多余的包装材料。

（8）进入防静电工作区前要进行静电放电。

（9）流动人员手拿元器件、基板时必须有防静电措施，如戴防静电手套或元件基板用防静电袋包装。

（10）移转元器件、基板时必须要有防静电措施。

6. 电子产品制造中防静电技术指标要求

电子产品制造中防静电技术指标要满足表 9 - 66 所列的要求。

表 9 - 66　防静电技术指标要求

序号	设施或设备	电阻/Ω	电压/V	序号	设施或设备	电阻/Ω	电压/V
1	防静电接地体	< 10	—	9	腕带连接电缆	1×10^6	—
2	地面或地垫表面	$10^5\sim10^9$	< 100[①]	10	佩带腕带时系统	$1\times10^6\sim10\times10^6$	—
3	物流车台面对车轮系统	$10^6\sim10^9$	—	11	脚跟带（鞋束）系统	$0.5\times10^5\sim10^8$	—
4	工作台（或垫）表面	$10^6\sim10^9$	< 100[①]	12	墙壁电阻	$5\times10^4\sim10^9$	—
5	对地系统电阻	$10^6\sim10^8$	—	13	物流传递器具表面[②]	$10^3\sim10^8$	< 100[①]
6	工作椅面对脚轮	$10^6\sim10^8$	—	14	包装袋（盒）	—	< 100[①]
7	工作服、帽、手套	—	< 300[①]	15	人体综合电阻	$10^6\sim10^8$	—
8	鞋底	—	< 100[①]				

注：① 摩擦电压；② 物流传递器具包含料盒、周转箱、PCB 架等。

7. ESD 防护中常发现的错误

（1）防静电腕带套在衣袖上，未与皮肤接触。

（2）防静电腕带松动，与皮肤表面接触不良。

（3）防静电腕带夹在桌面上，桌面的另一侧接地。

（4）使用白色的泡沫垫基板。

（5）箱子无防静电屏蔽盖。

（6）特殊场合才佩戴腕带。

（7）使用白色铁氟龙光头烙铁。

（8）使用一般的塑胶包装材料包装。

（9）用普通溶剂清洗工作台表面。

（10）粉红色即为抗静电（应用静电表测量是否达到防静电要求）。

（11）不用静电表测试静电压。

（12）任何过路人皆可拿工作台上的零件和基板。

（13）鳄鱼夹夹在机器设备油漆部分。

（14）鳄鱼夹的最内圆孔部夹住铜线，最内圆孔部内径比铜线外径大。

（15）鳄鱼夹夹在铜线胶皮上。

（16）零件与基板无任何防静电措施时随处乱放。

（17）工作台铜线未接地。

（18）测试设备和机器外壳未接地。

习　　题

一、选择题

1. 下列属于一次设备的是（　　）。

A. 继电保护装置　　　B. 控制电缆　　　C. 断路器（开关）　　　D. 信号电源回路

2. 下列属于二次设备的是（　　）。

A. 发电机　　　　　　B. 变压器　　　　C. 电动机　　　　　　D. 熔断器

3. 由二次设备互相连接，构成对一次设备进行监测、控制、调节和保护的电气回路称为（　　）。

A. 二次回路或二次接线　　　　　　　B. 一次回路或二次接线

C. 二次回路或一次接线　　　　　　　D. 一次回路或一次接线

4. 电气设备的状态包括（　　）。

A. 运行　　　　　　B. 热备用　　　　C. 冷备用　　　　D. 检修

5. 断路器检修完毕，恢复（　　）。

A. 保护接地　　　　B. 遮栏　　　　　C. 安全措施　　　　D. 防雷接地

6. 每年雷雨季节到来之前应进行防雷检查，检查（　　）是否符合要求。

A. 防雷设施　　　　B. 接地装置　　　C. 设备绝缘　　　　D. 瓷瓶清扫

7. 根据评级标准，可将设备分为（　　）类。

A. 5　　　　　　　　B. 4　　　　　　　C. 3　　　　　　　　D. 2

8. 对电气设备或线路的停电操作必须遵循的基本原则是（　　）。

A. 先断开能带负荷拉合的断路器，后断开闸刀

B. 先断开闸刀，后断开能带负荷拉合的断路器

C. 能带负荷拉合的断路器和闸刀可同时断开

D. 以上都不对

9. 若发生人身事故或设备事故，应立即停止工作，下面做法正确的是（　　）。

A. 保护现场，及时报告领导处理

B. 先抢救伤者，并保护现场，及时报告领导处理

C. 及时报告领导处理，然后抢救伤者

D. 先做好现场保护，然后抢救伤者

10. 外壳防护能力可以归纳为以下哪几点（　　）。

A. 防止人体接近壳内危险部件　　　　B. 防止固体异物进入壳内设备

C. 防止由于水(或湿气)进入壳内对设备造成有害的影响　　　　D. 以上都不是

11. 外壳对人体的防护包括(　　)。

A. 防止接近危险部件的适当的电气间隙

B. 接触危险的机械部件的防护

C. 在外壳内没有足够空间的情况下,防止接近危险高压带电部件

D. 接触危险的低压带电部件的防护

12. 外壳提供的防护等级用采用(　　)代码方式表示。

A. TCP　　　　　　　　B. PI　　　　　　　　C. IC　　　　　　　　D. IP

13. 下列措施(　　)为力图消除接触到带电体的可能性的防护措施。

A. 绝缘　　　　　　　　B. 屏护　　　　　　　C. 接地　　　　　　　D. 间距

14. 低压电气设备按其电击防护方式可分为(　　)类。

A. 3　　　　　　　　　B. 4　　　　　　　　　C. 5　　　　　　　　　D. 6

15. 在安全特低电压防护措施中,基本防护由以下(　　)措施提供。

A. 将电路(SELV 电路)的电压限制在无危险水平

B. 将 SELV 电路与除 SELV 电路以外的所有电路之间作保护隔离

C. 将 SELV 电路与除 SELV 电路以外的所有电路隔离

D. 将 SELV 电路与大地之间作基本隔离

16. 在安全特低电压防护措施中,附加防护由(　　)措施提供。

A. 将电路(SELV 电路)的电压限制在无危险水平

B. 将 SELV 电路与除 SELV 电路以外的所有电路之间作保护隔

C. 将 SELV 电路与除 SELV 电路以外的所有电路隔离

D. 将 SELV 电路与大地之间作基本隔离

17. Ⅰ类设备的防护措施是(　　)。

A. 仅依靠基本绝缘作电击防护

B. 基本绝缘和附加安全措施

C. 具有双重绝缘或加强绝缘,设有附加安全措施

D. 使用安全特低电压

18. 我国国家标准 GB 3805—83《安全电压》规定,工频有效值的限值为(　　)V、直流电压的限值为(　　)V。

A. 120,50　　　　　　B. 50,50　　　　　　C. 50,120　　　　　　D. 120,120

19. 我国将安全电压额定值(工频有效值)的等级规定为:42 V、36 V、24 V、12 V 和 6 V。当电气设备采用(　　)V 以上安全电压时,必须采取直接接触电击的防护措施。

A. 42　　　　　　　　　B. 36　　　　　　　　　C. 24　　　　　　　　　D. 12

20. 金属容器内、隧道内、水井内以及周围有大面积接地导体等工作地点狭窄、行动不便的环境应采用(　　)V 安全电压。

A. 42　　　　　　　　　B. 36　　　　　　　　　C. 24　　　　　　　　　D. 12

21. 可将特低电压保护类型分为以下哪三类(　　)。

A. SELV　　　　　　　B. BELV　　　　　　　C. PELV　　　　　　　D. FELV

22. 关于接地电弧性短路描述错误的是(　　　)。

A. 电弧性短路由于故障点接触不良，未被熔融而迸发出电弧或电火花

B. 发生电弧性短路的故障点阻抗较大

C. 它的短路电流并不大，空气开关或其他过流保护装置难以动作，从而使电弧持续存在

D. 它的短路电流大，空气开关或其他过流保护装置在短时间内可切断电源，消除了事故隐患

23. 在一定条件下，电线与电线之间、导线与大地之间有一部分电流通过，这种现象即为(　　　)。

A. 漏电　　　　　　　B. 短路　　　　　　　C. 碰线　　　　　　　D. 过载

24. 接触不良，实际上就是接触电阻(　　　)，当有电流通过接头时会发热，引发火灾。

A. 变小　　　　　　　B. 不变　　　　　　　C. 变大　　　　　　　D. 不确定

25. 关于电气火灾描述正确的是(　　　)。

A. 电气火灾的隐患具有很强的隐蔽性　　　B. 电气火灾具有规律性，燃烧迅速，范围大

C. 发烟量大，扑救困难　　　　　　　　　D. 电气火灾具有地域不平衡性

26. 电线短路有(　　　)种情况。

A. 接地短路　　　　　　　　　　　　　　B. 线间短路

C. 完全短路　　　　　　　　　　　　　　D. 设备短路

27. 为了避免雷电电磁感应的危害，应将屋内的金属回路连接成一个闭合回路，接触电阻越(　　　)越好，形成静电屏蔽。

A. 大　　　　　　　　　　　　　　　　　B. 小

C. 稳定　　　　　　　　　　　　　　　　D. 以上都不对

28. 发生电气火灾，首先应该先断电，如有充分的灭火器可供选择的话，最好用(　　　)。

A. 干粉　　　　　　　　　　　　　　　　B. 泡沫

C. 二氧化碳　　　　　　　　　　　　　　D. 水基

29. 发生电气火灾时，工作着的电动机应慢速转动，不能用(　　　)扑救。

A. 喷雾水枪　　　　　　　　　　　　　　B. 1211

C. 二氧化碳　　　　　　　　　　　　　　D. 干粉

30. 电器设备运行中着火时，如果不能迅速断电，可使用二氧化碳、1211 灭火机或干粉灭火器等，但必须保持足够的安全距离，对 10 kV 及以下的设备，该距离不应小于(　　　)cm。

A. 40　　　　　　　　B. 50　　　　　　　　C. 55　　　　　　　　D. 60

31. 静电就是物体表面过剩或不足的静止电荷。下面理解错误的是(　　　)。

A. 静电是一种电能，它留存于物体的表面

B. 静电是正电荷和负电荷在局部范围内失去平衡的结果

C. 静电是通过电子或离子的转移而形成的

D. 静电是通过质子或离子的转移而形成的

32. 从防静电控制原理方面，我们可以将防静电材料分为(　　　)。

A. 导静电类　　　　　　　　　　　　　　B. 静电绝缘类

C. 静电耗散类　　　　　　　　　　　D. 电磁屏蔽耗散复合类

33. 静电地采用的接地方式是(　　　)。

A. 硬接地　　　　　　　　　　　　　B. 软接地

C. 直接接地　　　　　　　　　　　　D. 间接接地

34. 以下哪些是 ESD 防护中常发现的错误。(　　　)

A. 腕带松动，与皮肤表面接触不良　　B. 不用静电表测试静电压

C. 工作台铜线未接地　　　　　　　　C. 零件与基板无任何防静电措施时随处乱放

二、判断题

1. 直接用于电力生产、输送和分配电能的高压电气设备，经过这些设备电能从电厂输送到各用户，称为一次设备。　　　　　　　　　　　　　　　　　　　　　　(　　)

2. 由一次设备相互连接构成发电、输电、配电或进行其他生产的电气回路，称为一次回路或二次接线。　　　　　　　　　　　　　　　　　　　　　　　　　　　(　　)

3. 新安装或检修后的发电机，在启动前，应收回发电机及有关设备的全部工作票并索取试验数据，可不拆除全部临时安全措施。　　　　　　　　　　　　　　　　　(　　)

4. 隔离开关在正常运行时，其电流不得超过额定值，若接触部分温度过高，应减少其负荷。　　　　　　　　　　　　　　　　　　　　　　　　　　　　　　　　　(　　)

5. 为了防止一、二次绕组间绝缘击穿时，高压窜入二次绕组，危及人身和设备安全，二次侧必须接地。　　　　　　　　　　　　　　　　　　　　　　　　　　　　(　　)

6. 一次设备是指技术状况全面良好、外观整洁，技术资料齐全、正确，能保证安全经济运行的设备。　　　　　　　　　　　　　　　　　　　　　　　　　　　　　(　　)

7. 电气操作人员应思想集中，电气线路在未经测电笔确定无电前，应一律视为"有电"，不可用手触摸，应视为有电操作。　　　　　　　　　　　　　　　　　　　(　　)

8. 电气设备及线路的检修工作，遇特殊情况需要带电作业时，应经领导同意，做好安全措施即可进行。　　　　　　　　　　　　　　　　　　　　　　　　　　　　(　　)

9. 对电气设备或线路进行停电检修时，严格按电气设备检修工作制度进行，不一定要指定具体负责人。　　　　　　　　　　　　　　　　　　　　　　　　　　　　(　　)

10. 发生火警时，应立即切断电源，用干式灭火器扑救，严禁用水扑救。　　(　　)

11. 防护等级是按标准规定的检验要求，确定外壳对人接近危险部件、防止固体异物进入或水进入壳内所提供的防护程度。　　　　　　　　　　　　　　　　　　(　　)

12. Ⅰ类设备采用基本绝缘作为基本防护措施，采用保护联结作为故障防护措施，与保护接地相连接。　　　　　　　　　　　　　　　　　　　　　　　　　　　　(　　)

13. 附加防护在 IEC364 和 GB/T12501 中被作为直接接触防护，主要是针对基本绝缘失效时的防护。　　　　　　　　　　　　　　　　　　　　　　　　　　　　　(　　)

14. 凡有电击环境使用的手持照明灯和局部照明灯应采用 36 V 或 42 V 安全电压。　　　　　　　　　　　　　　　　　　　　　　　　　　　　　　　　　　　(　　)

15. 水下作业的特殊场所应采用 6 V 安全电压。　　　　　　　　　　　　(　　)

16. 电气火灾就是电能通过电气设备及线路转化成为热能，并成为火源所引发的火灾。　　　　　　　　　　　　　　　　　　　　　　　　　　　　　　　　　　(　　)

17. 短路常常发生在电气线路中，分为相间短路和单相接地短路两大类。　（　　）

18. 防雷主要是防直击雷、雷电感应和防雷电波（流）侵入等。　（　　）

19. 当电力线路、电气设备发生火灾，并燃着附近的可燃物时，都应首先考虑扑救，然后及时断电。　（　　）

20. 静电的特点是高电压、低电流、小电量、作用时间短。　（　　）

21. 防静电地线可以接于电源零线上，不得与防雷地线共用。　（　　）

22. 直接接触静电敏感器件的人员均应戴防静电腕带，腕带应与人体皮肤良好接触。　（　　）

三、分析题

1. 结合实际，分析设备定期评级对设备技术管理的实际意义是什么？

2. 电气故障检修要熟悉一般步骤，结合实际简单谈谈还要掌握哪些检修技巧？

3. 联系实际，从安全电压的角度分析要达到兼有直接接触电击防护和间接接触电击防护的保护要求，必须满足哪些条件？

4. 结合所学知识，联系实际，分析生产企业应该遵循哪些防静电要求？

第 10 章　供配电系统的电气安全

10.1　电气事故的防护准则及措施

电气事故是指电能非正常地作用于人体或电能失去控制所造成的意外事件，即与电能直接关联的意外灾害。电气事故将使人们的正常活动中断，并可能造成人身伤亡和设备、设施的毁坏。管理、规划、设计、安装、试验、运行、维修、操作中的失误都可能导致电气事故。

因此，防范和及时处理电气事故的发生是一项重要的基础工作。要积极贯彻执行"安全第一、预防为主、综合治理"的安全生产方针，以用电户为单位，做好日常的电气专业技术管理工作；加强对突发性电气事故的应急处理能力，防范、杜绝发生重大电气事故；不断提高操作人员的技术能力和电气安全运行水平。

在供配电系统中，由于设备内部绝缘的老化、损坏或遭受雷击、外力的破坏以及操作人员的误操作等，都可能使运行中的供配电系统发生故障或处在不正常状态。最常见的不正常状态有过负荷、短路故障和变压器油温过高等，这些不正常工作状态若不能及时发现并处理，就会造成重大安全事故。

各种形式的短路是常见的供配电系统发生的故障，较大的短路电流及由短路引起的电弧，会损坏设备的绝缘甚至烧坏设备，并同时引起电力系统的供电电压下降，引发严重后果。所以供配电系统通常采用熔断器保护、低压断路器保护和继电保护等防护措施，以保障系统的正常运行。

（1）熔断器保护：其装置简单经济，所以在工厂供配电系统中被广泛应用，但其断流能力较小，选择性较差，并且其熔体熔断后需要更换新熔体后才能恢复供电，因此在对供电可靠性要求不高的场所可以采用熔断器保护。熔断器保护措施适用于高、低压供电系统。

（2）低压断路器保护：又称低压自动开关保护，适用于要求供电可靠性较高和操作灵活方便的低压供配电系统中。

（3）继电保护：适用于要求供电可靠性高、操作灵活方便，特别是自动化程度较高的高压供配电系统中。

在供配电系统中装设相应的继电保护设备，可以保证供配电系统的安全运行。依据继电保护所承担的主要任务，供配电系统对继电保护提出以下基本要求：

① 选择性。当供配电系统发生短路故障时，继电保护装置动作，应只切除故障元件，使停电范围尽量最小，以减小故障停电造成的损失。保护装置的这种能选择故障元件的能力称为保护的选择性。

② 速动性。为了减小由于故障引起的损失，减少用户在故障时低电压下的工作时间，

以及提高供配电系统运行的稳定性，要求继电保护在发生故障时应能尽快动作，切除故障。快速地切除故障部分，可以防止故障扩大，减轻故障电流对非故障电气设备的损坏，加快供配电系统电压的恢复，从而提高供配电系统运行的可靠性。

因为既要满足选择性，又要满足速动性，所以工厂供配电系统的继电保护允许带一定时限，以满足保护的选择性而牺牲一点速动性。对于工厂供配电系统，允许延时切除故障的时间一般为 0.5 s～2.0 s。

③ 灵敏性。灵敏性是指在保护范围内发生故障或不正常工作状态时，保护装置的反应能力。即在保护范围内产生故障时，不论短路点的位置以及短路的类型如何，保护装置都应当能敏锐且正确地做出反应。

继电保护的灵敏性是用灵敏度来衡量的。不同作用的保护装置和被保护设备，所要求的灵敏度是不同的，可以参考《电力装置的继电保护和自动装置设计技术规程》。

④ 可靠性。可靠性是指继电保护装置在其所规定的保护范围内发生故障或不正常工作时，一定要准确动作，即不能拒动；而在不属于其保护范围内发生故障或不正常工作时，一定不要动作，即不能误动。

除了满足以上四个基本要求外，对供配电系统的继电保护装置还要求投资少，以便于调试和运行维护，并尽可能满足用电设备运行的条件。继电保护的四个基本要求，既相互联系，又相互矛盾。在考虑继电保护方案时，要正确处理它们之间的关系，使继电保护方案在技术上安全可靠，在经济上合理。

10.1.1　电击事故的防护准则及措施

电击事故可能由雷电、触及输电电线或意外事故中折断的电线以及接触某些带电体等引起闪击所致。

1. 电击事故的防护准则

电击事故的防护准则是：无论在正常情况下还是在单一故障情况下，电气装置和设备的带电部分都不应当是可触及的，而可触及的外露可导电部分均应是无危险的。

2. 电击事故的防护措施

要使供配电系统正常运行，首先必须保证其安全性，防雷和接地是防止电击事故的主要措施，掌握电气安全、防雷和接地的理论知识非常重要。其他的主要防护措施还有：

（1）建立完整的安全管理机构。

（2）健全各项安全规程，并严格执行。

（3）严格遵循设计、安装规范。电气设备和线路的设计和安装应严格遵循相关的国家标准，做到精心设计，按图施工，确保质量，绝不留下事故隐患。

（4）加强运行维护和检修试验工作。应定期测量在用电气设备的绝缘电阻及接地装置的接地电阻，确保其处于合格状态；对安全用具、避雷器、保护电器，也应定期检查、测试，确保其性能良好、工作可靠。

（5）按规定正确使用电气安全用具。电气安全用具分为绝缘安全用具和防护安全用具，绝缘安全用具又分为基本安全用具和辅助安全用具两类。

（6）采用安全电压和符合安全要求的电器。为防止触电事故而采用的由特定电源供电的电压系列，称为安全电压。对于容易触电及有触电危险的场所，应按表 10 - 1 中的规定采用相应的安全电压。

表 10 - 1 安 全 电 压

安全电压(交流有效值)/V		选 用 举 例
额定值	空载上限值	
42	50	在有触电危险的场所使用的手持式电动工具等
36	43	在矿井多导电粉尘等场所使用的行灯等
24	29	工作空间狭窄，操作者容易大面积接触带电体，如在锅炉等金属容器内
12	15	人体可能经常触及的带电体设备
6	8	

注：对于某些重负载的电气设备，表中列出的额定值虽然符合规定，但空载时电压都很高，若其超过空载上限值仍不能认为是安全的。

（7）普及安全用电知识。

3. 过电压和防雷

1）过电压的概念和种类

过电压是指在电气设备或电气线路上出现的超过正常工作电压，并对绝缘有很大危害的异常电压。过电压按其产生的原因可分为内部过电压和雷电过电压。

（1）内部过电压。内部过电压是由于电力系统正常操作、事故切换、发生故障或负荷骤变等引起的过电压，可分为操作过电压、弧光接地过电压及谐振过电压。

内部过电压的能量来自电力系统本身，经验证明，内部过电压一般不超过系统正常运行时额定相电压的 3～4 倍，对电气线路和电气设备绝缘的伤害较小。

（2）雷电过电压。雷电过电压也称外部过电压或大气过电压，是由电力系统中的设备、线路或建筑物遭受来自大气中的直接雷击或雷电感应而引起的过电压。雷电过电压又分为直击雷过电压、闪电感应（感应雷）过电压和闪电电涌侵入（雷电波侵入）过电压。

雷电冲击波的电压幅值可高达 1 亿伏，其电流幅值可高达几十万安，对电力系统的危害远远超过内部过电压。其可能毁坏电气设备和线路的绝缘，烧断线路，造成大面积、长时间停电。因此，必须采取有效措施加以防护。

2）防雷

电力装置的防雷装置由接闪器或避雷器、引下线和接地装置等三部分组成。下面分别针对架空线路、变电所、高压电动机等装置说明防雷措施。

（1）架空线路的防雷。

① 架设接闪线。这是线路防雷的最有效措施，但成本很高，只有 66 kV 及以上线路才沿全线装设。

② 提高线路本身的绝缘水平。在线路上采用瓷横担代替铁横担，或改用高一级绝缘等级的瓷瓶，都可以提高线路的防雷水平，这是 10 kV 及以下架空线路的基本防雷措施。

③ 利用三角形排列的顶线兼作防雷保护线。由于 3 kV～ 10 kV 线路的中性点通常是

不接地的，因此，如果在三角形排列的顶线绝缘子上装设保护间隙，则在雷击时，顶线承受雷击，保护间隙被击穿，通过引下线对地泄放雷电流，从而保护了下面两根导线，一般不会引起线路断路器跳闸。

④ 加强对绝缘薄弱点的保护。线路上个别特别高的电杆、跨越杆、分支杆、电缆头、开关等处，就全线路来说是绝缘薄弱点，雷击时最容易发生短路。在这些薄弱点，需装设管型避雷器或保护间隙加以保护。

⑤ 采用自动重合闸装置。遭受雷击时，线路发生相间短路是难免的，在断路器跳闸后，电弧自行熄灭，经过 0.5 s 或稍长一点时间后又自动合上，电弧一般不会复燃，可恢复供电，停电时间很短，对一般用户影响不大。

⑥ 绝缘子铁脚接地。对于分布广密的用户，低压线路及接户线的绝缘子铁脚宜接地，当其上落雷时，就能通过绝缘子铁脚放电，把雷电流泄入大地而起到保护作用。

（2）变电所的防雷。

① 防直击雷。35 kV 及以上电压等级变电所可采用接闪杆、接闪线或接闪带来保护其室外配电装置、主变压器、主控室、室内配电装置及变电所免遭直击雷。一般装设独立接闪杆或在室外配电装置架构上装设接闪杆防直击雷。当采用独立接闪杆时宜设独立的接地装置。

当雷击接闪杆时，强大的雷电流通过引下线和接地装置泄入大地，接闪杆及引下线上的高电位可能对附近的建筑物和变配电设备发生"反击闪络"。

为防止"反击"事故的发生，应注意下列规定与要求：

独立接闪杆与被保护物之间应保持一定的空间距离 S_0，此距离与建筑物的防雷等级有关，但通常应满足 $S_0 \geqslant 5$ m。

独立接闪杆应装设独立的接地装置，其接地体与被保护物的接地体之间也应保持一定的地中距离 S_E，通常应满足 $S_E \geqslant 3$ m。

独立接闪杆及其接地装置不应设在人员经常出入的地方，其与建筑物的出入口及人行道的距离不应小于 3 m，以限制跨步电压。否则，应采取下列措施之一：

· 水平接地体局部埋深不小于 1 m；

· 水平接地体局部包以绝缘物，如涂厚 50 mm～ 80 mm 的沥青层；

· 采用沥青碎石路面，或在接地装置上面敷设 50 mm～80 mm 厚的沥青层；

· 其宽度要超过接地装置 2 m；

· 采用"帽檐式"均压带。

② 进线防雷。35 kV 电力线路一般不采用全线装设接闪线来防直击雷，但为防止变电所附近线路遭受雷击时，雷电压沿线路侵入变电所内损坏设备，需在进线 1 km～2 km 段内装设接闪线，使该段线路免遭直接雷击。为使接闪线保护段以外的线路受雷击时侵入变电所的过电压有所限制，一般可在接闪线两端处的线路上装设管型避雷器。进线段防雷保护接线方式如图 10-1 所示，当保护段以外线路受雷击时，雷电波到管型避雷器 F_1 处，即对地放电，降低了雷电过电压值。管型避雷器 F_2 的作用是防止雷电侵入波在断开的断路器 QF 处产生过电压击坏断路器。其中，F_1、F_2 是管型避雷器，F_3 是阀型避雷器。

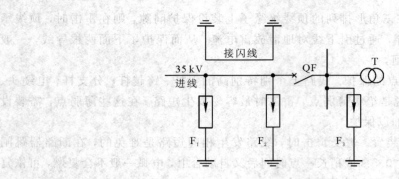

图 10-1　变电所 35 kV 进线段防雷保护接线方式

对于 3 kV～10 kV 配电线路的进线防雷保护，可以在每路进线终端装设 FZ 型或 FS 型阀型避雷器，以保护线路断路器及隔离开关，如图 10-2 中的 F_1、F_2。如果进线是电缆引入的架空线路，则在架空线路终端靠近电缆头处装设避雷器，其接地端与电缆头外壳相连后接地。其中，F_1、F_2 是管型避雷器，F_3 是阀型避雷器。

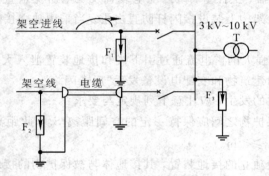

图 10-2　变配电所 3 kV～10 kV 进线段防雷保护接线方式

③ 配电装置防雷。为防止雷电冲击波沿高压线路侵入变电所，对所内设备特别是价值较高但绝缘相对薄弱的电力变压器造成危害，须在变配电所每段母线上装设一组阀型避雷器，并使其尽量靠近变压器，二者距离一般不应大于 5 m，如图 10-1 和图 10-2 中的 F_3。避雷器的接地线应与变压器低压侧接地中性点及金属外壳连在一起接地，如图 10-3 所示。

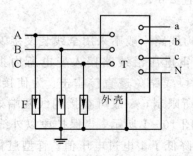

图 10-3　电力变压器的防护

（3）高压电动机的防雷。

高压电动机的绝缘水平比变压器低，如果其经变压器再与架空线路相接，一般不要求采取特殊的防雷措施。但如果它直接和架空线路连接，其防雷问题尤为重要。

高压电动机由于长期运行，受环境影响产生腐蚀、老化后，其耐压水平会进一步降低，因此，对雷电侵入波的防护，不能采用普通的 FS 型和 FZ 型阀型避雷器，而应采用性能较好的专用于保护旋转电动机的 FCD 型磁吹阀型避雷器，或采用具有串联间隙的金属氧化物避雷器，并使其尽可能靠近电动机安装。

4. 接地保护

1）基本概念

电气设备的某部分与大地之间做良好的电气连接称为接地。埋入地中并直接与土壤相接触的金属导体，称为接地体或接地极。电气设备接地部分与接地体（极）相连接的金属导体（线）称为接地线。接地体与接地线统称为接地装置。由若干接地体在大地中用接地线相互连接起来的一个整体，称为接地网。

电气设备发生接地故障时，电流经接地装置流入大地并作半球形散开，这一电流称为接地电流。电气设备接地部分与零电位的"大地"之间的电位差，称为对地电压。

当电气设备绝缘损坏时，人站在地面上接触该电气设备的带电部分，人体所承受的电位差称为接触电压。在接地故障点附近行走，人的双脚（或牲畜前后脚）之间所呈现的电位差称为跨步电压。

2）电气设备的接地

接地分为防雷接地和电气设备接地两种。电气设备接地按其不同的作用可分为工作接地、保护接地和重复接地。

（1）工作接地。在正常情况或故障情况下，为了保证电气设备的可靠运行，将电力系统中某一点接地称为工作接地。例如电源（发电机或变压器）的中性点直接（或经消弧线圈）接地，电压互感器一次侧线圈的中性点接地，防雷设备的接地等。

（2）保护接地。对于在故障情况下可能呈现危险的对地电压设备的外露可导电部分进行接地，称为保护接地。例如电气设备上与带电部分相绝缘的金属外壳接地。

低压配电系统的保护接地按接地形式可分为 TN 系统、TT 系统和 IT 系统三种。

① TN 系统。TN 系统是指电力系统有一点直接接地，电气装置的外露可导电部分通过保护线与该接地点相连接。

TN 系统又分为 TN－C 系统、TN－S 系统和 TN－C－S 系统。TN－C 系统中整个系统的中性导体与保护导体是合一的，如图 10－4(a)所示；TN－S 系统中整个系统的中性导体（N 线）与保护导体（PE 线）是分开的，如图 10－4(b)所示；TN－C－S 系统中有一部分线路的中性导体与保护导体是合一的，称为保护中性导体（PEN 线），如图 10－4(c)所示。

TN 系统中，设备外露可导电部分通过保护导体或保护中性导体接地，这种接地形式我国习惯上称为"保护接零"。

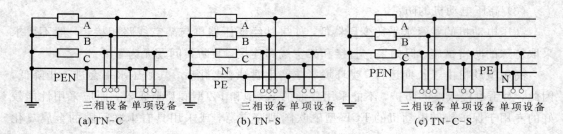

图 10 - 4　低压配电的 TN 系统

② TT 系统。TT 系统的中性点直接接地，系统中电气设备的外露可导电部分均各自经 PE 线单独接地。TT 系统属于三相四线制系统，接单相设备较方便，再配上灵敏的漏电保护装置，使人身安全有了保障，如图 10 - 5 所示。

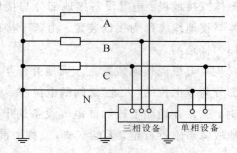

图 10 - 5　低压配电的 TT 系统

当设备发生一相接地故障时，会通过保护接地装置形成单相短路电流 I_K，由于电源相电压为 220 V，如按电源中性点工作接地电阻为 4 Ω、保护接地电阻为 4 Ω 计算，则故障回路将产生 27.5 A 的电流，这么大的故障电流，对于容量较小的电气设备来说，所选用的熔丝会熔断或使自动开关跳闸，从而切断电源，保障人身安全。但是，对于容量较大的电气设备，因所选用的熔丝或自动开关的额定电流较大，所以不能保证切断电源，也就无法保障人身安全，这是保护接地方式的局限性。该方式的局限性可通过加装剩余电流保护器来弥补，以完善保护接地的功能。

③ IT 系统。IT 系统中的中性点不接地或经 1000 Ω 阻抗接地，且通常不引出中性线，系统中的所有设备的外露可导电部分也都各自经 PE 线单独接地、成组接地或集中接地，统称为保护接地，如图 10 - 6 所示。

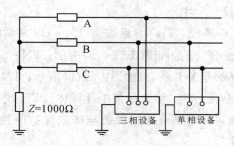

图 10 - 6　低压配电的 IT 系统

　　当采用 IT 系统保护接地时，如绝缘损坏使外壳带电，有人触及设备外壳，则接地电流 I_e 将同时沿接地装置和人体两条通路流通，经过每条通路的电流值将与其对应的电阻值大小成反比。因此，要想使流经人体的电流 I_b 很小，则必须使接地电阻很小，而人体电阻通常比接地电阻 R_e 大得多，所以，流经人体的电流就比较小。只要按规程要求能在接地电阻的允许值以内，则流经人体的电流很小，不会有危险。若没有采取保护接地，当电气设备某相绝缘损坏而使外壳带电时，如有人触及设备外壳，则电流经人体而构成通路，造成触电危险。

　　必须指出，在同一低压配电系统中，保护接地与保护接零不能混用。否则，当采取保护接地的设备发生单相接地故障时，危险电压将通过大地窜至零线及采用保护接零的设备外壳上。

　　（3）重复接地。将保护中性线上的一处或多处通过接地装置与大地再次连接，称为重复接地。在架空线路终端及沿线每 1 km 处，电缆或架空线引入建筑物处都需要重复接地。若不重复接地，当 PE 线或 PEN 线万一断线，同时断点之后某一设备发生单相碰壳时，断点之后的接零设备外壳都将出现较高的接触电压，即 $U_e \approx U_\varphi$，如图 10-7(a) 所示，相当危险。如重复接地，则接触电压大大降低，即 $U_e = I_e R_e$，远远小于 U_φ，危险大为降低，如图 10-7(b) 所示。

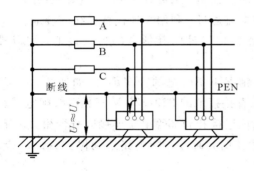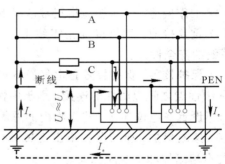

（a）没有重复接地，PE线或PEN线断线时　　　　（b）采取重复接地，PE线或PEN线断线时

图 10-7　重复接地功能说明示意图

10.1.2　防止电击事故的措施

　　人体也是导体。当人体某部位接触带电体时，就有电流流过人体，这就是触电。触电分为直接触电和间接触电两类。直接触电是指人体与带电导体接触的触电。间接触电是指人体与故障状况下变为带电的设备外露可接近导体（如金属外壳、框架等）接触的触电。

　　触电事故可分为"电击"与"电伤"两类。电击是指电流通过人体内部，破坏人的心脏、呼吸系统与神经系统，重则危及生命；电伤是指由电流的热效应、化学效应或机械效应对人体造成的伤害，它可伤及人体内部，甚至骨骼，还会在人的体表留下诸如电烙印、电纹等触电伤痕。

　　触电事故引起死亡大都是由于电流刺激人体心脏，引起心室的纤维性颤动、停搏和呼吸中枢麻痹，导致呼吸停止而造成的。所以在触电事故中，防止电击事故是防触电的重点内容。

由于触电分为直接触电和间接触电两类，因此需要根据不同的触电形式采取不同的防止电击事故的措施。

1. 防止直接触电类电击的措施

（1）将带电导体绝缘。利用绝缘材料对带电体进行封闭和隔离，即带电导体应全部用绝缘层覆盖，其绝缘层应能长期承受在运行中遇到的机械、化学、电气及热的各种不利影响。

（2）采用遮栏、护罩、护盖、箱匣等将带电体与外界隔离。设置防止人、畜意外触及带电导体的防护设施；在可能触及带电导体的开孔处，设置"禁止触及"的标志。

（3）采用阻挡物（障碍）。当裸带电导体采用遮栏或外护物防护有困难时，在电气专用房间或区域宜采用栏杆或网状屏障等阻挡物防护。

（4）将人可能无意识同时触及的不同电位的可导电部分置于伸臂范围之外，以保证带电体与人体之间有必要的安全间距。同时也要确保带电体与地面、带电体与其他设备、带电体相互之间保持必要的安全距离。

2. 防止间接触电类电击的措施

（1）保护接地。保护接地是最基本的电气防护措施，又可分为 IT、TT、TN 系统。

（2）工作接地。工作接地指正常情况下有电流通过，利用大地代替导线的接地。

（3）重复接地。重复接地指零线上除工作接地以外的其他点的再次接地，用以提高 TN 系统的安全性能。

（4）保护接零。保护接零指电气设备正常情况下不带电的金属部分（如外壳、框架）与配电网中性点之间金属性的连接，用于中性点直接接地的 220/380 V 三相四线配电网。

（5）设置等电位连接。建筑物内的总等电位连接和局部等电位连接应符合相关规定。

（6）速断保护。速断保护指出现过载或短路时，通过切断电路达到保护目的的措施，常用的有熔断器和电流脱扣器。

（7）采用特低电压（ELV）供电。特低电压是指相间电压或相对地电压不超过交流方均根值 50 V 的电压。亦可采用 SELV（安全特低电压）系统和 PELV（保护特低电压）系统供电。

3. 同时防止直接触电和间接触电两类电击的措施

（1）双重绝缘：兼有工作绝缘和保护绝缘的绝缘。

（2）加强绝缘：在绝缘强度和机械性能上具备双重绝缘同等能力的单一绝缘。

（3）安全电压：通过限制作用于人体的电压，抑制通过人体的电流，保证触电时处于安全状态。

（4）电气隔离：通过隔离变压器实现工作回路与其他电气回路的电气隔离，将接地电网转换为范围很小的不接地电网。

（5）漏电保护（又称剩余电流保护）：装设剩余电流保护电器（俗称漏电保护器或漏电开关），故障时自动切断电源，用于单相电击保护和防止因漏电引起的火灾，可配合其他电气安全技术使用，作为互相补充。

4. 电工安全用具

常用电工安全用具有绝缘杆、绝缘夹钳、绝缘手套、绝缘靴、绝缘垫、绝缘站台、登高安全用具(如梯子、高凳、脚扣和安全带)等;常用仪器有携带式电压指示器和电流指示器;常用安全设施有临时接地线、遮栏和标示牌等。图 10-8 是部分电工安全用具实物图。

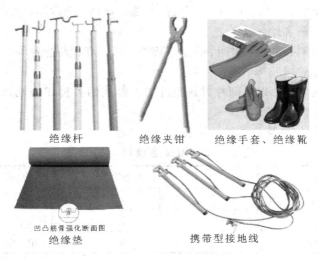

绝缘杆　　　　绝缘夹钳　　　绝缘手套、绝缘靴

凹凸筋骨强化断面图
绝缘垫　　　　　　携带型接地线

图 10-8　部分电工安全用具实物图

5. 保证检修安全

(1) 实行严格完善的工作记录和操作记录制度。
(2) 实行严格的工作监护制度和工作许可制度。
(3) 检修工作需要切断供电时,应当按照程序规定执行。
(4) 不停电检修时应当具备完善的保护措施。

根据采用的技术形式,防止电击事故的措施分为绝缘和屏护措施、采用安全电压、保护接地和工作接地等。具体参见 9.2 节部分内容。

10.2　电气绝缘

绝缘是用绝缘材料把带电体封闭起来,或将带电体与地隔离开来,它包括相间绝缘以及相对地绝缘。总体来讲,绝缘有两大作用:一是防止线路发生短路故障;二是防止人员直接接触到带电体。良好的绝缘是设备和线路正常运行的必要条件,也是防止触电事故的重要措施。

10.2.1　绝缘材料的电气性能

1. 绝缘材料的作用及分类

绝缘材料的主要作用是隔离带电的或不等电位的导体,使电流能按预定的方向流动。绝缘材料大部分是有机材料,其耐热性、机械强度和寿命比金属材料低得多。电工绝缘材料分气体、液体和固体以及真空四大类。固体绝缘材料包括绝缘纸、电瓷、云母、交联聚乙烯等；液体绝缘材料包括绝缘油；气体绝缘材料包括空气、SF_6 等。

2. 固体绝缘材料

固体绝缘材料按其化学性质不同，可分为无机绝缘材料、有机绝缘材料和混合绝缘材料。

（1）无机绝缘材料：云母、石棉、大理石、瓷器、玻璃、硫黄等，主要用作电机、电器的绕组绝缘，开关的底板和绝缘子等。

（2）有机绝缘材料：虫胶、树脂、橡胶、棉纱、纸、麻、人造丝等，大多用以制造绝缘漆、绕组导线的被覆绝缘物等。

（3）混合绝缘材料：由以上两种材料经过加工制成的各种成型绝缘材料，主要用作电器的底座、外壳等。

固体绝缘材料的分类及分类代号如表 10-2 所示。

表 10-2　固体绝缘材料的分类

分类代号	分类名称	分类代号	分类名称
1	漆、树脂和胶类	4	模塑料类
2	浸渍纤维制品类	5	云母制品类
3	层压制品类	6	薄膜、粘带和复合制品类

3. 绝缘材料的性能

绝缘材料的作用是在电气设备中将电势不同的带电部分隔离开来。因此绝缘材料首先应具有较高的绝缘电阻和耐压强度，并能避免发生漏电、击穿等事故；其次其耐热性能要好，避免因长期过热而老化变质；此外，它还应具有良好的导热性、耐潮防雷性和较高的机械强度以及工艺加工方便等特点。根据上述要求，常用绝缘材料的性能指标有绝缘强度、抗张强度、比重、膨胀系数等。

固体绝缘材料的主要性能指标可以归纳为以下几项：

（1）绝缘耐压强度（击穿强度）。绝缘体两端所加的电压越高，材料内电荷受到的电场力就越大，越容易发生电离碰撞，造成绝缘体击穿。使绝缘体击穿的最低电压叫作该绝缘体的击穿电压。使 1 mm 厚的绝缘材料击穿，需要加上的电压的千伏数叫作绝缘材料的绝缘耐压强度，简称绝缘强度。由于绝缘材料都有一定的绝缘强度，对于各种电气设备、安全用具（电工钳、验电笔、绝缘手套、绝缘棒等）、电工材料，制造厂商都规定一定的允许使用电压，这个电压称为额定电压。电气设备及安全用具在使用时承受的电压不得超过它的额定电压值，以免发生事故。

（2）绝缘电阻。绝缘材料在恒定的电压作用下，总有一微小的电流通过，电流的大小与材料的电导率成正比，与其绝缘电阻成反比，所以绝缘材料必须有很大的绝缘电阻。

（3）耐热性。温度越高，绝缘材料的绝缘性能越差。为保证绝缘强度，每种绝缘材料都有一个适当的最高允许工作温度，在此温度以下，可以长期安全地使用，超过这个温度就会迅速老化。绝缘材料按其正常运行条件下容许的最高工作温度分为若干级，称为耐热等级，如表 10-3 所示。例如表 10-3 中 A 级绝缘材料的最高允许工作温度为 105℃，一般使用的配电变压器、电动机中的绝缘材料大多属于 A 级。

表 10 - 3　绝缘材料耐热等级

级别	绝 缘 材 料	极限工作温度/℃
Y	木材、棉花、纸纤维等	90
A	工作于矿物油中的和用油或油树脂复合胶浸过的 Y 级材料、漆包线、漆布、沥青等	105
E	聚酯薄膜和 A 级材料的复合材料、玻璃布、油性树脂漆等	120
B	用树脂浸渍涂覆的云母、玻璃纤维等	130
F	复合硅、醇类材料等	155
H	复合云母、有机硅云母、复合薄膜等	180
C	耐高温有机黏合剂、浸渍后的无机物等	180 以上

（4）机械强度。根据各种绝缘材料的具体要求，相应规定其抗张、抗压、抗弯、抗剪、抗撕、抗冲击等各种强度指标。绝缘材料单位截面积能承受的拉力称为抗张强度，例如玻璃每平方厘米截面积能承受 1400 N 的拉力。

除以上主要性能指标外，固体绝缘材料的性能指标还有黏度、固体含量、酸值、干燥时间及胶化时间等。

10.2.2　按保护功能区分的绝缘形式

由一种或若干种绝缘材料构成的绝缘体，称为绝缘结构。绝缘结构是按一些基本的绝缘结构形式构成的。绝缘结构可理解为由绝缘材料所加工成的零件，以特定方式应用在电气设备上。绝缘结构按功能可分为工作绝缘和保护绝缘。按保护功能区分的绝缘形式有以下几种。

1. 基本绝缘

基本绝缘是指带电部件上对触电起基本保护作用的绝缘结构。例如，电动机转子的槽绝缘、定子线圈的绝缘衬垫等。

2. 附加绝缘

附加绝缘是在基本绝缘损坏的情况下，为防止触电而附加在基本绝缘之外的一种独立绝缘结构，又称保护绝缘、辅助绝缘。例如，转子冲片与转轴间设置的绝缘层等。

3. 双重绝缘

双重绝缘是指由基本绝缘和附加绝缘共同构成的绝缘结构。基本绝缘和附加绝缘可以是分开的，各自本身就是一个独立的绝缘结构。

双重绝缘是Ⅱ类电动工具的主要绝缘形式，除了由于结构、尺寸和技术合理性等使双重绝缘难以实施的特定部位和零件外，Ⅱ类电动工具的带电部分均应通过双重绝缘与易触及的金属零件或易触及表面分隔开。在结构上，基本绝缘置于带电部分上并直接与带电部分接触；附加绝缘靠近易触及的金属零件或使用者易触及的部位。

4. 加强绝缘

加强绝缘相当于双重绝缘保护程度的单独绝缘结构，是由一种或若干种绝缘材料构成的，但不能分拆，是一个整体。

图 10-9 展示了按保护功能区分的绝缘形式示意图，其中图（a）、图（b）、图（c）、图（d）为双重绝缘；图（e）、图（f）为加强绝缘。

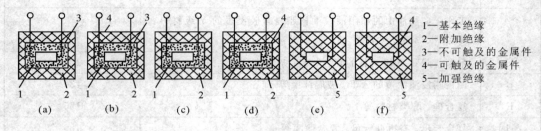

1—基本绝缘
2—附加绝缘
3—不可触及的金属件
4—可触及的金属件
5—加强绝缘

图 10-9　按保护功能区分的绝缘形式

10.2.3　绝缘的破坏

1. 影响绝缘性能的因素

影响绝缘性能的因素有电气因素、机械因素、温度因素、受潮、化学稳定性及抗生物特性等。

（1）电气因素。影响绝缘性能的电气因素主要有长期工作电压和短时过电压。

（2）机械因素。影响绝缘性能的机械因素主要有机械负荷、长时间振动和短路应力。

（3）温度因素。影响绝缘性能的温度因素主要表现在季节变化、长期过负荷和热老化。试验表明，对于常用的 A 级绝缘，如油纸绝缘，温度每超过 6 ℃，则寿命约缩短一半；而对于 B、H 级绝缘，温度每超过 10 ℃和 12 ℃，则寿命缩短一半。

（4）受潮。水分被吸收到电介质内部或吸附到电介质的表面以后，它能溶解离子类杂质或使强极性的物质解离，严重影响介质内部或沿面（外表面）的电气性能；在外施电压下，或者在电极间构成通路，或者在高温下汽化形成"汽桥"，从而使击穿电压显著降低。

（5）化学稳定性及抗生物特性。在户外工作的绝缘材料应能长期耐受日照、风沙、雨雾冰、雪等大气因素的侵蚀。在含有化学腐蚀气体等环境中工作时，选用的材料应具有更强的化学稳定性，如耐油性等。工作在湿热带和亚湿热带地区的绝缘材料还要注意抗生物（霉菌、昆虫）特性，如在电缆护层材料中加入合适的防霉剂和除虫涂料等。

2. 绝缘的破坏形式

绝缘的破坏形式主要表现在以下几个方面：

（1）击穿。绝缘体在高电压及其他因素的作用下丧失其绝缘性能，此即击穿现象。

（2）老化。绝缘体在长时间使用过程中，受到外界热、电、光、氧等因素的影响，而逐渐丧失原有的绝缘性能，我们称这种绝缘破坏方式为老化。

（3）损坏。损坏是绝缘体受到外界腐蚀性液体、气体、潮气、粉尘的侵蚀以及受到外界热源或机械因素作用时，在较短时间内丧失其绝缘性能的现象。

10.2.4　绝缘检测和绝缘试验

绝缘检测和绝缘试验的目的是检查电气设备或线路的绝缘指标是否符合要求。绝缘检测和绝缘试验主要包括绝缘电阻试验、耐压试验、局部放电试验、泄漏电流试验和介质损耗测量等。

局部放电试验是指带有局部放电量检测的感应耐压试验，它是确定变压器绝缘系统结构可靠性的重要试验之一。经受住了过电压试验的产品，对于其能否在长期工作电压作用下保证安全运行，还需要进行局部放电试验。

鉴于绝缘电阻试验的局限性，所以在绝缘试验中出现了测量泄漏电流的项目，即泄漏电流试验。对被测试的电气设备绝缘加上一定的电压，在这个电压下，测量绝缘对地及相之间的泄漏电流，以判断设备绝缘状况。下面重点介绍绝缘电阻试验、介质损耗测量和耐压试验。

1. 绝缘电阻试验

1）测试设备

测试设备或线路的绝缘电阻必须使用兆欧表（摇表）。兆欧表是一种具有高电压而且使用方便的测试大电阻的指示仪表，其刻度尺的单位是兆欧，用 MΩ 表示。在实际工作中，需根据被测对象来选择不同电压等级和阻值测量范围的仪表。兆欧表测量范围的选用原则是：

（1）测量范围不能过多超出被测绝缘电阻值，以避免产生较大的误差。

（2）施工现场一般是测量 500 V 以下的电气设备或线路的绝缘电阻，因此大多选用 500 V、阻值测量范围 0 ～250 MΩ 的兆欧表。

（3）兆欧表有三个接线柱，即 L（线路）、E（接地）、G（屏蔽），这三个接线柱按测量对象不同来选用。

2）测试内容

测试内容有绝缘电阻、吸引比。

3）测试前准备

测试前，首先要做好以下各种准备：

（1）测量前必须将被测设备电源切断，并对地短路放电，绝不允许设备带电进行测量，以保证人身和设备的安全。

（2）对可能感应出高压电的设备，必须消除这种可能性后，才能进行测量。

（3）被测物表面要清洁，减少接触电阻，确保测量结果的正确性。

（4）测量前要检查仪器是否处于正常工作状态，主要检查其"0"和"∞"两点。对于兆欧表，摇动手柄，使电机达到额定转速，兆欧表在短路时应指在"0"位置，开路时应指在"∞"位置。

（5）仪器应放在平稳、牢固的地方，且远离大的外电流导体和外磁场。

做好上述准备工作后就可以进行测量了，在测量时，还要注意正确接线，否则将引起不必要的误差甚至错误。

4）测试的方法

（1）照明、动力线路绝缘电阻测试方法。线路绝缘电阻在测试中可以得到相对相、相对地 6 组数据。切断电源，分次接好线路，按顺时针方向转动兆欧表的发电机摇把，使发电机转子发出的电压供测量使用。摇把的转速应由慢至快，待调速器发生滑动时，要保证转速均匀稳定，不要时快时慢，以免测量不准确。一般兆欧表转速达 120 r/min 左右时，发电机即达到额定输出电压。当发电机转速稳定后，表盘上的指针也稳定下来，这时指针读数即为所测得的绝缘电阻值。

测量电缆的绝缘电阻时，为了消除线芯绝缘层表面漏电所引起的测量误差，其接线方法除了使用"L"和"E"接线柱外，还需用屏蔽接线柱"G"，将"G"接线柱接至电缆绝缘纸上。

（2）电气设备、设施绝缘电阻测试方法。断开电源，对三相异步电动机定子绕组测三相绕组对外壳（即相对地）及三相绕组之间的绝缘电阻。摇测三相异步电动机转子绕组测相对相的绝缘电阻。测相对地时，"E"测试线接电动机外壳，"L"测试线接三相绕组。三相绕组对外壳一次摇成；若不合格则拆开单相，分别摇测；测相对相时，应将相间联片取下。

5）绝缘电阻值测试标准

（1）现场新装的低压线路和大修后的用电设备绝缘电阻应不小于 0.5 MΩ。

（2）运行中的线路，要求可降至不小于每伏 1000 Ω。

（3）三相鼠笼异步电动机绝缘电阻不得小于 0.5 MΩ。

（4）三相绕线式异步电动机的定子绝缘电阻值热态应大于 0.5 MΩ，冷态应大于 2 MΩ；转子绝缘电阻值热态应大于 0.15 MΩ，冷态应大于 0.8 MΩ。

（5）手持电动工具带电零件与外壳之间绝缘电阻值：Ⅰ类手持电动工具应大于 2 MΩ，Ⅱ类手持电动工具应大于 7 MΩ，Ⅲ类手持电动工具应大于 1 MΩ。

（6）变压器一、二次绕组之间及对铁芯的绝缘电阻值应大于 2 MΩ。

6）需要进行绝缘电阻值测试的几种情况

（1）新安装的用电设备投入运行前；

（2）长期未使用的设备或停用 3 个月以上再次使用前；

（3）电机进行大修后或发生故障时；

（4）移动用电设备（如磨石机、潜水泵、打夯机、平板振动机、软管振动机等）在现场第一次使用前；

（5）手持电动工具除了在第一次使用前要测试，以后每隔一段时间需定期测试；

（6）安全隔离变压器（如行灯变压器）在使用前。

7）绝缘电阻值测试时应注意的问题

（1）测量电气设备的绝缘电阻时，应先切断电源，然后再将设备充分放电。

（2）仪表应放置在水平位置。

（3）兆欧表的测量引线应使用绝缘良好的单根导线，且应充分分开，不得与被测量设备的其他部位接触。

（4）测量电容量较大的电机、电缆、变压器及电容器应有一定的充电时间，摇动一分钟后读值，测试完毕后将设备放电。

（5）不能用两种不同电压等级的兆欧表测同一绝缘物，因为任何绝缘物所加的电压不同，会造成绝缘体产生的物理变化不同，使绝缘体内的泄漏电流不同，从而影响测量的绝缘物的电阻值。

（6）测试应在良好的天气下进行，周围环境温度不低于 5 ℃为宜。

8）吸收比

吸收比是加压测量开始后 60 s 时读取的绝缘电阻值 R_{60} 与加压测量开始后 15 s 时读

取的绝缘电阻值 R_{15} 之比。吸收比测量的目的是判断绝缘材料受潮程度和内部有无缺陷。因此,高压变压器、电动机和电力电容器等都应按规定测量吸收比。R_{60}、R_{15} 的定义见图 10 - 10。吸引比的定义为

$$K = \frac{R_{60}}{R_{15}} \qquad\qquad (10-1)$$

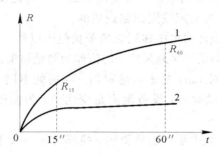

图 10 - 10　R_{60} 和 R_{15} 的定义

2. 介质损耗测量

在交流电压作用下,电介质中的部分电能不可逆地转变成热能,这部分能量叫作介质损耗。单位时间内消耗的能量叫作介质损耗功率。介质损耗使介质发热,是电介质热击穿的根源。

总电流与电压的相位差 ψ,即电介质的功率因数角。功率因数角的余角称为介质损耗角。根据相量图,不难求出单位体积内介质损耗功率为

$$P = \omega \varepsilon E^2 \tan \sigma \qquad\qquad (10-2)$$

式中,ω 是电源角频率,$\omega = 2\pi f$;ε 是电介质介电常数;E 是电介质内电场强度;$\tan\sigma$ 是介质损耗角正切。

由于 P 值与试验电压、试品尺寸等因素有关,难以用来对介质品质作严密的比较,因此,通常是以 $\tan\sigma$ 来衡量电介质的介质损耗性能。

该实验能发现一些绝缘缺陷,例如:绝缘介质的整体受潮、绝缘介质中含有气体等杂质;浸渍物及油等的不均匀或脏污。

测量介质损耗正切值的方法较多,主要有平衡电桥法、不平衡电桥法及瓦特表法。目前,我国多采用平衡电桥法,特别是工业现场广泛采用 QS1 型西林电桥,这种电桥的工作电压为 10 kV。

1) 测量设备

测量设备为介损电桥,又称西林电桥。

2) 测量时的注意事项

(1) 无论采用何种接线方式,电桥本体必须良好接地。

(2) 为防止检流计损坏,应在检流计灵敏度最低时接通或断开电源。

(3) 对能分开的被试品应尽量分开测试。因为当体积较大的设备中存在局部缺陷时,测量总体的 $\tan\sigma$ 值不易反映出这些局部缺陷;而对体积较小的设备,测 $\tan\sigma$ 值就较易发现局部缺陷。

3）影响测量结果的主要因素

（1）外界电场干扰。外界电场干扰主要是干扰电源（包括试验用高压电源和试验现场高压带电体）通过带电设备与被试设备之间的电容耦合造成的。为避免干扰，最根本的办法是尽量离开干扰源，或者加电场屏蔽，但在现场中往往难以实现。

（2）外界磁场干扰。外界磁场干扰主要是由测试现场附近漏磁通较大的设备产生的交变磁场作用于电桥检流计内的电流线圈回路造成的。

为了消除磁场干扰，可设法将电桥移到磁场干扰范围以外。若不能做到，则可以改变检流计极性开关进行两次测量，用两次测量的平均值作为测量结果，以减小磁场干扰的影响。

（3）温度的影响。温度对 $\tan\sigma$ 的影响随材料、结构的不同而不同。一般情况下，$\tan\sigma$ 随温度的上升而增加。现场试验时，设备温度是变化的，为便于比较，应将不同温度下测得的 $\tan\sigma$ 值换算至 20℃。

由于被试品真实的平均温度很难准确测定，换算方法也较不准确，换算后往往有很大误差，因此，应尽可能在 10℃～30℃ 的温度下进行测量。

（4）试验电压的影响。良好绝缘的 $\tan\sigma$ 不随电压的升高而明显增加，当绝缘内部有缺陷时，$\tan\sigma$ 将随试验电压的升高而明显增加。

（5）被试品电容量的影响。对电容量较小的设备，测量 $\tan\sigma$ 能有效地发现局部性的和整体性的缺陷；对电容量较大的设备，由于局部性的缺陷所引起的损失增加只占总损失的极小部分，此时测量 $\tan\sigma$ 只能发现绝缘的整体性缺陷。

对于可以分解为几个彼此绝缘的部分的被试品，应分别测量其各个部分的 $\tan\sigma$ 值，这样能更有效地发现缺陷。

（6）表面泄漏电流的影响。被试品表面泄漏可能影响反映被试品内部绝缘状况的 $\tan\sigma$ 值。在被试品的 C_X 小时需特别注意。为了消除或减小这种影响，测试前应将被试品表面擦干净，必要时可加屏蔽。

4）测量结果的分析判断

（1）是否符合规程规定值。

（2）与前一次测试结果相比应无明显变化。

（3）同一设备三相之间或同类设备间相互比较。

3. 耐压试验

耐压试验具有破坏性试验的性质，所以一般放在非破坏性试验项目合格之后进行，以避免或减少不必要的损失。

1）交流耐压试验

按规定的升压速度提升作用在被试品上的电压，直到它等于所需的试验电压为止。保持 1 min，没有发现绝缘击穿或局部损伤，可认为合格通过。在绝缘上施加工频试验电压后，要求持续 1 min，这个时间规定的目的如下：

（1）为了保证全面观察被试品的情况，使绝缘中危险的缺陷来得及暴露出来。

（2）为了不致于因时间太长而引起不应有的绝缘损伤，甚至使本来合格的绝缘产生热击穿。

运行经验表明，凡经受得住 1 min 工频耐压试验的电气设备，一般都能保证安全运行。

2）直流耐压试验

直流耐压试验是直流电气设备的基本耐压方式。对大电容量的交流电气设备，在现场进行交流耐压试验时由于所需试验设备容量较大，往往难以满足，因而改为进行直流耐压试验。直流耐压试验的特点为：

（1）设备较轻便；

（2）可兼做泄漏电流测量，制作伏安特性曲线；

（3）对有机绝缘损伤较小；

（4）更能发现电机端部的绝缘缺陷；

（5）直流电压作用下绝缘内部的电压分布和交流电压作用下的电压分布不同，其对绝缘的考验不如交流下接近实际和准确，故两者应配合使用。

3）冲击耐压试验

冲击耐压试验是用来检验高压电气设备对雷电过电压和操作过电压的耐受能力。冲击耐压试验对试验设备和测试仪器的要求高、投资大，测试技术也较复杂，冲击后会对绝缘造成累积效应，所以只在制造厂的型式试验或出厂试验中才进行，运行部门的预防性试验中一般不做，而是用等值工频耐压试验来代替。

对超高压设备而言，普遍认为不能以工频耐压试验替代操作冲击耐压试验，故对超高压设备应进行操作冲击耐压试验。

电气设备内绝缘的雷电冲击耐压试验采用三次冲击法，即对被试品施加三次正极性和三次负极性雷电冲击试验电压（1.2/50 μs），对变压器和电抗器类设备的内绝缘，还要再进行雷电冲击截波（1.2/2 μs～5 μs）耐压试验。

电力系统外绝缘的冲击高压试验通常可采用15次冲击法，即对被试品施加正、负极性冲击全波试验电压各15次，相邻两次冲击的时间间隔应大于1 min。在每组15次冲击试验中，如果击穿或闪络的闪数不超过2次，即可认为该外绝缘试验合格。内、外绝缘的操作冲击耐压试验的方法与雷电冲击全波试验完全相同。

10.2.5　绝缘安全用具

1. 绝缘安全用具

绝缘安全用具是指用来防止工作人员直接触电的用具。绝缘安全用具分为基本绝缘安全用具和辅助绝缘安全用具两类。

1）基本绝缘安全用具

基本绝缘安全用具是指用具本身的绝缘足以抵御工作电压的用具（可以接触带电体）。基本绝缘安全用具的绝缘强度应能够长期承受工作电压，并且在该电压等级的系统产生内部过电压时，确保操作人员的人身安全。对于直接与带电体接触的操作，应使用基本绝缘安全用具。

高压设备的基本绝缘安全用具有：绝缘杆、绝缘棒、绝缘夹钳和高压验电器。

低压设备的基本绝缘安全用具有：低压试电笔、绝缘手套及带绝缘柄的工具。

绝缘杆和绝缘夹钳都由工作部分、绝缘部分和握手部分组成。握手部分和绝缘部分用浸过绝缘漆的木材、硬塑料、胶木或玻璃钢制成，其间有护环分开。配备不同工作部分的绝缘杆，可用来操作高压隔离开关，操作跌落式保险器，安装和拆除临时接地线，安装和拆除避雷器，以及进行测量和试验等工作。绝缘夹钳主要用来拆除和安装熔断器及其他类似工作。考虑到电力系统内部过电压的可能性，绝缘杆和绝缘夹钳的绝缘部分和握手部分的最小长度应符合要求。绝缘杆工作部分金属钩的长度，在满足工作要求的情况下，不宜超过 5 cm～8 cm，以免操作时造成相间短路或接地短路。

2）辅助绝缘安全用具

辅助绝缘安全用具是指用具本身的绝缘不足以抵御工作电压的用具（不可以接触带电体），即这类绝缘用具的绝缘强度不能长时间承受电气设备或线路的工作电压，或不能抵御系统中过电压对操作人员人身安全的侵害。在实际工作过程中，只能强化基本绝缘安全用具的保护作用，即防止接触电压、跨步电压以及电弧灼伤对操作人员的危害。辅助安全用具是配合基本绝缘安全用具使用的，辅助绝缘安全用具不能直接接触高压设备的带电导体。

高压设备的辅助绝缘安全用具有：高压绝缘手套、绝缘靴、绝缘鞋、绝缘垫、绝缘站台等。

低压设备的辅助绝缘安全用具有：绝缘靴、绝缘鞋、绝缘垫、绝缘毯等。

（1）绝缘手套和绝缘靴。绝缘手套和绝缘靴用橡胶制成，二者都作为辅助安全用具，但绝缘手套可作为低压工作的基本安全用具，绝缘靴可作为防护跨步电压的基本安全用具。绝缘手套的长度至少应超过手腕 10 cm。

（2）绝缘垫和绝缘站台。绝缘垫和绝缘站台只作为辅助安全用具。绝缘垫用厚度 5 mm以上、表面有防滑条纹的橡胶制成，其最小尺寸不宜小于 0.8 m×0.8 m。绝缘站台用木板或木条制成，相邻板条之间的距离不得大于 2.5 cm，以免鞋跟陷入；站台不得有金属零件；台面板用支持绝缘子与地面绝缘，支持绝缘子高度不得小于 10 cm；台面板边缘不得伸出绝缘子之外，以免站台翻倾，人员摔倒。绝缘站台最小尺寸不宜小于 0.8 m×0.8 m，但为了便于移动和检查，最大尺寸也不宜超过 1.5 m×1.0 m。

2. 绝缘杆、绝缘手套、绝缘靴使用前的检查

（1）检查外观应清洁、无油垢、无灰尘，表面无裂纹、断裂、毛刺、划痕、孔洞及明显变形等。

（2）绝缘手套应检查有无划痕、开裂，还应做充气试验，检验并确认其无泄漏现象。

（3）绝缘靴底无扎伤、受潮现象，底部花纹清晰明显，无磨平迹象。

（4）绝缘杆的连接部分应牢固并拧紧，无断裂、受潮，钩环无变形，表面应清洁。

（5）使用前应检查其是否在合格有效期内。

3. 绝缘杆的正确使用及保管

（1）使用绝缘杆时，应佩戴绝缘手套、穿绝缘靴，手握部分应限制在允许范围内，不得超出防护罩或防护环。

（2）雨雪天气时，室外使用绝缘杆应装有防雨的伞形罩。

（3）使用时应防止碰撞划伤，绝缘杆不得挪作他用。

（4）绝缘杆应存放在干燥通风处，并悬挂在支架上，避免与墙或地面接触或斜放。

4. 绝缘手套、绝缘靴使用注意事项

（1）低压绝缘手套作为基本安全用具，可直接接触低压带电体；而高压绝缘手套只能作为辅助安全用具，不能直接接触高压带电体。

（2）绝缘手套应存放在密闭的橱柜内，并与其他工具、仪表分别存放。

（3）绝缘靴在高压系统中只能作为辅助安全用具，不能直接接触高压带电体。

（4）穿用绝缘靴时，要防止硬质尖锐物体将底部扎伤。

（5）绝缘靴应放在橱内，不准代替雨鞋使用，只限于在操作现场使用。

5. 安全用具保管注意事项

（1）安全用具应存放在干燥、通风的场所。

（2）高压验电器应存放在防潮匣内，并放在干燥的地方。

（3）所有安全用具不准代替其他工具使用。

6. 安全用具的试验周期

（1）绝缘杆、绝缘夹钳的试验周期为一年。

（2）绝缘手套、绝缘靴、验电器的试验周期为六个月。

7. 检修安全用具

（1）检修安全用具是指检修时应配置的保护人身安全和防止误操作的安全用具。

（2）检修安全用具除基本绝缘安全用具和辅助绝缘安全用具外，还有临时接地线、标示牌、安全带、脚扣、临时遮栏等。

8. 临时接地线要求及使用前检查

（1）临时接地线应使用多股软裸铜线，截面不小于 25 mm^2。

（2）临时接地线无背花，无死扣。

（3）接地线与接地棒的连接应牢固，无松动现象。

（4）接地棒绝缘部分无裂缝，完整无损。

（5）接地线卡子或线夹与软铜线的连接应牢固，无松动现象。

9. 挂临时接地线要求

挂临时接地线应由值班员在有人监护的情况下，按操作票指定的地点进行操作。在临时接地线上及其存放位置上均应编号，挂临时接地线还应按指定的编号使用。装设临时接地线的操作及安全注意事项如下：

（1）装设时，应先将接地端可靠接地，当验电设备或线路确无电压后，立即将临时接地线的另一端（导体端）接在设备或线路的导电部分上，此时设备或线路已接地并三相短路。

（2）装设临时接地线必须先接接地端，后接导体端；拆的顺序与此相反。装、拆临时接地线应使用绝缘棒或戴绝缘手套。

（3）对于送电至停电设备可能产生感应电压的，都要装设临时接地线。

（4）分段母线在断路器或隔离开关断开时，各段应分别验电并接地之后方可进行检修。降压变电所全部停电时，应将各个可能来电侧的部位装设临时接地线。

（5）在室内配电装置上，临时接地线装在未涂相色漆的地方。

（6）临时接地线应挂在工作地点可以看见的地方。

（7）临时接地线与检修的设备或线路之间不应连接有断路器或熔断器。

（8）带有电容的设备或电缆线路，在装设临时接地线之前，应先放电。

（9）同杆架设的多层电力线路装设临时的接地线时，应先装低压，后装高压；先装下层，后装上层；先装"地"，后装"火"。拆的顺序则相反。

（10）装、拆临时接地线工作必须由二人进行，若变电所为单人值班时，只允许使用接地线隔离开关接地。

（11）装设了临时接地线的线路，还必须在开关的操作手柄上挂"已接地"标志牌。

习　题

一、选择题

1. 依据继电保护所承担的主要任务，供配电系统对继电保护提出了哪些基本要求。（　　）

A. 选择性　　　　　　B. 速动性　　　　　　C. 灵敏性　　　　　　D. 可靠性

2. 在有触电危险的场所使用的手持式电动工具的安全电压的额定值为（　　）。

A. 35 V　　　　　　B. 42 V　　　　　　C. 50 V　　　　　　D. 60 V

3. 过电压按其产生的原因可分为（　　）。

A. 内部过电压　　　　　　　　　　　B. 外部过电压

C. 雷电过电压　　　　　　　　　　　D. 静电过电压

4. 电力装置的防雷装置由（　　）组成。

A. 导线　　　　　　　　　　　　　　B. 接闪器或避雷器

C. 引下线　　　　　　　　　　　　　D. 接地装置

5. （　　）kV 及以上电压等级变电所可采用接闪杆、接闪线或接闪带以保护其室外配电装置、主变压器、主控室、室内配电装置及变电所免遭直击雷。

A. 10　　　　　　B. 20　　　　　　C. 30　　　　　　D. 35

6. 在变电所附近线路上，为防止雷电电压沿线路侵入变电所内损坏设备，需在进线（　　）km 段内装设接闪线，以使该段线路免遭直接雷击。

A. 1～2　　　　　　B. 2～3　　　　　　C. 3～4　　　　　　D. 4～5

7. 电气设备的接地按其不同的作用可分为（　　）。

A. 工作接地　　　　　　　　　　　　B. 保护接地

C. 重复接地　　　　　　　　　　　　D. 防雷接地

8. 低压配电系统的保护接地按接地形式，分为（　　）等几种。

A. TN 系统　　　　B. TT 系统　　　　C. NT 系统　　　　D. IT 系统

9. 下列伤害属于电击伤害的是（　　）。

A. 电烙印　　　B. 心室纤维颤动　　　C. 电纹　　　D. 电烧伤

10. 下列属于防止直接接触电击的措施是（　　）。

A. 将带电导体绝缘

B. 采用遮栏、护罩、护盖、箱匣等将带电体与外界隔离

C. 采用阻挡物（障碍）

D. 将人可能无意识同时触及到的不同电位的可导电部分置于伸臂范围之外

11. 按保护功能区分的绝缘形式有哪几种？（　　）

A. 基本绝缘　　　　B. 附加绝缘　　　　C. 双重绝缘　　　　D. 加强绝缘

12. 绝缘的破坏形式主要表现在以下哪几个方面。（　　　）

A. 击穿　　　　　　B. 短路　　　　　　C. 老化　　　　　　D. 损坏

13. 现场新装的低压线路和大修后的用电设备绝缘电阻应不小于（　　　）MΩ。

A. 0.5　　　　　　B. 0.8　　　　　　C. 1.0　　　　　　D. 1.2

14. 吸收比是加压测量开始后（　　　）s 时读取的绝缘电阻值与加压测量开始后（　　　）s 时读取的绝缘电阻值之比。

A. 15　60　　　　B. 20　65　　　　C. 60　15　　　　D. 65　20

15. 耐压试验包括哪些试验？（　　　）

A. 交流耐压试验　　B. 直流耐压试验　　C. 机械耐压试验　　D. 冲击耐压试验

16. 不属于高压设备的基本绝缘安全用具的是（　　　）。

A. 绝缘杆　　　　　B. 绝缘棒　　　　　C. 绝缘夹钳　　　　D. 绝缘手套

17. 绝缘杆、绝缘夹钳的试验周期为（　　　）年。

A. 半　　　　　　　B. 1　　　　　　　C. 1.5　　　　　　D. 2

二、判断题

1. 电气安全要积极贯彻执行"安全第一、预防为主、综合治理"的安全生产方针。（　　　）

2. 电气事故是局外电能作用于人体或电能失去控制所造成的意外事件，即与电能直接关联的意外灾害。（　　　）

3. 强大的雷电流通过引下线和接地装置泄入大地，接闪杆及引下线上的低电位可能对附近的建筑物和变配电设备发生"反击闪络"。

4. 35 kV 电力线路一般采用全线装设接闪线来防止雷击。（　　　）

5. 高压电动机的绝缘水平比变压器低，如果其经变压器再与架空线路相接时，一般要求采取特殊的防雷措施。（　　　）

6. 对于 TN－S 系统，整个系统的中性导体（N 线）与保护导体（PE 线）是分开的。（　　　）

7. 电伤是指电流通过人体内部，破坏人的心脏、呼吸系统与神经系统，重则危及生命。（　　　）

8. 设置等电位连接是指建筑物内的总等电位连接和局部等电位连接应符合相关规定。（　　　）

9. 长期未使用的设备或停用 3 个月以上再次使用前，需要进行绝缘电阻值测试。（　　　）

10. 测量电气设备的绝缘电阻时，先切断电源，然后测量绝缘电阻。（　　　）

11. 在交流电压作用下，电介质中的部分电能不可逆地转变成热能，这部分能量叫作介质损耗。（　　　）

12. 耐压试验是一种不具有破坏性的试验。（　　　）

13. 绝缘手套、绝缘靴、验电器的试验周期均为 12 个月。（　　　）

14. 安全用具应存放在干燥、通风场所。（　　　）

三、分析题

1. 依据所学知识，联系工作实际，简析防止间接接触电击可以采取哪些措施。

2. 联系学习、工作实际，谈谈在介质损耗角正切值 tanσ 的测试中，影响测量结果的主要因素有哪些。

参 考 文 献

[1] 曾令琴，高峰，王哲. 电工电子技术[M]. 北京：人民邮电出版社，2012.

[2] 张建碧，王万刚. 电路与电子技术[M]. 北京：电子工业出版社，2016.

[3] 曾令琴，陈维克. 电子技术基础[M]. 4版. 北京：人民邮电出版社，2019.

[4] 汪红. 电子技术[M]. 4版. 北京：电子工业出版社，2018.

[5] 卜益民. 模拟电子技术[M]. 北京：北京邮电大学出版社，2005.

[6] 邹虹. 数字电路与逻辑设计[M]. 北京：人民邮电出版社，2017.

[7] 黄丽亚. 数字电路与系统设计[M]. 北京：人民邮电出版社，2015.

[8] 解本巨. 数字电路与逻辑设计[M]. 北京：人民邮电出版社，2017.

[9] 朱小明. 模拟电路与数字电路[M]. 北京：人民邮电出版社，2019.

[10] 欧阳星明. 数字电路逻辑设计[M]. 北京：人民邮电出版社，2015.

[11] 张顺兴. 数字电路与系统[M]. 南京：东南大学出版社，2002.

[12] 中国国家标准化管理委员会. 外壳防护等级(IP)代码：GB/T 4208[S]. 北京：中华人民共和国国家质量监督检验检疫总局，2017.

[13] 中国国家标准化管理委员会. 电击防护装置和设备的通用部分：GB/T 17045[S]. 北京：中华人民共和国国家质量监督检验检疫总局，2008.

[14] 中国国家标准化管理委员会. 特低压(ELV)限值：GB/T 3805[S]. 北京：中华人民共和国国家质量监督检验检疫总局，2008.

[15] 陈政宇. 电气火灾预防[J]. 卷宗，2015，11：956.

[16] 冯红岩. 供配电技术[M]. 西安：西安电子科技大学出版社，2019.

[17] 唐志平. 供配电技术[M]. 3版. 北京：电子工业出版社，2013.